高校土木工程专业规划教材

工程流体力学

马金花　　　　　　　　主编

王远成　张　浩　云和明　参编
陈明九　石　硕

中国建筑工业出版社

图书在版编目（CIP）数据

工程流体力学/马金花主编．—北京：中国建筑工业出版社，2010
高校土木工程专业规划教材
ISBN 978-7-112-11990-5

Ⅰ．工… Ⅱ．马… Ⅲ．工程力学：流体力学-高等学校-教材 Ⅳ．TB126

中国版本图书馆 CIP 数据核字（2010）第 059178 号

本书介绍了工程流体力学的基本概念、基本原理和基本方法，注重加强基础理论，适当引入了反映学科新发展的内容，力求条理清晰、物理概念明确、突出重点、理论联系实际，着重培养学生分析问题、解决问题的能力，启发学生的创新意识。

全书共有 11 章。内容包括：绪论、流体静力学、流体动力学基础、流动阻力与水头损失、孔口、管嘴和有压管流、明渠恒定流动、堰流、渗流、量纲分析和相似原理、可压缩气体动力学基础、流动参数的测量等。各章附有小结、思考题和习题。书后附有习题参考答案。

本书是为高等学校土木工程专业工程流体力学课程编写的教材。其他专业，如给水排水工程、交通工程、水利工程、环境工程、热能动力工程等专业，可以根据教学的需要，对内容进行一定的取舍后使用，也可作为工程技术人员的参考书。

* * *

责任编辑：张文胜　姚荣华
责任设计：赵明霞
责任校对：王雪竹

高校土木工程专业规划教材
工程流体力学

马金花　　　　　　主编
王远成　张　浩　云和明　参编
陈明九　石　硕

*

中国建筑工业出版社出版、发行（北京西郊百万庄）
各地新华书店、建筑书店经销
北京红光制版公司制版
北京富生印刷厂印刷

*

开本：787×1092 毫米　1/16　印张：13½　字数：328 千字
2010 年 6 月第一版　2010 年 6 月第一次印刷
定价：25.00 元
ISBN 978-7-112-11990-5
（19254）

版权所有　翻印必究
如有印装质量问题，可寄本社退换
（邮政编码 100037）

前　言

　　本书是为高等学校土木工程专业工程流体力学课程编写的教材。其他专业，如给水排水工程、交通土建工程、水利工程、环境工程、热能动力工程等专业，可以根据教学的需要，对内容进行一定的取舍后使用。

　　本书根据土木工程专业的需要，介绍了工程流体力学的基本概念、基本原理和基本方法，注重加强基础理论，适当引入了反映学科新发展的内容，力求条理清晰、物理概念明确、突出重点、理论联系实际，着重培养学生的分析问题、解决问题的能力，启发学生的创新意识。

　　在编写过程中，考虑到土木工程专业的新发展，本书专设章节介绍了有关建筑物的风荷载及风致响应的内容，架设了流体力学课程和专业课程之间的桥梁，帮助学生理解流体力学基础知识在专业课程学习中的作用。同时，兼顾到全国注册结构工程师的考试的需要，专设第 11 章介绍流动要素的测量。既介绍了传统的测量方法，又介绍了诸如 LDA、PIV 等先进的测量技术，开阔学生的眼界。

　　本书采用主编提出编写大纲，编写小组分工执笔，主编通稿审定的编写方式。云和明博士编写第 1 章、第 2 章，王远成博士编写第 3 章、第 4 章，张浩博士编写第 5 章、第 9 章，马金花博士编写第 6 章、第 7 章、第 8 章、第 10 章和第 11 章。全书由马金花博士通稿审定。

　　本书的出版是流体力学课程教学组全体教师共同努力的结果，方燕、公维磊、段海峰等同学参与了本书的部分校对工作。在此一并表示由衷的谢忱。

　　由于作者水平所限，书中错误和不足之处难免，恳请读者批评指正。

2010 年 1 月

目　　录

第1章　绪论 ··· 1
1.1　作用在流体上的力 ··· 1
1.2　流体的主要力学性质 ·· 3
1.3　流体的力学模型 ··· 11
本章小结 ·· 12
思考题 ··· 12
习题 ·· 13

第2章　流体静力学 ·· 16
2.1　流体静压强及其特性 ·· 16
2.2　流体的平衡微分方程 ·· 18
2.3　重力场中静压强的分布规律 ·· 23
2.4　压强的计量基准和量度单位 ·· 25
2.5　作用于平壁上的液体总压力 ·· 27
2.6　作用于曲壁上的液体总压力 ·· 32
本章小结 ·· 37
思考题 ··· 37
习题 ·· 38

第3章　流体动力学基础 ··· 45
3.1　描述流体运动的两种方法 ·· 45
3.2　研究流体运动的若干基本概念 ··· 47
3.3　恒定总流的连续性方程 ··· 52
3.4　恒定总流的能量方程 ·· 53
3.5　总水头线和测压管水头线 ·· 60
3.6　恒定总流的动量方程 ·· 61
本章小结 ·· 65
思考题 ··· 65
习题 ·· 66

第4章　流动阻力与水头损失 ·· 70
4.1　沿程水头损失和局部水头损失 ··· 70
4.2　实际流体运动的两种流态 ·· 71
4.3　圆管中的层流运动 ··· 74
4.4　圆管中的紊流运动 ··· 76
4.5　局部水头损失 ·· 82
4.6　边界层及绕流阻力 ··· 84
4.7　建筑物的风荷载及风致响应 ·· 88
本章小结 ·· 91
思考题 ··· 91

习题 ··· 92

第5章　孔口、管嘴和有压管流 ··· 95
5.1　薄壁孔口出流 ··· 95
5.2　管嘴出流 ··· 98
5.3　有压管道恒定流计算 ··· 101
5.4　管网流动计算基础 ··· 111
5.5　有压管中的水击 ··· 114
　　本章小结 ··· 119
　　思考题 ··· 119
　　习题 ··· 120

第6章　明渠恒定流动 ··· 123
6.1　明渠的分类 ··· 123
6.2　明渠均匀流 ··· 124
6.3　无压圆管均匀流 ··· 130
6.4　明渠恒定非均匀流动的基本概念 ··· 131
6.5　跌水与水跃 ··· 136
6.6　棱柱形渠道中渐变流水面曲线分析 ··· 139
　　本章小结 ··· 146
　　思考题 ··· 146
　　习题 ··· 147

第7章　堰流 ··· 148
7.1　概述 ··· 148
7.2　薄壁堰流 ··· 150
7.3　实用堰流 ··· 151
7.4　宽顶堰流 ··· 152
　　本章小结 ··· 155
　　思考题 ··· 155
　　习题 ··· 155

第8章　渗流 ··· 156
8.1　渗流基本定律 ··· 156
8.2　集水廊道的渗流计算 ··· 158
8.3　单井的渗流计算 ··· 159
8.4　井群的渗流计算 ··· 161
　　本章小结 ··· 163
　　思考题 ··· 163
　　习题 ··· 164

第9章　相似原理和量纲分析 ··· 166
9.1　相似理论基础 ··· 166
9.2　相似准则 ··· 168
9.3　模型试验 ··· 171
9.4　量纲分析法 ··· 175
　　本章小结 ··· 180

  思考题 ··· 180
  习题 ··· 180
第10章　可压缩气体动力学基础 ··· 182
  10.1　微弱扰动的一元传播 ··· 182
  10.2　可压缩气体一元恒定流动的基本方程 ································· 185
  10.3　可压缩气体在管道中的流动 ··· 186
  本章小结 ·· 191
  思考题 ·· 192
  习题 ·· 192
第11章　流动参数的测量 ··· 193
  11.1　压强的测量 ·· 193
  11.2　流速的测量 ·· 195
  11.3　流量的测量 ·· 197
  11.4　流动显示和全流场测速法 ·· 200
  本章小结 ·· 201
  习题参考答案 ·· 202
参考文献 ··· 208

第 1 章 绪 论

流体力学是力学的一个独立分支，它是一门研究流体的平衡和流体机械运动规律及其实际应用的科学技术。

流体力学的研究对象是流体，易流动性是流体的最基本特征。流体包括液体和气体两大类。流体在平衡或运动状态下，遵循物理学及理论力学中有关物理平衡及运动规律的原理，如力系平衡定理、动量定理、动能定理等，因此物理学和理论力学的知识是学习流体力学课程必要的基础。

当在研究某个问题过程中，如果液体或气体各自的个性可以忽略的话，那么两者之间具有相同的规律。流体力学所研究的基本规律，有两大组成部分：一是关于流体平衡的规律，它研究流体处于静止（或相对平衡）状态时，作用于流体上的各种力之间的关系，这一部分称为流体静力学；二是关于流体运动的规律，它研究流体在运动状态时，作用于流体上的力与运动要素之间的关系，以及流体的运动特征与能量转换等，这一部分称为流体动力学。

流体力学是一门基础性很强、应用性很广的学科，它的研究对象随着生产需要与科学发展在不断地更新、深化和扩大。20 世纪 60 年代以前，它主要围绕航空、航天、大气、海洋、航运、水利和各种管路系统等方面，研究流体运动中的动量传递问题，即局限于研究流体的运动规律和它与固体、液体或大气界面之间的相互作用力问题。20 世纪 60 年代以后，能源、环境保护、化工和石油等领域中的流体力学问题逐渐受到重视，这类问题的特征是：尺寸小，速度低，并在流体运动过程中存在传热、传质现象。这样，流体力学除了研究流体的运动规律以外，还要研究它的传热、传质规律。同样，在固体、液体或气体界面处，不仅研究相互之间的作用力，而且还需要研究它们之间的传热、传质规律，因此，流体力学是高等工科院校不少专业的一门重要技术基础课。

学习流体力学时，要注意基本理论、基本概念、基本方法的理解和掌握，要学会理论联系实际地分析和解决工程中的各种流体力学问题。

1.1 作用在流体上的力

众所周知，力是使流体运动状态发生变化的外因，因此要研究流体运动规律，首先必须分析作用于流体上的力。在流体力学中分析流体运动时，主要是从流体中取出一封闭表面所包围的流体作为分离体来分析。根据其作用方式可分为质量力和表面力。

1.1.1 质量力

质量力是作用于每一流体质点（或微团）上的力。质量力是分布力，它分布于各流体质点的体积上。在均匀流体中，质量力与其作用流体的体积成正比。最常见的质量力包括重力和惯性力两种。

在流体力学中,质量力的大小通常以单位质量力 $\vec{f}$ 来表示。单位质量力 $\vec{f}$ 在直角坐标系三个坐标方向上的投影分别以 X,Y,Z 表示。

由于流体处于地球的重力场中(见图 1-1),受到地心的引力作用,因此流体的全部质点都受重力 $G=mg$ 的作用。流体所受的质量力只有重力是流体力学中碰到的普遍情况。当采用直角坐标系时,z 轴竖直向上为正,单位质量力的轴向分力为:$X=0,Y=0$,$Z=-g$。

当研究流体的相对平衡时,如盛装液体的容器作直线运动或旋转运动等,运用达朗伯原理使动力学问题变为静力学问题,虚加在流体质点上的惯性力也看成是作用在流体上的质量力。惯性力的大小等于质量与加速度的乘积,其方向与加速度方向相反。在国际单位制中,质量力的单位是牛顿,N。单位质量力的单位是 m/s²,量纲为 LT^{-2},与加速度单位相同。

一辆小车内盛装液体并以加速度 a 作直线运动,取自由液面的中点 o 作为原点,并建立坐标系,如图 1-2 所示。那么,这些液体受到的单位质量力可以表示为 $X=-a,Y=0$,$Z=-g$ 或者 $\vec{f}=-a\vec{i}-g\vec{k}$。

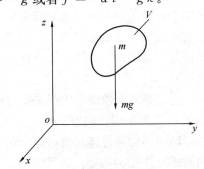

图 1-1 重力作用下的流体受力分析

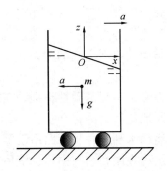

图 1-2 重力和惯性力作用下的流体受力分析

1.1.2 表面力

表面力是作用在所考虑的流体表面上的力,且与流体的表面积大小成正比。它是相邻流体之间或固体壁面与流体之间相互作用的结果。这个力的施力体主要取决于流体与流体接触还是与固体壁面接触,前者施力体是流体,后者施力体是固体壁面。在连续介质中,表面力不是一个集中力,而是沿流体表面连续分布的。因此,在流体力学中用单位面积上作用的表面力(称为应力)来表示。应力可分解为法向应力和切向应力。

如图 1-3 所示,在流体的表面上任取一微小面积 ΔA,设作用在该表面上的表面力 ΔF 的方向是任意的,该力分解为法向分力 ΔP 以及切向分力 ΔT。因为流体内部不能承受拉力,所以表面力的法向分力沿作用面的内法线方向。因此将表面应力分解为:

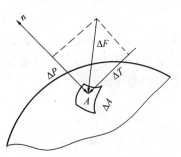

图 1-3 流体表面力受力分析

$$\left.\begin{array}{l}\overline{p}=\dfrac{\Delta P}{\Delta A}\\ \overline{\tau}=\dfrac{\Delta T}{\Delta A}\end{array}\right\} \quad (1-1)$$

$\overline{p}$ 称为面积 ΔA 上的平均法向应力(平均压强),$\overline{\tau}$ 称为面积 ΔA 上的平均切应力。当令面积 ΔA 无限缩小至中心点 A(x,

y,z），即 $\Delta A \to 0$，则

$$\left.\begin{aligned} p_A &= \lim_{\Delta A \to 0} \frac{\Delta P}{\Delta A} = \frac{\mathrm{d}p}{\mathrm{d}A} \\ \tau_A &= \lim_{\Delta A \to 0} \frac{\Delta T}{\Delta A} = \frac{\mathrm{d}T}{\mathrm{d}A} \end{aligned}\right\} \tag{1-2}$$

A 点的压强 p 和切应力 τ 的单位都是 N/m^2。国际单位制中，单位是帕斯卡，以 Pa 表示，$1Pa=1N/m^2$；工程单位制为：kgf/m^2 或 kgf/cm^2。

1.2 流体的主要力学性质

在生产和生活中，有许多流体流动的现象，如水在河道中流动，风绕过建筑物或从门窗流入，燃气和蒸汽在管道中流动等等。这些现象表明流体不同于固体的基本特征，就是其流动性。在研究流体的平衡及运动时，必须知道流体的力学性质。流体运动的基本规律，除了与外部因素有关外，更重要的取决于流体内在的物理性质，同流体运动有关的主要物理性质有流体的惯性、压缩性、黏性、表面张力等。

1.2.1 流体的惯性

所谓惯性是指物体维持原有运动状态的性质，欲改变物体的运动状态，则必须克服惯性的作用。一般用物体的质量来表征物体惯性的大小。在地球引力场中，由于物体的重量与质量成正比，因此重量也是惯性的量度。流体力学中通常用密度和重力密度来表征流体的惯性。

密度是单位体积流体的质量，以符号 ρ 来表示。

$$\rho = \frac{m}{V} \tag{1-3}$$

式中　ρ——流体的密度，kg/m^3；

　　　m——流体的质量，kg；

　　　V——流体的体积，m^3。

重力密度（或称容重）是单位体积流体的重量，以符号 γ 来表示。

定义流体质点 M 的重力密度 γ 为 $\gamma_M = \lim\limits_{\Delta V \to 0} \frac{\Delta G}{\Delta V}$

显然密度 ρ 和重力密度 γ 之间的关系为 $\gamma = \rho g$ (1-4)

对于各点密度不完全相同的流体，称为非均质流体；而各点密度完全相同的流体，称为均质流体，如果流体的密度始终不变，则称为不可压缩流体，可用 $\rho = C$（C 为常数）来表示。表 1-1 列举了水在 101.325kPa（一个标准大气压）时的密度。对气体来说，温度和压强的变化对气体密度的影响很大，一般不能视为常数。但空气和那些远离液相的实际气体，可近似作为理想气体加以研究，用理想气体的状态方程来表示密度和压强、温度的关系，即：

$$\frac{p}{\rho} = RT \tag{1-5}$$

式中　p——气体的绝对压强，N/m^2；

　　　T——气体的热力学温度，K；

ρ——气体的密度，kg/m^3；

R——气体常数，单位为 $J/(kg \cdot K)$。对于空气，$R=287$；对于其他气体，在标准状态下，$R=8314/n$，式中 n 为气体分子量。

一个大气压下水的重力密度及密度　　　　　　　　　　　表 1-1

温度 (℃)	重力密度 (kN/m³)①	密度 (kg/m³)	温度 (℃)	重力密度 (kN/m³)①	密度 (kg/m³)	温度 (℃)	重力密度 (kN/m³)①	密度 (kg/m³)
0	9.806	999.9	15	9.799	999.1	60	9.645	983.2
1	9.806	999.9	20	9.790	998.2	65	9.617	980.6
2	9.807	1000.0	25	9.778	997.1	70	9.590	977.8
3	9.807	1000.0	30	9.755	995.7	75	9.561	974.9
4	9.807	1000.0	35	9.749	994.1	80	9.529	971.8
5	9.807	1000.0	40	9.731	992.2	85	9.500	968.7
6	9.807	1000.0	45	9.710	990.2	90	9.467	965.3
8	9.806	999.9	50	9.690	988.1	95	9.433	961.9
10	9.805	999.7	55	9.657	985.7	100	9.399	958.4

注：① 在国际单位制中常将因数 10^3 写成千，以符号 k 表示；10^6 写成兆，以符号 M 表示。

当温度不变（等温）时，状态方程写成常用形式：

$$\frac{p}{\rho}=\frac{p_1}{\rho_1} \tag{1-6}$$

当气体在很高的压强，很低的温度下，或接近液态时，就不能当作理想气体看待，式 (1-6) 不再适用。

当压强不变（定压）时，状态方程可简化为：

$$\rho_0 T_0 = \rho T \tag{1-7}$$

式中，热力学温度 $T_0=273K$，ρ_0 是温度为 T_0 时流体的密度。T 是某一热力学温度，ρ 是温度为 T 时流体的密度。

表 1-2 列举了在压强为 101.325kPa（标准大气压——海平面上 0℃时的大气压强，即等于 760mmHg）下，不同温度时的空气密度。

在标准大气压时的空气重力密度及密度　　　　　　　　　表 1-2

温度 (℃)	重力密度 (N/m³)	密度 (kg/m³)	温度 (℃)	重力密度 (N/m³)	密度 (kg/m³)	温度 (℃)	重力密度 (N/m³)	密度 (kg/m³)
0	12.70	1.293	25	11.62	1.185	60	10.40	1.060
5	12.47	1.270	30	11.43	1.165	70	10.10	1.029
10	12.24	1.248	35	11.23	1.146	80	9.81	1.000
15	12.02	1.226	40	11.05	1.128	90	9.55	0.973
20	11.80	1.205	50	10.72	1.093	100	9.30	0.947

在流体力学计算中常用的流体密度如下：

水的密度 $\rho=1000 kg/m^3$

汞的密度 $\rho_{Hg}=13595 kg/m^3$

干空气在温度为290K，压强为760mmHg时的密度为 $\rho_a = 1.2 \text{kg/m}^3$。

【例 1-1】 已知压强为 98.07kN/m^2，0℃时烟气的密度为 1.34kg/m^3。若压强不变，求200℃时烟气的密度。

【解】 因压强不变，故为定压情况，由式（1-7）得：
$$\rho_0 T_0 = \rho T$$
$$T = T_0 + t = 273\text{K} + t$$

则
$$\rho = \rho_0 \frac{T_0}{T} = 1.34 \times \frac{273}{273+200} = 0.77 \text{kg/m}^3$$

1.2.2 流体的压缩性和热胀性

当不计温度效应，压强的变化引起流体体积和密度的变化，称为流体的压缩性。当流体受热时，体积膨胀，密度减小的性质，称为流体的热胀性。

1. 流体的压缩性

流体受压，体积减小，密度增大的性质，称为流体的压缩性。流体的压缩性用体积压缩系数 α_p 来表示，即在一定的温度下，增加单位压强所引起的流体体积相对变化值。设流体的体积为 V，当压力增加 dp 后，体积减小 dV，则体积压缩系数为：

$$\alpha_p = -\frac{1}{V}\frac{dV}{dp} \tag{1-8}$$

因为流体受压体积减小，dp 和 dV 异号，为保证 α_p 为正值，式（1-8）右侧加负号。α_p 值与流体的压缩性成正比，α_p 的单位为 1/Pa。

根据流体受压前后质量无改变，即：
$$dm = d(\rho V) = \rho dV + V d\rho = 0$$

所以
$$\frac{dV}{V} = -\frac{d\rho}{\rho}$$

故体积压缩系数 α_p 又可表示为：

$$\alpha_p = \frac{1}{\rho}\frac{d\rho}{dp} \tag{1-9}$$

实际运用中通常用流体体积压缩系数的倒数来表征流体的压缩性，称为流体的体积弹性模量，以 E 来表示，即：

$$E = \frac{1}{\alpha_p} = -V\frac{dp}{dV} = \rho\frac{dp}{d\rho} \tag{1-10}$$

式中 E——流体的体积弹性模量，单位 Pa；

dp——流体压强的增加量，Pa；

V——原有流体的体积，m^3；

dV——流体体积的增加量，m^3。

表 1-3 是温度为 0℃时，不同压强下水的压缩系数，单位：m^2/N。

水 的 压 缩 系 数　　　　表 1-3

压强（at）	5	10	20	40	80
$\alpha_p \times 10^9$ （m^2/N）	0.538	0.536	0.531	0.528	0.515

体积弹性模量 E 随流体的温度、压强以及种类而变化，它的大小反映出流体压缩性

的大小，E 值愈大，流体的压缩性愈小；E 值愈小，流体的压缩性愈大。

压缩性是流体的基本属性。任何流体都是可以被压缩的，只不过可压缩的程度不同而已。通常液体的压缩性很小，在比较大的压力变化范围内，密度变化仍然很小，则可视为常数，因此，对于一般的液体平衡和运动问题，可按不可压缩流体处理。但是，在水击现象等问题中，则不能忽略液体的压缩性，必须按可压缩流体来处理。气体的压缩性远大于液体，是可压缩流体。但是，如果气体在流动过程中密度变化不大，也不会对所处理的问题产生较大的误差，则可忽略气体的压缩性。例如，动力工程中的空气、烟气管道内的流速均低于 30m/s，可按不可压缩流体处理。

2. 流体的热胀性

流体受热，体积增大，密度减小的性质，称为流体的热胀性。流体的热胀性用体积热胀系数 α_V 来表示，即在一定的压强下，增加温度所引起的体积相对变化值。设流体的体积为 V，当温度增加 dT 后，体积增大 dV，则体积热胀系数为：

$$\alpha_V = \frac{1}{V} \frac{dV}{dT} \tag{1-11}$$

体积热胀系数 α_V 的单位为 1/℃ 或 1/K，其值随流体的温度、压强以及种类而变化。一般情况下，液体的体积热胀系数很小，在工程问题中当温度变化不大时，可忽略不计；而对于气体，体积热胀系数却有很大影响，表 1-4 是水在不同温度时的热膨胀系数。

水的体积膨胀系数 表 1-4

温度（℃）	1～10	10～20	40～50	60～70	90～100
$\alpha_V \times 10^4$（/℃）	0.14	0.15	0.42	0.55	0.72

在一些工程问题中，还经常用到相对密度这一概念。流体的相对密度是指该流体的密度与 4℃时水的密度之比。相对密度是一个无量纲量。

1.2.3 流体的黏性

黏性是流体抵抗剪切变形的一种属性。当流体内部的质点间或流层间发生相对运动时，产生切向阻力（摩擦力）抵抗其相对运动的特性，称作流体的黏性。黏性是流体的重要属性，是流体运动中产生阻力和能量损失的主要因素。

流体的典型特征是具有流动性，但不同流体的流动性能不同，这主要是因为流体内部质点间作相对运动时存在不同的内摩擦力。黏性是流动性的反面，流体的黏性越大，其流动性越小。流体的黏性是流体产生流动阻力的根源。

如图 1-4 所示，设有上、下两块面积很大且距离很近的平行板，板间充满某种静止液体。若将下板固定，而对上板施加一个恒定的外力，上板就以恒定速度 u 沿 x 方向运动。若 u 较小，则两板间的液体就会分成无数平行的薄层而运动，粘附在上板底面下的一薄层流体以速度 u 随上板运动，其下各层液体的速度依次降低，紧贴在下板表面的一层液体，因粘附在静止的下板上，其速度为零，两平行平板间流速呈线性变化。对任意相邻两层流体来说，上层速度较大，下层速度较小，前者对后者起带动作用，而后者对前者起拖曳作用，流体层之间的这种相互作用，产生内摩擦，而流体的黏性正是这种内摩擦的表现。

两平行平板间的流体，流速分布为直线，而流体在圆管内流动时，速度分布呈抛物线形，如图 1-5 所示。

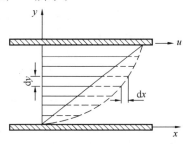
图 1-4　平板间流体速度变化图

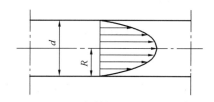
图 1-5　实际流体在管内速度分布

实验证明，对于一定的流体，内摩擦力 F 与两流体层的速度差 du 成正比，与两层之间的铅直距离 dy 成反比，与两层间的接触面积 A 成正比，即：

$$F = \mu A \frac{du}{dy} \tag{1-12a}$$

式中　F——内摩擦力，N；

$\frac{du}{dy}$——法向速度梯度，即在与流体流动方向相垂直的 y 方向流体速度的变化率，1/s；

μ——比例系数，称为流体的黏度或动力黏度，Pa·s。

一般情况下，单位面积上的内摩擦力称为切应力，以 τ 表示，单位为 Pa，则式（1-12a）可变为：

$$\tau = \mu \frac{du}{dy} \tag{1-12b}$$

式（1-12a）和式（1-12b）称为牛顿内摩擦定律，表明流体层间的内摩擦力或切应力与法向速度梯度成正比。

切应力与速度梯度的关系符合牛顿内摩擦定律的流体，称为牛顿流体，包括所有气体和大多数液体；不符合牛顿内摩擦定律的流体称为非牛顿流体，如高分子溶液、胶体溶液及悬浮液等。本章讨论的均为牛顿型流体。如图 1-6 所示，A 线就是牛顿流体，常见的牛顿流体有水、空气等。B 线、C 线和 D 线均为非牛顿流体，其中 B 线被称作理想宾汉流体，如泥浆、血浆等，这类流体只有在切应力达到某一值时，才会产生剪切变形，且变形速度是常数。C 线被称作伪塑性流体，如油漆、颜料、泥浆等，其黏度随角变形速度的增大而减小。D 线被称作膨胀性流体，如浓淀粉糊、生面团等，其黏度随角变形速度的增大而增大。

在流体力学中，经常会出现 μ/ρ 的比值，将这个比值定义为运动黏度 $\nu(m^2/s)$，故

$$\nu = \mu/\rho \tag{1-13}$$

黏度的物理意义是促使流体流动产生单位速度梯度时切应力的大小。黏度总是与速度梯度相联系，只有在运动时才显现出来。黏度是流体的物理性质之一，

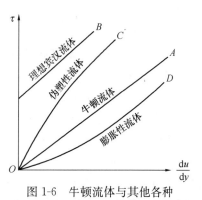
图 1-6　牛顿流体与其他各种非牛顿流体

它与流体温度、压强以及种类有关,其值由实验测定。液体的黏度随温度升高而减小,气体的黏度则随温度升高而增大。压力对液体黏度的影响很小,可忽略不计。气体的黏度,除非在极高或极低的压力下,可以认为与压力无关。表1-5和表1-6分别是不同温度下水和空气的黏度表。

不同温度下水的黏度 表1-5

t (℃)	μ (10^{-3}Pa·s)	ν (10^{-6}m²/s)	t (℃)	μ (10^{-3}Pa·s)	ν (10^{-6}m²/s)
0	1.792	1.792	40	0.654	0.659
5	1.519	1.519	45	0.597	0.603
10	1.310	1.310	50	0.549	0.556
15	1.145	1.146	60	0.469	0.478
20	1.009	1.011	70	0.406	0.415
25	0.895	0.897	80	0.357	0.367
30	0.800	0.803	90	0.317	0.328
35	0.721	0.725	100	0.284	0.296

不同温度下空气的黏度 表1-6

t (℃)	μ (10^{-5}Pa·s)	ν (10^{-6}m²/s)	t (℃)	μ (10^{-5}Pa·s)	ν (10^{-6}m²/s)
0	1.72	13.7	90	2.16	22.9
10	1.78	14.7	100	2.18	23.6
20	1.83	15.7	120	2.28	26.2
30	1.87	16.6	140	2.36	28.5
40	1.92	17.6	160	2.42	30.6
50	1.96	18.6	180	2.51	33.2
60	2.01	19.6	200	2.59	35.8
70	2.04	20.5	250	2.80	42.8
80	2.10	21.7	300	2.98	49.9

1.2.4 实际流体与理想流体

实际流体都具有黏性。不具有黏性的流体称为理想流体,它是客观世界中并不存在的一种假想的流体。在研究很多流动问题时,由于实际流体本身黏度小或所研究区域速度梯度小,使得黏性力与其他力(例如重力,惯性力等)相比很小,此时可以忽略流体的黏性,按理想流体建立基本关系式,从而简化流体力学问题的分析和计算,并能近似反映某些实际流体流动的主要特征。对于黏性占主要地位的实际流体的流动问题,也可从研究理想流体入手,再研究实际流体的流动情况。在解决流体力学问题时,如果考虑表面力中的切应力(黏性力)会引起许多数学上的困难,而且从牛顿内摩擦定律中可以看出,当流体

的黏度 μ 很小，同时 du/dy 又很小时，τ 往往可以忽略不计，并能得到实际的精确度。因为这个缘故，在流体力学中引入了非黏性流体或理想流体的概念。这种流体的表面力中只有压强而没有黏性力（切应力）。这一现象，在科学和实用上有很大的价值，它使讨论的问题大为简化，易于得到简单明了的解答。

【例 1-2】 动力黏度 $\mu = 0.172$ Pa·s 的润滑油充满在两个同轴圆柱体的间隙中，如图 1-7 所示，外筒固定，内径 $D = 120$mm，间隙 $\delta = 0.2$mm，试求：(1) 当内筒以速度 $u = 1$m/s 沿轴线方向运动时[见图 1-7(a)]，内筒表面的切应力 τ_1；(2) 当内筒以转速 $n = 180$r/min 旋转时[（见图 1-7(b)]，内筒表面的切应力 τ_2。

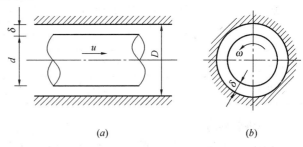

图 1-7 同轴圆柱间隙的黏性阻力

【解】 内筒外径 $d = D - 2\delta = 120 - 2 \times 0.2 = 119.6$mm

(1) 当内筒以速度 $u = 1$m/s 沿轴线方向运动时，内筒表面的切应力：

$$\tau_1 = \mu \frac{du}{dy} = \mu \frac{u}{\delta} = \frac{0.172 \times 1}{0.2 \times 10^{-3}} = 860 \text{Pa}$$

(2) 当内筒以转速 $n = 180$r/min 旋转时，内筒的旋转角速度 $\omega = \dfrac{2\pi n}{60}$，内筒表面的切应力：

$$\tau_2 = \mu \frac{\omega D}{2\delta} = \frac{0.172 \times \dfrac{2\pi \times 180}{60} \times 119.6 \times 10^{-3}}{2 \times 0.2 \times 10^{-3}} = 968.9 \text{Pa}$$

1.2.5 液体的表面张力和毛细管现象

1. 表面张力

由于分子间的吸引力，在液体的自由表面上能够承受极其微小的张力，这种张力称为表面张力。表面张力通常发生在液体与气体接触的周界面上，也可以在液体与固体或两种不同液体接触的周界面上发生。比如，在液体和气体接触的自由表面上，边界上的分子受到液体内部分子的吸引力与其上部气体分子的吸引力不平衡，最终合力的方向与液面垂直并指向液体内部。在合力的作用下，表层中的液体分子都趋于向液体内部收缩，将液面上的分子尽可能地压向液体内部，让液体具有尽量缩小其表面的趋势，于是沿液体的表面便产生了表面张力。

表面张力的大小，可以用表面张力系数 σ 来表示，它的单位是 N/m。σ 的大小与液体的温度、纯度、性质和与其接触介质有关。表 1-7 列出了各种液体与空气接触的表面张力系数。

液体内部并不存在表面张力，它仅存在于液体的自由表面，所以它是一种局部受力现象。因为表面张力很小，通常对液体的宏观运动不起作用，可以忽略不计。可是，当涉及到流体计量、物理化学变化、液滴和气泡的形成等问题时，则一定要考虑表面张力的影响。

几种液体与空气接触时的表面张力系数　　　　　表 1-7

流体名称	温度 (℃)	表面张力系数 σ (N/m)	流体名称	温度 (℃)	表面张力系数 σ (N/m)
水	20	0.07275	丙酮	16.8	0.02344
水银	20	0.465	甘油	20	0.065
酒精	20	0.0223	苯	20	0.0289
四氯化碳	20	0.0257	润滑油	20	0.025～0.035

2. 毛细管现象

液体分子间存在的相互吸引力称为内聚力。如果液体和固体壁面接触，那么液体分子和固体分子间便会产生相互的吸引力，称之为附着力。如果附着力比液体分子间的内聚力大，就会产生液体润湿固体的现象。如图 1-8 所示，玻璃细管竖立在水中，此时，接触角 α 为锐角，液体润湿管壁，管内液面升高，液面呈凹形。如果附着力比液体分子间的内聚力小，就不会产生液体润湿固体的现象。如图 1-9 所示，玻璃细管竖立在水银中，此时，接触角 α 为钝角，水银不能润湿管壁，管内液面下降，液面呈凸形。

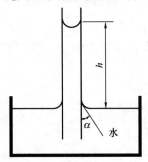

图 1-8　水的毛细管现象

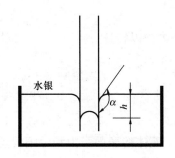

图 1-9　水银的毛细管现象

上述现象称为毛细管现象。根据表面张力的合力与毛细管中上升（或下降）液柱所受的重力相等，可求出液柱上升（或下降）的高度 h，即：

$$\pi d\sigma\cos\alpha = \rho g h \frac{\pi d^2}{4}$$

故

$$h = \frac{4\sigma\cos\alpha}{\rho g d} \tag{1-14}$$

如果把玻璃细管竖立在水中，如图 1-8 所示。当水温为 20℃ 时，可以得水在管中上升的高度为：

$$h = \frac{30}{d} \tag{1-15}$$

如果把玻璃细管竖立在水银中，如图 1-9 所示。当水温为 20℃ 时，则水银在管中下降的高度为：

$$h = \frac{10.14}{d} \tag{1-16}$$

式（1-15）和式（1-16）中，h 和 d 的单位都为"mm"。所以，当管径很小时，h 就可能很大。因此在使用液位计、单管测压计等仪器时，应选取适当的管径以避免因毛细现象而导致读数误差。

1.3　流体的力学模型

自然界中的实际流体，其物质结构和物理性质相当复杂。如果考虑其所有因素，将很难提出它的力学关系式。为此，分析流体力学问题时，应该抓住主要矛盾，建立力学模型，即对流体加以抽象，简化流体的物质结构和物理性质，以便列出流体运动规律的数学方程式。下面介绍几个主要的力学模型。

（1）连续介质模型　从微观角度看，流体和其他物体一样，都是由大量不连续分布的分子组成，分子间有间隙。但是，流体力学所要研究的并不是个别分子的微观运动，而是研究由大量分子组成的宏观流体在外力作用下的宏观运动。因此，在流体力学中，取流体微团来作为研究流体的基元。所谓流体微团是一块体积为无穷小的微量流体，由于流体微团的尺寸极其微小，故可作为流体质点看待。这样，流体可看成是由无限多连续分布的流体微团组成的连续介质。这种对流体的连续性假设是合理的，因为在流体介质内含有为数众多的分子。例如，在标准状态下，$1mm^3$ 气体中有 $2.7×10^{16}$ 个分子；$1mm^3$ 的液体中有 $3×10^{19}$ 个分子。可见分子间的间隙是极其微小的。因此在研究流体宏观运动时，可以忽略分子间的间隙，而认为流体是连续介质。

当把流体看作是连续介质后，表征流体性质的密度、速度、压强和温度等物理量在流体中也应该是连续分布的。这样，可将流体的各物理量看作是空间坐标和时间的连续函数，从而可以引用连续函数的解析方法等数学工具来研究流体的平衡和运动规律。

流体作为连续介质的假设对大部分工程技术问题都是适用的，但对某些特殊问题则不适用。例如，火箭在高空非常稀薄的气体中飞行以及高真空技术中，其分子距与设备尺寸可以比拟，不再是可以忽略不计了。这时不能再把流体看成是连续介质来研究，需要用分子动力论的微观方法来研究。本书只研究连续介质的力学规律。

（2）不可压缩流体模型　压缩性是流体的基本属性。任何流体都是可以压缩的，只不过可压缩的程度不同而已。液体的压缩性都很小，随着压强和温度的变化，液体的密度仅有微小的变化，在大多数情况下，可以忽略压缩性的影响，认为液体的密度是一个常数。$d\rho/dt = 0$ 的流体称为不可压缩流体，而密度为常数的流体称为不可压均质流体。

气体的压缩性相对较大。从热力学中可知，当温度不变时，完全气体的体积与压强成反比，压强增加一倍，体积减小为原来的一半；当压强不变时，温度升高 1℃，体积就比 0℃时的体积膨胀 1/273。所以，通常把气体看成是可压缩流体，即它的密度不能作为常数，而是随压强和温度的变化而变化。把密度随温度和压强变化的流体称为可压缩流体。

把液体看作是不可压缩流体，气体看作是可压缩流体，都不是绝对的。在实际工程中，是否要考虑流体的压缩性，要视具体情况而定。例如，研究管道中水击和水下爆炸时，水的压强变化较大，而且变化过程非常迅速，这时水的密度变化就不可忽略，即要考虑水的压缩性，把水当作可压缩流体来处理。又如，在锅炉尾部烟道和通风管道中，气体在整个流动过程中，压强和温度的变化都很小，其密度变化很小，可作为不可压缩流体处理。再如，当气体对物体流动的相对速度比声速要小得多时，气体的密度变化也很小，可以近似地看成是常数，也可当作不可压缩流体处理。

（3）理想流体模型　如前所述，实际流体都是具有黏性的，都是黏性流体。不具有黏性的流体称为理想流体。理想流体是客观世界上并不存在的一种假想的流体。在流体力学中引入理想流体模型是因为在实际流体的黏性作用表现不出来的场合（如在静止流体中或匀速直线流动的流体中），完全可以把实际流体当作理想流体来处理。在许多场合，想求得黏性流体流动的精确解是很困难的。对某些黏性不起主要作用的问题，先不计黏性的影响，使问题的分析大为简化，从而有利于掌握流体流动的基本规律。至于黏性的影响，则可根据试验，引进必要的修正系数，对由理想流体得出的流动规律加以修正。此外，即使是对于黏性为主要影响因素的实际流动问题，先研究不计黏性影响的理想流体的流动，而后引入黏性影响，再研究黏性流体流动的更为复杂的情况，也是符合认识事物由简到繁的规律的。基于以上诸点，在流体力学中，总是先研究理想流体的流动，再研究黏性流体的流动。

以上介绍是流体力学的三个主要力学模型，以后在具体分析问题时，还要根据实际情况提出一些其他模型。

本　章　小　结

本章的主要内容：作用在流体上的表面力和质量力，流体的密度、重力密度、压缩性和膨胀性、黏性以及液体的表面张力特性等，流体连续介质模型、不可压缩流体模型和理想流体模型。

本章的基本要求：理解连续介质与理想流体的概念和在流体力学研究中的意义。理解流体的主要物理力学性质，重点掌握流体黏滞性、牛顿内摩擦定律及其适用条件。掌握物理量的基本量纲、基本单位及导出量的单位。理解质量力、表面力的定义，掌握其表示方法。

本章的重点：流体的压缩性、黏性。连续介质模型、不可压缩流体模型、理想流体模型。作用在流体上的力：表面力和质量力。

本章的难点：流体的力学定义。不可压缩流体模型。理想流体模型。

思　考　题

1. 什么是流体的黏性？它对流体流动有什么作用？动力黏度和运动黏度有何区别和联系？
2. 试结合牛顿内摩擦定律分析产生内摩擦力的根本原因是什么？
3. 作用在流体上的力可分为哪两类力？其中重力、惯性力、压力、切力、磁力、电动力分别属于两类力中的哪一类？
4. 液体和气体的黏性随温度的升高或降低发生变化，变化趋势是否相同？为什么？
5. 封闭容器盛水，在地面上静止时水所受单位质量力为多少？封闭容器从空中自由下落时，其单位质量力又为多少？
6. 什么是流体的压缩性及热胀性？它们对流体的密度有什么影响？
7. 什么是表面张力？试对表面张力现象作物理解释。

8. 一密封圆柱形容器内盛满液体，液体随容器一起以 ω 的定常转速绕中心轴旋转，问液体内部是否存在切应力？为什么？

9. 理想流体有无能量损失？为什么？

10. 何谓连续介质模型？说明引入连续介质模型的必要性。

习 题

1-1 温度为20℃，流量为60m³/h的水流入加热器，经加热后，水温升高到80℃，如果水的体积热胀系数 $\alpha_V=550\times10^{-6}$ 1/℃。问水从加热器中流出时，体积流量变为多少？

1-2 一容器中盛有500cm³的某种液体，在天平上称得其质量为0.453kg，试求该液体的密度和相对密度。

1-3 在温度为0℃，压强为760mmHg的标准状态下，烟气的密度为1.34kg/m³，当压强不变、温度为400℃时，求烟气的密度。

1-4 如果水的密度 $\rho=999.4$ kg/m³，动力黏度 $\mu=1.3\times10^{-3}$ Pa·s，求其运动黏度值。

1-5 用活塞油缸来测定某种液体的体积体积压缩系数。当压强为 10^6 Pa 时，液体的体积为1L，当压力升高到 2×10^6 Pa 时，液体的体积为995cm³，求这种液体的体积压缩系数。

1-6 某种油的运动黏度是 4.28×10^{-7} m²/s，密度是678kg/m³，计算它的动力黏度值。

1-7 动力黏度为 μ 的流体作平行于 x 轴的剪切流动，速度分布为 $u=y^2$，试计算：

(1) $y=1$ 截面上切向应力分布；

(2) $x=1$ 截面上切向应力，并画出其方向。

1-8 直径 $d=10$ cm 的轴在轴承中空载地运转，转速 $n=5000$ r/min，轴和轴瓦同心，径向间隙 $\delta=0.005$ cm，轴瓦长 $L=8$ cm，测得的摩擦力矩 $M=3.5$ N·m。求轴与轴瓦之间流体的速度梯度；计算轴与轴瓦间流体的动力黏度；计算轴与轴瓦间流体的切向应力，并将此切向应力与标准大气压作比较以便对切向应力的大小有一数量级的概念。

1-9 图1-10所示长为 L，宽为 b 的一平板，完全浸没于黏性系数为 μ 的流体中，流体以速度 u_0 沿平板平行流过，设流体质点在平板两侧任何一点的速度分布，求（1）平板上的总阻力；（2）$y=\dfrac{h}{2}$ 处流体的内摩擦应力；（3）$y=\dfrac{3h}{2}$ 处流体内的内摩擦应力。

1-10 一块很大的薄板放在一个宽度为0.06m间隙的中心处，用两种黏度不同的油充满薄板的上、下间隙。已知一种油的黏度是另一种油的2倍。当以0.3m/s的速度拖动平板运动时，薄板两

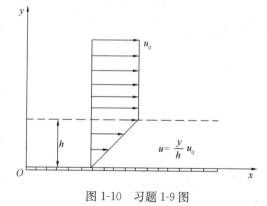

图1-10 习题1-9图

侧的黏性切力作用在每平方米薄板上的合力是29N，试计算这两种油的动力黏度（忽略黏性流的端部效应）。

1-11 图1-11所示为一绕自身轴旋转的圆锥体，圆锥体高为 H，半锥顶角为 α，旋转圆锥体与固定的外锥体的窄小间隙为 δ，该间隙用黏度为 μ 的润滑油充满，当圆锥体以角速度 ω 旋转时，求所需旋转力矩 T 的计算式。

1-12 图1-12所示为在一滑动轴承中，转轴的直径 $d=0.25$ m，轴瓦的长度 $L=0.50$ m，轴与轴瓦间的间隙 $\delta=0.2$ mm，其中充满动力黏度 $\mu=0.82$ Pa·s的油，若轴的转速为 $n=200$ r/min，求克服油的黏性阻力所需要的功率。

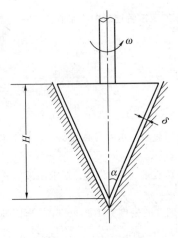
图 1-11 习题 1-11 图

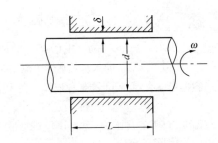
图 1-12 习题 1-12 图

1-13 图 1-13 所示为一个活塞机构，活塞直径 $d=152.4$mm，活塞缸直径 $D=152.6$mm，活塞长 $L=30.48$cm，活塞与缸间的缝隙充满润滑剂，其运动黏度 $\nu=0.9144\times10^{-4}$m^2/s，相对密度 $d=0.92$，如果活塞以 $V=6$m/s 的平均速度运动，求克服摩擦力所需要的功率为多少？

1-14 图 1-14 所示为上下两平行圆盘，直径均为 d，间隙厚度为 δ，间隙中液体的动力黏度为 μ。若下盘固定不动，上盘以等角速度 ω 旋转，求所需力矩的表达式。

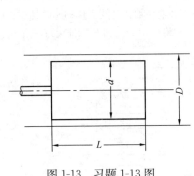
图 1-13 习题 1-13 图

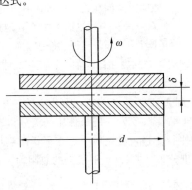
图 1-14 习题 1-14 图

1-15 温度为 20℃ 的空气在直径为 250mm 的圆管中流动，已知距管壁 1mm 处的空气速度为 30cm/s，求每米长管壁上的总黏滞力。

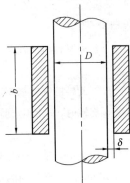
图 1-15 习题 1-16 图

1-16 图 1-15 所示为一滑动轴，已知轴的直径 $D=20$cm，轴承宽度 $b=30$cm，间隙 $\delta=0.08$cm，间隙内充满 $\mu=0.245$Pa·s 的润滑油。若已知润滑油阻力消耗的功率 $N=50.7$W，试求轴的转速 n 为多少？

1-17 一块长 180cm，宽 10cm 的平板在另一块平板上水平滑动。两平板之间的间隙是 0.3mm，用密度为 918kg/m^3、运动黏度为 0.893×10^{-4}m^2/s 的润滑油充满此间隙，如果以 30cm/s 的稳定速度移动上面的平板，求需要的力为多少？

1-18 一个直径为 46cm 的水平圆板面在另一个固定的水平板面上绕其中心轴旋转，两板面间的间隙是 0.23mm，间隙中充满动力黏度 $\mu=4400\times10^{-4}$Pa·s 的油。当上水平圆板以 90r/min 的转速稳定运转时，求所需转动

14

力矩值（忽略离心力作用的影响）。

1-19 直径为 60mm 的活塞在直径为 60.1mm 的缸体内运动，当润滑油的温度由 0℃ 升高到 120℃ 时，求推动活塞所需要的力减少的百分数（已知润滑油在 0℃ 时的动力黏度 $\mu_0 = 0.015 \text{Pa·s}$；在 120℃ 时的动力黏度 $\mu_{120} = 0.002 \text{Pa·s}$）。

1-20 试计算 20℃ 的水在竖直放置的、直径为 1mm 的玻璃管内因毛细作用所能上升的最大值。

第2章 流体静力学

流体静力学是流体力学的一部分,它研究流体处于静止或相对静止时的力学规律及其在工程上的应用。当流体处于静止或相对静止时,流体各质点间均不发生相对运动,因此流体的黏滞性不起作用。

本章主要分析流体压强的分布规律,以解决流体与固体壁面之间的作用力问题。

2.1 流体静压强及其特性

2.1.1 流体静压强的基本概念

作用在流体内部或流体与固体壁面所接触的单位面积上的法向应力称为流体的压强。当流体处于静止状态或相对静止状态时,流体的压强称为流体静压强,用符号 p 表示,单位为 Pa。

从静止流体中,任取一体积 V,周围流体对该体积 V 的作用力,以箭头表示,如图 2-1 所示。设平面 $ABCD$ 将体积 V 分为 Ⅰ、Ⅱ 两部分。以等效力代替 Ⅰ 部分对 Ⅱ 部分的作用,使两部分保持原有的平衡。

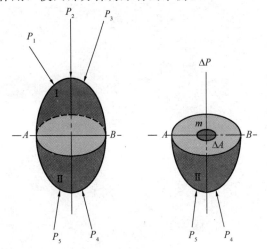

图 2-1 静止流体相互作用

如果受压面 ΔA 上作用静止压力 ΔP,则 $\Delta P/\Delta A$ 称为 ΔA 上所受的平均静压强,用符号 $\bar{p}$ 表示,即:

$$\bar{p} = \Delta P/\Delta A \tag{2-1}$$

当面积 ΔA 无限缩小至点 m 时,则平均压强 $\bar{p}$ 的极限为:

$$p_m = \lim_{\Delta A \to 0} \frac{\Delta P}{\Delta A} = \frac{\mathrm{d}p}{\mathrm{d}A} \tag{2-2}$$

p_m 即为 m 点的流体静压强。

2.1.2 流体静压强的特性

流体静压强有两个基本特性:

(1) 流体静压强的方向垂直指向受压面或沿作用面的内法线方向。

反证法证明:(见图 2-2)假如平衡流体中某一点 E 的静压强 p 的方向不是内法线方向而是任意方向,则 p 可以分解为切向分量 τ 和法向分量 p_n。由于切向压强是一个剪切力,平衡流体既不能承受剪切力也不能承受拉力,否则将破坏平衡。所以,流体静压强的方向与作用面的内法线方向一致。

(2) 平衡流体中任意一点流体静压强的大小与作用面的方位无关,只与点的空间位置有关。图 2-3 所示是不同形状容器中液体对容器壁面的静压力。证明思路:1) 选取研究对象(微元体);2) 受力分析(质量力与表面力);3) 导出关系式 $\Sigma F=0$;4) 得出结论。

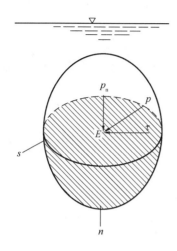

图 2-2 静止流体中静压强的方向

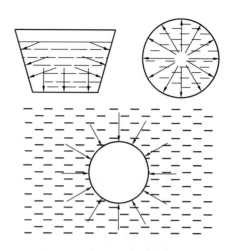

图 2-3 静压强垂直于容器壁面

从静止流体中取出一微小四面体 $OABC$，其坐标如图 2-4 所示，三个边的长度分别为 dx、dy、dz，设 p_x、p_y、p_z、p_n（n 方向是任意的）分别是表示作用在 $\triangle OAC$、$\triangle OBC$、$\triangle OAB$、$\triangle ABC$ 表面上的静压强，p_n 与 x、y、z 轴的夹角分别为 α、β、γ。

流体微元所受力分为两类：表面力和质量力。

（1）表面力

表面力与作用面的面积成正比。作用在 $\triangle OAC$、$\triangle OBC$、$\triangle OAB$、$\triangle ABC$ 面上的总压力分别为：（特性一：垂直并指向作用面）

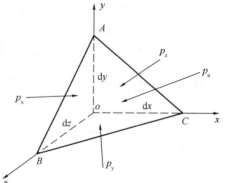

图 2-4 静止流体中的微元体

$$P_x = \frac{1}{2} p_x dy dz$$

$$P_y = \frac{1}{2} p_y dx dz$$

$$P_z = \frac{1}{2} p_z dx dy$$

$$P_n = p_n S_{\triangle ABC}$$

（2）质量力

质量力与微元体的体积成正比。

四面体的体积：$V_{OABC} = \frac{1}{6} dx dy dz$

四面体的质量：$M = \frac{1}{6} \rho \, dx dy dz$

设单位质量流体的质量力在坐标轴方向上的分量为 X、Y、Z，则质量力 $\vec{F}$ 在坐标轴方向的分量是：
$$F_x = \frac{1}{6}\rho \,dxdydz X$$
$$F_y = \frac{1}{6}\rho \,dxdydz Y$$
$$F_z = \frac{1}{6}\rho \,dxdydz Z$$

由于流体微团平衡，据平衡条件，其各方向作用力之和均为零。则在 x 方向上，有：
$$P_x - P_n \cos(n,x) + F_x = 0$$

将上述各表面力、质量力表达式代入后得：
$$\frac{1}{2}p_x dydz - p_n dA\cos\alpha + \frac{1}{6}\rho \,dxdydz X = 0$$

又　$dA\cos\alpha$ 即为 $\triangle ABC$ 在 yoz 平面上的投影面积，

∴　
$$p_n dA\cos\alpha = \frac{1}{2}p_n dydz$$

∴　
$$\frac{1}{2}p_x dydz - \frac{1}{2}p_n dydz + \frac{1}{6}\rho dxdydz X = 0$$

∴　
$$p_x - p_n + \frac{1}{3}\rho \,dx X = 0$$

则当 dx、dy、dz 趋于零时也就是四面体缩小到成为一个质点时，有：
$$p_x = p_n$$

同理：
$$p_y = p_n$$
$$p_z = p_n$$

即：
$$p_x = p_y = p_z = p_n \tag{2-3}$$

因 n 方向是任意选定的，故式（2-3）表明，静止流体中同一点各个方向的静压强均相等。在连续介质中，p 仅是位置坐标的连续函数 $p = p(x,y,z)$。

2.2　流体的平衡微分方程

在密度为 ρ 的静止流体中任取一微元平行六面体的流体微团，六面体的边长分别为 dx，dy，dz，如图 2-5 所示。由流体静压强的特性可知，作用在微元平行六面体的表面力

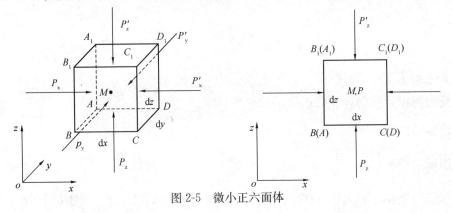

图 2-5　微小正六面体

只有静压强。现分析作用于这一六面体流体块的表面力和质量力。

设六面体中心点 M 处的压强为 p，六面体与 x 轴铅直的两表面 C_1CDD_1 和 A_1ABB_1 的两形心仅 x 坐标与 M 点不同。在欧拉表达方法中，压强是坐标 x,y,z 的函数，又 $\mathrm{d}x$ 是微量，按泰勒级数展开并略去二阶以上微量后，得到矩形 C_1CDD_1 形心处压强为 $p+\frac{\partial p}{\partial x}\frac{\mathrm{d}x}{2}$，方向指向 x 轴负向。因此，作用于 C_1CDD_1 微面积上的压力在 x 轴上投影为 $-\left(p+\frac{\partial p}{\partial x}\frac{\mathrm{d}x}{2}\right)\mathrm{d}y\mathrm{d}z$。同理可以得到作用于矩形 A_1ABB_1 上的表面力为 $\left(p-\frac{\partial p}{\partial x}\frac{\mathrm{d}x}{2}\right)\mathrm{d}y\mathrm{d}z$。六面体其余表面上作用的压力都与 x 轴铅直，因而在 x 轴上投影均为 0。所以六面体所受表面力在 x 轴上的投影和应为：$\left(p-\frac{\partial p}{\partial x}\frac{\mathrm{d}x}{2}\right)\mathrm{d}y\mathrm{d}z-\left(p+\frac{\partial p}{\partial x}\frac{\mathrm{d}x}{2}\right)\mathrm{d}y\mathrm{d}z=-\frac{\partial p}{\partial x}\mathrm{d}x\mathrm{d}y\mathrm{d}z$。

单位质量流体所受质量力在 x 轴上投影为 X，那么六面体流体块所受重力在 x 轴上投影成为 $X\rho\mathrm{d}x\mathrm{d}y\mathrm{d}z$。处于平衡状态的流体，表面力和质量力必须互相平衡。对于 x 轴向表面力和质量力的平衡可以写为：

$$-\frac{\partial p}{\partial x}\mathrm{d}x\mathrm{d}y\mathrm{d}z+X\rho\mathrm{d}x\mathrm{d}y\mathrm{d}z=0 \tag{2-4}$$

用 $\rho\mathrm{d}x\mathrm{d}y\mathrm{d}z$ 除上式两端，得到式（2-5）中的第一式，同样可以求得 y,z 轴方向的其余两式。

$$\left.\begin{aligned} X-\frac{1}{\rho}\frac{\partial p}{\partial x}=0 \\ Y-\frac{1}{\rho}\frac{\partial p}{\partial y}=0 \\ Z-\frac{1}{\rho}\frac{\partial p}{\partial z}=0 \end{aligned}\right\} \tag{2-5}$$

在给定质量力的作用下，对式（2-5）积分，便可得到平衡流体中压强 p 的分布规律。

将式（2-5）依次分别乘以 $\mathrm{d}x,\mathrm{d}y,\mathrm{d}z$ 后相加，得：

$$\frac{\partial p}{\partial x}\mathrm{d}x+\frac{\partial p}{\partial y}\mathrm{d}y+\frac{\partial p}{\partial z}\mathrm{d}z=\rho(X\mathrm{d}x+Y\mathrm{d}y+Z\mathrm{d}z)$$

式中左边是平衡流体压强 $p=p(x,y,z)$ 的全微分，即：

$$\mathrm{d}p=\rho(X\mathrm{d}x+Y\mathrm{d}y+Z\mathrm{d}z) \tag{2-6}$$

式（2-6）称为流体平衡微分方程的综合式。当流体所受的质量力已知时，可用以求出流体内的压强分布规律。

根据数学分析理论可知，某个坐标函数 $W(x,y,z)$ 的全微分可以写成：

$$\mathrm{d}W=X\mathrm{d}x+Y\mathrm{d}y+Z\mathrm{d}z$$

故式（2-6）变为
$$\mathrm{d}p=\rho\mathrm{d}W \tag{2-7}$$

积分得：
$$p=\rho W+C \tag{2-8}$$

式中 C 为积分常数，由流体中某一已知条件决定。

2.2.1 等压面

在平衡流体中，压强相等的各点所组成的面称为等压面。很显然，在等压面上每个流体质点的压强 $p=$ 常数。由式 $\mathrm{d}p=\rho\mathrm{d}W$ 可知，$\rho\mathrm{d}W=0$，而 $\rho\neq 0$，所以 $\mathrm{d}W=0$。也就是说，在不可压缩平衡流体中，等压面也是有势质量力的等势面。等压面是求解静止流体中不同位置之间压强关系时经常应用的概念。

等压面具有如下两个特性：

(1) 在平衡流体中，通过任意一点的等压面，必与该点所受的质量力相互垂直。

在重力场中，任意形式的连通器内，在静止、连续的均质液体中，深度相同的点，其压强必然相等。当流体处于绝对静止时，等压面是水平面。此时质量力仅仅是重力，所以质量力和等压面垂直。应当指出：上述静止流体的压强分布规律是在连通的同种液体处于静止的条件下推导出来的。如果不能同时满足这三个条件：即绝对静止、同种、连续液体，就不能应用上述规律。例如，图2-6(a)中的 a、b 两点，虽满足静止、同种，但由于不连通，虽然在同一水平面上但 a、b 两点压强是不相等的。图中 b、c 两点，虽属静止、连续，但液体不同种，虽然在同一水平面上的 b、c 两点的压强也不相等。图 2-6（b）中，d、e 两点，虽属同种、连续，但由于管中是流动的液体，所以在同一水平面上的 d、e 两点压强也不相等。

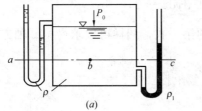
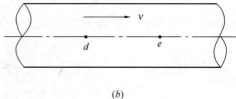

图 2-6 等压面条件

(2) 当两种互不相溶的液体处于平衡状态时，分界面必定是等压面。

图 2-7 所示是两种密度不同互不相混的液体在同一容器中处于静止状态。一般密度大的液体在下，密度小的液体在上（$\rho_2>\rho_1$），其分界面是水平面。读者可自行证明：两种液体之间的分界面既是水平面又是等压面。

应当指出，当多种流体在同一容器或连通管的条件下求压强或者压强差时，必须注意将两种液体的分界面作为压强关系的联系面，写出等压面方程。

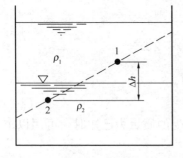

图 2-7 分界面是水平面的证明

2.2.2 气体压强

以上规律，虽然是在液体的基础上提出来的；但对于不可压缩气体也适用。由于气体的密度很小，在两点间高差不大的情况下，气柱产生的压强值很小，因而可以忽略 ρgh 的影响，认为任意两点的静压强相等。对于一般的仪器、设备，由于高度 h 有限，重力对气体压强的影响很小，可以忽略，故可以认为气体中各点的压强相等。例如储气罐内各点的压强都相等。

除了重力场中的流体平衡以外，还有一种工程上常见的所谓液体的相对平衡。当液体随容器一起运动时，液体相对于地球是运动的，但是液体质点间的相对位置始终不变，且各质点与器壁间也没有相对运动，液体的这种相对于运动容器静止的运动叫做液体的相对平衡。工程中比较常见的相对平衡有等加速、等减速直线运动中的液体平衡和等角速度旋转运动中的液体平衡。

液面以下深度 h 处的流体静压强服从以下规律：
$$p = p_0 + \rho g h \tag{2-9}$$

对于流体的相对静止，前面流体静压强的分布规律［式（2-9）］已不适用了，在处理这类问题时，可遵循下面的三个原则：

1. 由于流体内部是相对静止的，不必考虑黏性，可以作为理想流体来处理；
2. 流体质点实际上在运动，根据达朗伯原理，在质量力中计入惯性力，使得流体运动的问题，形式上转化为静平衡问题，直接应用流体静力学的基本方程式［式（2-8）］求解；
3. 一般将坐标建立在容器上，即所谓的动坐标。

前面讨论了质量力只有重力时液体的平衡，下面以等加速直线运动和等角速旋转运动中的液体平衡为例进行讨论。

一盛有液体的敞口容器如图 2-8 所示，以加速度 a 沿 x 轴作匀加速直线运动，液体的自由表面变成倾斜面。现在讨论容器内的压强分布及等压面。将直角坐标系的 z 轴取在对称轴上，原点在自由表面与对称轴的交点上。

容器内的单位质量力：$\quad X=-a \quad Y=0 \quad Z=-g$

其压强分布：$\quad \mathrm{d}p=\rho(X\mathrm{d}x+Y\mathrm{d}y+Z\mathrm{d}z)=\rho(-a\mathrm{d}x-g\mathrm{d}z)$

然后积分得：$\quad p=c-\rho(ax+gz)=p_0-\rho(ax+gz)$

可得其自由面方程：$\quad ax+gz=0 \tag{2-10}$

其中倾斜角度 α 可由 $\mathrm{tg}(\alpha)=a/g$ 确定。

最后得液体内任意点的压强 p 满足以下公式：
$$p - p_0 = \rho g\left(-\frac{a}{g}x - z\right) = \rho g(z_0 - z) = \rho g h \tag{2-11}$$

半径为 R 的一直立圆筒形容器盛有液体，绕其铅直轴心线做等角速度旋转，由于液体的黏性作用，筒内液体作相对平衡运动，如图 2-9 所示，现将坐标原点位

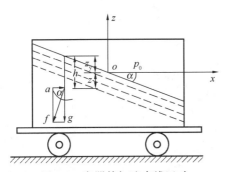

图 2-8　容器等加速直线运动

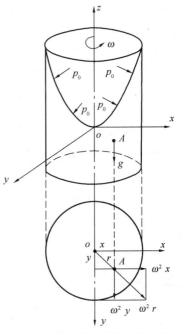

图 2-9　容器等角速度旋转运动

于圆筒轴心与液面的交点上，z 轴铅直向上并与圆筒轴心线重合，xoy 面为一水平面。该坐标系静止，不随系统一起旋转。

分析任一液体质点 $A(x,y,z)$，可知其所受的单位重力在各轴向的分力为：

$$X_1=0, Y_1=0, Z_1=-g$$

而单位惯性力在各轴向的分力为：

$$X_2=\omega^2 x, Y_2=\omega^2 y, Z_2=0$$

所以，单位质量力在各轴的分力为：

$$X=X_1+X_2=\omega^2 x, Y=Y_1+Y_2=\omega^2 y, Z=Z_1+Z_2=-g$$

将其代入流体平衡微分方程得：

$$dp=\frac{\partial p}{\partial x}dx+\frac{\partial p}{\partial y}dy+\frac{\partial p}{\partial z}dz=\rho\omega^2(xdx+ydy)-\rho g dz$$

积分得

$$p=\frac{1}{2}\rho\omega^2 x^2+\frac{1}{2}\rho\omega^2 y^2-\rho g z+C$$

即

$$p=\rho\left(\frac{\omega^2 r^2}{2}-gz\right)+C \tag{2-12}$$

式（2-12）中的积分常数 C 由边界条件确定。由于液面气体压强处处为 p_0，在 $x=0$，$y=0$，$z=0$ 处 $p=p_0$，且 $r=\sqrt{x^2+y^2}$。把它们代入式（2-12）得 $C=p_0$，由此得到等角速旋转直立容器中液体压强的分布规律：

$$p=\rho\left(\frac{\omega^2 r^2}{2}-gz\right)+p_0 \tag{2-13}$$

若液体表面各点压强为常数 p_0，自由表面为一等压面，将 $p=p_0$ 代入上式，可得到自由表面方程：

$$z=\frac{\omega^2 r^2}{2g} \tag{2-14}$$

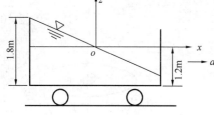

图 2-10 容器加速行驶

【例 2-1】 水车沿直线等加速行驶，水箱长 $l=3m$，高 $H=1.8m$，盛水深 $h=1.2m$，如图 2-10 所示。试求确保水不溢出时加速度的允许值。

【解】 选坐标系（非惯性坐标系）$oxyz$，o 点置于静止时液面的中心点，oz 轴向上，由式 $dp=\rho(Xdx+Ydy+Zdz)$，得：

质量力 $X=-a$，$Y=0$，$Z=-g$ 代入上式积分，得：

$$p=\rho(-ax-gz)+C$$

由边界条件，$x=0$，$z=0$，$p=p_a$

得

$$C=p_a$$

则

$$p=p_a+\rho(-ax-gz)$$

令

$$p=p_a$$

得自由液面方程

$$z=-\frac{a}{g}x$$

使水不溢出，$x=-1.5m$ $z\leqslant H-h=0.6m$，

代入上式，解得 $a \leqslant -\dfrac{gz}{x} = -\dfrac{9.8 \times 0.6}{-1.5} = 3.92 \text{m/s}^2$

【例 2-2】 一高为 H、半径为 R 的有盖圆筒内盛满密度为 ρ 的水，上盖中心处有一小孔通大气。圆筒及水体绕容器铅垂轴心线以等角速度 ω 旋转，如图 2-11 所示，求圆筒下盖内表面的总压力 P。

【解】 将直角坐标原点置于下盖板内表面与容器轴心线交点，z 轴与容器轴心线重合，正向向上。在 $r=0$，$z=H$ 处水与大气接触，相对压强 $p=0$，代入式

$$p = \rho\left(\dfrac{\omega^2 r^2}{2} - gz\right) + C$$

则 $\qquad C = \rho g H$

容器内相对压强 p 分布为：

$$p = \dfrac{1}{2}\rho\omega^2 r^2 + \rho g(H-z)$$

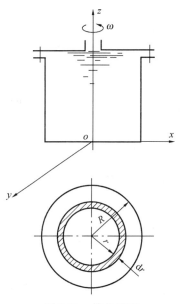

图 2-11 等角速度旋转下盖内表面总压力

相对压强是不计大气压强，仅由水体自重和旋转引起的压强。在下盖内表面上 $z=0$，从而下盖内表面上相对压强只与半径 r 有关：

$$p = \dfrac{1}{2}\rho\omega^2 r^2 + \rho g H$$

下盖内表面上总压力 P 可由上式积分得到：

$$P = \int_0^R p 2\pi r \mathrm{d}r = \int_0^R \left(\dfrac{1}{2}\rho\omega^2 r^2 + \rho g H\right)2\pi r \mathrm{d}r = \pi\rho\omega^2 R^4/4 + \rho g H \pi R^2$$

可见下盖内表面所受压力由两部分构成：第一部分来源于水体的旋转角速度 ω，第二项正好等于筒中水体重力。

2.3 重力场中静压强的分布规律

在自然界和实际工程中，经常遇到要研究的流体是不可压缩的重力流体，也就是作用在液体上的质量力只有重力的流体。

在重力作用下的不可压缩静止流体中建立直角坐标系，xoy 平面位于一水平面内，z 轴正向铅直向上。流体所受单位质量力大小为 g，它在三个坐标轴上投影分别为：$X=0$，$Y=0$，$Z=-g$。

将它们代入静止流体的平衡微分方程［式（2-7）］，得到

$$\mathrm{d}p = -\rho g \mathrm{d}z$$

对于不可压缩流体，密度 ρ 是常数，对上式积分可得：

$$z + \dfrac{p}{\rho g} = C \qquad (2\text{-}15)$$

式中 C 是积分常数，可根据边界条件确定。式（2-15）称为重力作用下的不可压缩流体静压强基本方程。

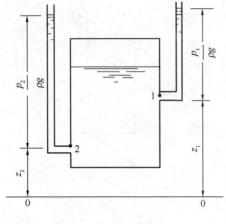

图 2-12 测压管水头

在静止液体内任选两点 1，2（见图 2-12），这两点到 xoy 水平面距离分别为 z_1，z_2，压强分别为 p_1 和 p_2，由式（2-10）得到：

$$z_1 + \frac{p_1}{\rho g} = z_2 + \frac{p_2}{\rho g} \qquad (2\text{-}16)$$

不可压缩流体静压强基本方程式（2-15）的物理意义是：z 是单位重量流体对基准平面的位能，$\frac{p}{\rho g}$ 是单位重量的流体具有的压力能，单位重量静止流体的压力能 $\frac{p}{\rho g}$ 和位能 z 之和为一常数。这是能量守恒定律在静止流体能量特性的表现。

式（2-15）中，z 表示流体中一点到基准平面的铅直距离，具有长度量纲，称为单位重量流体的位置水头。$\frac{p}{\rho g}$ 项也具有长度量纲，称为单位重量流体的压强水头。单位重量流体的位置水头和压强水头之和为常数，称作测压管水头，用来表示测压管液面相对于基准面的高度。

因此，不可压缩流体静压强基本方程的几何意义是：同一容器的静止流体中，所有各点的测压管水头均相等。静止流体测压管水头线是平行于基线的一条水平线，如图 2-12 中，1 和 2 两测压管水头高度相同。

将计算位能的基准面通过第 2 点，点 1 取在液面处，位置水头 $z_1=h$（见图 2-13），压强为 $p_1=p_0$。点 2 取在液面下 h 处，$z_2=0$，压强为 $p_2=p$，于是，从而得到：

$$p = p_0 + \rho g h \qquad (2\text{-}17)$$

式（2-17）是静压强基本方程的另一种形式，公式表明，静止均质液体内一点处的压强由两部分组成：一部分是自由液面上的压强 p_0；另一部分是该点到自由液面的单位面积上的液柱重量 $\rho g h$。在重力作用下的静止液体中，静压强随深度按线性规律变化，即随深度的增加，静压强值成正比增大。

【例 2-3】 如图 2-14 所示，敞开容器内注有三种互不相混的液体，$\rho_1 = 0.8\rho_2$，$\rho_2 = 0.8\rho_3$，求侧壁处三根测压管内液面至容器底部的高度 h_1、h_2、h_3。

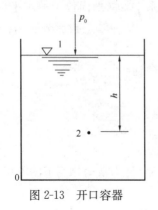

图 2-13 开口容器　　　图 2-14 开口容器三根测压管高度

【解】 由连通器原理,列等压面方程,可得:

$(h_3 - 2 - 2)\rho_1 g = 2\rho_1 g$,从而得 $h_3 = 6\text{m}$

$(h_2 - 2)\rho_2 g = 2\rho_1 g + 2\rho_2 g$,从而得 $h_2 = 4 + 2\rho_1/\rho_2 = 5.6\text{m}$

$h_1 \rho_3 g = 2\rho_1 g + 2\rho_2 g + 2\rho_3 g$,从而得 $h_1 = 2 + (2\rho_1 + 2\rho_2)/\rho_3 = 4.88\text{m}$

2.4 压强的计量基准和量度单位

2.4.1 压强的计量基准

流体压强按计量基准的不同可分为绝对压强和相对压强,如图 2-15 所示。

以完全真空($p'=0$)为基准起算的压强称为绝对压强,用 p' 表示。当问题涉及流体本身的性质,例如采用气体状态方程进行计算时,必须采用绝对压强。在讨论可压缩气体动力学问题时,气体的压强也必须采用绝对压强。绝对压强只为正值。

以当地大气压强为基准来计量的压强称为相对压强,用 p 表示。很显然,如果采用相对压强 p 为基准,则大气相对压强为零,即 $p_a = 0$。

绝对压强 p' 总是正值,而相对压强 p 则可正可负。绝对压强和相对压强之差是一个当地大气压 p_a,即:

$$p = p' - p_a \tag{2-18}$$

如果流体内某点的绝对压强小于当地大气压强 p_a,即其相对压强为负值,则称该点存在真空,即出现了真空的状态。某点处的真空度 p_v 指该点绝对压强小于大气压的那一部分:

$$p_v = p_a - p' \tag{2-19}$$

由于 p_v 值恒为正值,则 p_v 值越大,表明该点处的真空状态越显著。

图 2-15 所示是绝对压强、相对压强、真空度和大气压强之间的关系图。

工程结构和工业设备都处在当地大气压的作用下,在很多情况下大气压强作用是相互抵消的,采用相对压强往往可避免重复计算大气压强作用,从而能使计算得到简化,所以在工程技术中广泛采用相对压强。以后讨论所提压强,如未说明,均指相对压强。

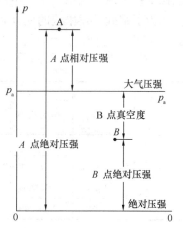

图 2-15 压强图示

2.4.2 压强的三种度量单位

压强常用以下三种度量单位:

1. 用单位面积上的力来表示,即应力单位。在国际单位制中压强以"N/m²"或者是帕(帕斯卡)来表示,用"Pa"表示,$1\text{Pa} = 1\text{N/m}^2$。由于帕的值太小,在工程上压强常用千帕(KPa)和兆帕(MPa)表示,$1\text{kPa} = 10^3 \text{Pa}$,$1\text{MPa} = 10^6 \text{Pa}$。压强的工程单位为"kgf/m²"或者"kgf/cm²"。

2. 以大气压的倍数表示。国际上规定标准大气压用符号"atm"表示(温度为0℃时,海平面上的压强,即 101.325kPa)。如果某处相对压强为 202.65kPa,则称该处的相对压强为 2 个标准大气压,或 2atm。工程单位中规定大气压用符号"at"表示(相当于海拔 200m 处正常大气压)。1at=1kgf/cm², 称为 1 个工程大气压。如果某处相对压强为 196kPa, 则称该处的相对压强为 2 个工程大气压, 或 2at。

3. 以液柱高度表示压强。通常用水柱高度或者汞柱高度, 其单位为 "mH_2O、mmH_2O 或 $mmHg$"。由式 $p=\rho gh$ 改写成 $h=p/\rho g$ 表示, 只要知道液体密度 ρ, h 和 p 的关系就可以通过上式表现出来。例如一个标准大气压相应的水柱高度为:

$$h = \frac{101325 \text{N/m}^2}{9807 \text{N/m}^3} = 10.33 \text{mH}_2\text{O}$$

相应的汞柱高度为:

$$h' = \frac{101325 \text{N/m}^2}{133375 \text{N/m}^3} = 0.760 \text{mH}_2\text{O} = 760 \text{mmHg}$$

一个工程大气压相应的水柱高度为:

$$h = \frac{10000 \text{kgf/m}^2}{1000 \text{kgf/m}^3} = 10 \text{mH}_2\text{O}$$

相应的汞柱高度为

$$h' = \frac{10000 \text{kgf/m}^2}{13595 \text{kgf/m}^3} = 0.736 \text{mHg} = 736 \text{mmHg}$$

压强的上述三种度量单位是经常用到的, 要求能够灵活应用。在通风工程中, 气体的压强通常会很小, 这时用 "mmH_2O" 就更适合。大气压和液柱高度虽不属国际单位制, 但在工程上经常使用, 如表示水头高和日常生活中血压计的汞柱高等。

为了掌握上述单位的换算, 将国际单位制和工程单位制中各种压强的换算关系列入表 2-1, 以供换算使用。

国际单位与工程单位换算关系　　表 2-1

压强名称	Pa (N/m²)	kPa (10³N/m²)	Bar (10⁵N/m²)	mmH₂O (kgf/m²)	at (10⁴kgf/m²)	标准大气压 (1.0332×10⁴kgf/m²)	mmHg
换算关系	9.807	9.807×10⁻³	9.807×10⁻⁵	1	10⁻⁴	9.678×10⁻⁵	0.07356
	9.807×10⁴	9.807×10	9.801×10⁻¹	10⁴	1	9.678×10⁻¹	735.6
	101325	101.325	1.01325	10332.3	1.03323	1	760
	133.332	0.13333	1.3333×10⁻³	13.595	1.3595×10⁻³	1.316×10⁻³	1

【例 2-4】 放置在水池中的密封罩如图 2-16 所示, 试求罩内 A、B、C 三点的真空度。

【解】 开口一侧水面压强是大气压, 因水平面是等压面, B 点的压强 $p_B=0$, 则有:

A 点的压强

$$p_A = p_B + \rho g h_{AB} = 1000 \times 9.807 \times 1.5 = 14710 \text{Pa}$$

C 点的压强

$$p_C + \rho g h_{BC} = p_B$$

即

$$p_C = 0 - 1000 \times 9.807 \times 2.0 = -19614 \text{Pa}$$

C 点的真空度

$$p_{vc} = 19614 \text{Pa}$$

【例 2-5】 容器 A 被部分抽成真空（见图 2-17），容器下端接一玻璃管与水槽相通，玻璃管中水上升 $h=2\text{m}$，水的密度 $\rho=1000\text{kg/m}^3$，求容器中心处的绝对压强 p'_A 和真空度 p_{Av}，当地大气压 $p_a=98000\text{N/m}^2$。

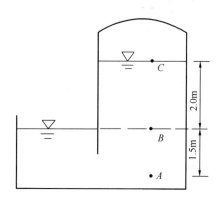

图 2-16 水池内各点压强计算

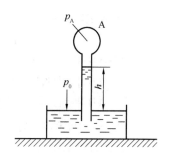

图 2-17 液柱压强计算

【解】 水槽液面是一个等压面，$p'_A + \rho g h = p_a$，则：
$$p'_A = p_a - \rho g h = 98000 - 1000 \times 9.807 \times 2 = 78400 \text{N/m}^2$$
$$p_{vA} = p_a - p'_A = 98000 - 78400 = 19600 \text{N/m}^2$$

2.5 作用于平壁上的液体总压力

在许多工程设计中，除了要确定点压强之外，还需要确定静止液体作用在固体表面上的总压力的大小、方向和位置。例如闸门、水坝、水箱、油罐等。确定作用力的大小、方向和作用点对结构物强度设计具有十分重要的意义。结构物表面可以是平面，也可以是曲面。本节讨论作用于平面的液体压力，研究的方法可分解析法和图解法两种。

2.5.1 解析法

设有一平面 AB 的侧视图，与水平面成夹角 α，放置于静止液体中，假设在自由液面处压强为大气压，如图 2-18 所示。为了便于分析，现将平面绕 oy 轴旋转 $90°$ 置于纸面上，建立如图所示 xoy 坐标系。图中 h_C 为平面形心 C 处淹没深度，y_C 为形心 C 的 y 坐标，$h_C = y_C \sin\alpha$。

在平面上中取一微元面积 dA，其中心点到液面的水深为 h。一般情况下，平壁的两面均受到大气压强的作用，采用相对压强计算。作用在微小面积上的水静压力为：

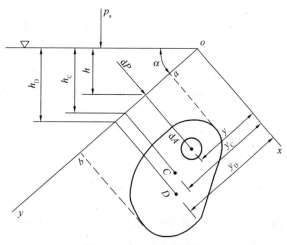

图 2-18 平面液体压力

$$dP = pdA = \rho g h dA$$

由于 $h = y\sin\alpha$,于是微小面积形心处压强可写为 $\rho g y \sin\alpha$,由此可得液下平面所受压力 P 为:

$$P = \int_A \rho g \sin\alpha y dA = \rho g \sin\alpha \int_A y dA$$

其中,$\int_A y dA$ 为受压面积 A 对 x 轴的静面矩,由理论力学知,它等于受压面积 A 与其形心坐标 y_C 的乘积,则:

$$P = \rho g \sin\alpha y_C A = \rho g h_C A = P_c A \tag{2-20}$$

式中 P——AB 平面上静水总压力;
h_C——AB 平面形心 C 的淹没深度;
p_C——AB 平面形心 C 点的压强;
ρ——液体的密度;
A——受压面积。

式(2-20)表明:作用于液下任意位置,任意形状平面上的静水总压力大小等于平面形心处的压强与受压面积的乘积。形心处压强等于被淹没面积上的平均压强。总压力的方向沿受压面的内法线方向。

如果用 y_D 表示 oy 轴上点 o 到压力中心的距离,则按合力矩定理;压力 P 对 x 轴的力矩 $P y_D$ 应等于平面上微面积的压力 dP 对 x 轴力矩的和 $\int_A \rho g h y dA$,即:

$$\int_A \rho g h y dA = P y_D$$

或
$$y \sin\alpha y_C A y_D = \rho g \sin\alpha \int_A y^2 dA$$

式中,$I_x = \int_A y^2 dA$ 为受压面积 A 对 x 轴的惯性矩,则上式可写为:

$$y_D = I_x / (y_C A) \tag{2-21}$$

根据惯性矩平行移轴公式 $I_x = I_C + y_C^2 A$,将受压面 A 对 ox 轴的惯性矩 I_x 换算成对通过受压面形心 C 且平行于 ox 轴的轴线的惯性矩 I_C,于是上式又可写成:

$$y_D = y_C + I_C / (y_C A) \tag{2-22}$$

或
$$y_D = y_C + y_e \tag{2-23}$$

式中 y_D——静水总压力作用点到 ox 轴的距离;
y_C——AB 平面形心到 ox 轴的距离;
I_C——AB 平面对平行 ox 轴并通过形心 C 的形心轴的惯性矩;
A——平板 AB 的面积;
$y_e = I_C / (y_C A)$——压强中心沿 y 方向至受压面形心的距离。

式(2-22)中 $\dfrac{I_C}{y_C A} > 0$,故 $y_D > y_C$,即静水总压力作用点 D 通常在 AB 平面形心 C 的下方。但随着 AB 平面淹没深度的增加,即 y_C 增大,$\dfrac{I_C}{y_C A}$ 减小,静水总压力的作用点逐渐靠近 AB 平面的形心 C。实际工程中通常遇到的平面多数是对称的,因此压力中心的位置是在平面的对称轴上，无需计算 x_D 的坐标值，只需求得 y_D 坐标即可确定压力中心 D 的位置。

当容器的液体相同，水深相同，底面积大小也相等时，不论容器的形状如何，作用在底面积上的水静压力的大小都是一样的，与容器中水的重量无关。

【**例 2-6**】 一直径为 1.25m 的圆板倾斜地置于水面之下（见图 2-19），其最高点 A、最低点 B 到水面距离分别为 0.6m 和 1.5m，求作用于圆板一侧水压力大小和压力中心位置。

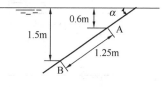

图 2-19 圆板侧静压力计算

【**解**】 圆板形心（圆心）在水面之下
$$h_C = (1.5+0.6)/2 = 1.05\text{m}$$
$$y_C = 1.05 \times (1.5-0.6)/1.25 = 0.756\text{m}$$

圆板面积
$$A = \pi d^2/4 = \pi 1.25^2/4 = 1.227\text{m}^2$$

形心压强
$$p_C = \rho g h_C = 9807 \times 1.05 = 10297\text{N/m}^2$$

圆板一侧水压力大小为：
$$P = p_C A = 10297 \times 1.227 = 12634\text{N}$$

对于圆板
$$I_C = \pi d^4/64 = \pi 1.25^4/64 = 0.12\text{m}^4$$

压力中心在形心之下，两点沿圆板距离为
$$y_e = I_C / A y_C$$
$$= 0.12/1.227 \times 0.756 = 0.13\text{m}$$

由此可得压力中心距形心 0.13m。

2.5.2 图解法

对位于静止液体中一边平行于自由液面的矩形平壁的水静压力的问题，可以采用图解法求总压力及压强中心。它不仅直接反映水静压力的实际分布，而且有利于对受压结构物进行结构计算。

压强分布图是在受压面承压的一侧，以一定的比例尺的向量线段，表示压强大小和方向的图形，是液体静压强分布规律的几何图示。对于通大气的敞口容器，液体的相对压强 $p=\rho gh$，沿水深直线分布，只要把上下两点的压强用线段绘出，中间以直线相连，就得到相对压强分布图，如图 2-20 所示。

矩形平面是比较多见的受压面，由于它的形状规则，计算较为简单，用图解法计算只要先画出流体静压强的分布图，就可以根据图来计算总压力。

水静压强分布图是根据基本方程 $p=p_0+\rho gh$，直接绘在受压面上表示各点压强大小及方向的图形。压强分布图是在受压面承压的一侧，以一定比例尺的矢量线段，表示压强大小和方向的图形，它是液体静压强分布规律的几何图形。设矩形平壁 AB 位于静止液体中，如图 2-21 所示。首先计算 A 点和 B 点的相对压强
$$p_A = \rho g h_A$$
$$p_B = \rho g h_B$$

并用线段绘出，中间以直线相连，就得到 AB 平壁的相对压强分布图。

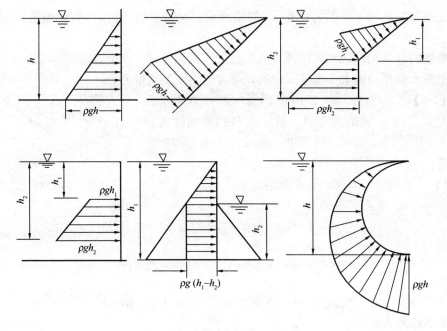

图 2-20 不同闸板的静压强分布图

如果 A 点恰好在自由液面上，此时 A 点的压强 $p_A=0$，AB 平面的压强分布图是一个直角三角形，一般情况下压强分布图是一个直角梯形。

如图 2-21 所示，取高为 H，宽为 b 的铅直矩形平面，其顶面恰与自由液面平齐，应用静水压强分布图计算水静压力，则有：

$$P = p_C A = \rho g h_C bh = \rho g \frac{h}{2} bh = \frac{1}{2}\rho g h^2 b$$

式中，$\frac{\rho g}{2}h^2$ 为水静压强分布图 ABE 面积，用 S 表示，则上式可写成：

$$P = Sb = V \tag{2-24}$$

由图 2-22 可知，静止液体作用在矩形平面上的总压力恰等于以压强分布图的面积为底，高度为 b 的柱体体积。P 的作用点，通过 S 的形心并位于水面下的 $\frac{2h}{3}$ 处。

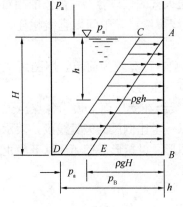

图 2-21 水静压强分布图

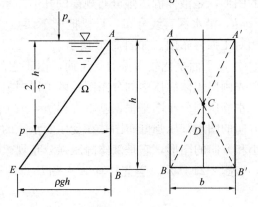

图 2-22 作用于铅直平面的水静压力

【例 2-7】 一铅直矩形闸门，如图 2-23 所示，顶边水平，所在水深 $h_1=1$m，闸门高 $h=2$m，宽 $b=1.5$m，试用解析法和图解法求水静压力 P 的大小、方向和作用点。

【解】 1. 先用解析法求 P

设自由液面处为大气压 p_a，相对压强为零。延长 BA 交自由液面

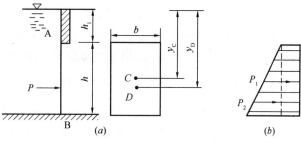

图 2-23 作用于铅直平面的水静压力

于 o 点。oB 方向即为 y 轴，ox 轴铅直纸面，如图 2-23（a）所示。

由式（2-13），先求矩形形状中心 C 处的压强：

$$p_C = \rho g h_C = 9807 \times \left(\frac{h}{2}+h_1\right) = 9807 \times \left(\frac{2}{2}+1\right) = 19614 \text{N/m}^2$$

矩形闸门受到水静压力则为：

$$P = p_C A = 19614 \times 2 \times 1.5 = 58.8 \text{kN}$$

方向如图 2-23 所示，铅直于闸门，水平向右。

压力中心 D 的求法，按式（2-26）得：

$$y_D = y_C + \frac{I_C}{y_C A} = 2 + \frac{\frac{1}{12} \times 1.5 \times 2^3}{2 \times 1.5 \times 2} = 2.17 \text{m}$$

2. 应用图解法计算 P

先绘制矩形闸门的静水压强分布图，将压强分布图分解为矩形和三角形，如图 2-23(b) 所示。

$$p_A = \rho g h_A = 9807 \times 1 = 9807 \text{N/m}^2$$
$$p_B = \rho g h_B = 9807 \times 3 = 29421 \text{N/m}^2$$

则单位宽度闸门受到的水静压力 P' 为：

$$P' = P_1 + P_2 = p_A y_C + \frac{1}{2}(p_B - p_A) y_C$$
$$= 9807 \times 2 + \frac{1}{2}(29421 - 9807) \times 2$$
$$= 19614 + 19614 = 39.23 \text{kN}$$

宽度为 $b=1.5$m 的闸门受到的水静压力为：

$$P = 1.5 P' = 1.5 \times 39.23 = 58.84 \text{kN}$$

再求压强中心 D，以 B 为矩心，应用合力矩定理得：

$$P_1 \frac{y_C}{2} + P_2 \frac{y_C}{3} = P' y_D$$

所以

$$y_D = \frac{19614 + 19614 \frac{2}{3}}{39230} = 0.83 \text{m}$$

或者压强中心 D 距水面高度为 $3-0.83=2.17$m。

由此可见，两种方法所得的计算结果完全相同。

3. 在应用解析法或图解法时要注意以下几点：

（1）应用解析法时，由于利用上述公式只能求出液面压强为大气压 p_a 时，作用于该平面的水静压力及其压力中心。如果容器是封闭的，液面的相对压强 p_0 不等于零，则应虚设一个所谓的自由液面，使得这个虚设的自由液面的相对压强为零。这个相对压强为零的自由液面和容器实际液面的距离为 $\dfrac{|p_0-p_a|}{\rho g}$。这就是说求解水静压力用 $p=\rho g h_c A$ 时，h_C 取平面形心至相对压强为零的自由液面的距离，而求压力中心用 $y_e=I_C/(y_C A)$ 时，y_C 取平面形心沿 y 轴方向至相对压强为零的自由液面交线的距离。这种方法实质上是将厚为 $\dfrac{|p_0-p_a|}{\rho g}$ 的液层，想象地加在实际液面上，使平面所受压力没有任何改变。也就是说，坐标系原点的位置设在平面 AB 和自由液面的相交点。当 $p_0>p_a$ 时，虚设的自由液面在实际液面上方，反之，在下方。

（2）图解法只适用于矩形平壁，所以受压平壁是其他形状，例如圆形、梯形等，应用解析法为好。

（3）从 $P=\rho g h_C A$ 可看出，作用于受压平壁上的水静压力，只与受压面积 A、液体重力密度以及形心的淹没深度 h_C 有关，而跟平壁与水平面的夹角 α 无关。

2.6　作用于曲壁上的液体总压力

在实际工程中常遇到的受压面是曲面的情形，如弧形闸门、拱坝坝面、水管管壁等。本节将对液体作用于曲面上的压力进行讨论。在工程中，经常要计算如圆形储水池壁面、弧形闸门以及球形容器等，这些壁面多为柱面或球面。因此本节着重讨论液体作用在柱面上的总压力，其计算方法可推广到其他的曲面。

2.6.1　总压力的大小、方向及作用点

设有一垂直于纸面的柱体，如图 2-24 所示，其左侧承受液体静压力，长度为 l，受压曲面为 AB，若在曲面 AB 上任取一微小面积 dA，其中心点的淹没深度 h，作用在 dA 上的液体压力为：

$$dP = p\,dA = \rho g h\,dA$$

该力垂直于面积 dA，并与水平面成 θ 角，可将此力分解为水平分力 dP_x 和铅直分力 dP_z：

$$dP_x = dP\cos\theta = \rho g h\,dA\cos\theta$$
$$dP_z = dP\sin\theta = \rho g h\,dA\sin\theta$$

式中 θ 也为曲面 dA 与铅直面的夹角，所以 $dA\cos\theta$ 可以看成是曲面 dA 在铅直面 yoz 上的投影 dA_x，而 $dA\sin\theta$ 则可以看成是曲面 dA 在水平面 xoy 上的投影 dA_z，则有：

$$dP_x = \rho g h\,dA_x$$
$$dP_z = \rho g h\,dA_z$$

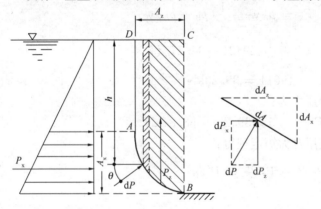

图 2-24　作用于柱体曲面的压力

上式分别积分得：

$$P_x = \int dP_x = \rho g \int_{A_x} h\, dA_x \tag{2-25}$$

$$P_z = \int dP_z = \rho g \int_{A_z} h\, dA_z \tag{2-26}$$

式中　dA_x——dA 在铅垂平面（即 yoz 平面）上的投影；

　　　dA_z——dA 在水平平面（即 xoy 平面）上的投影；

$\int_{A_x} h\, dA_x$——为平面 dA_x 对水平轴 y 轴的静矩，由理论力学知 $\int_{A_x} h\, dA_x = h_C A_x$，将此式代入式（2-25）中，得：

$$P_x = \rho g h_C A_x = p_C A_x \tag{2-27}$$

式（2-27）表明，液体作用在柱面上水静压力的水平分力，其大小等于作用在该柱面在铅垂平面的投影面上的水静压力。水平分力的作用线通过投影面积的压强中心，方向指向柱面。式中 h_C 为平面 A_x 形心 C 处的淹没深度。

式（2-26）中 $\int_{A_z} h\, dA_z$ 是曲面 AB 上以 dA 为底面积到自由液面（或者是到自由液面的延伸面）之间铅垂柱体（称为压力体）的体积，以 V_p 表示，则有：

$$P_z = \rho g V_p \tag{2-28}$$

式（2-28）表明，液体作用在柱面上水静压力的铅直分力等于压力体内液体的重量。铅直分力的作用线通过压力体的重心。

在求出 P_x 和 P_z 后就可以知道水静压力的大小和方向。

$$P = \sqrt{P_x^2 + P_z^2} \tag{2-29}$$

合力 P 的作用线与水平线的夹角为：

$$\theta = \arctan(P_z/P_x) \tag{2-30}$$

水静压力的作用点是这样来决定的：静止流体对二维曲壁总压力的水平分力 P_x 的作用线和铅直分力 P_z 的作用线交于一点，水静压力的作用线通过该点，并与水平方向的夹角为 θ。

2.6.2　压力体的概念

积分式 $V_p = \int_{A_z} h\, dA_z$ 表示的几何体积称为压力体。它的界定范围是：假设沿着柱面边缘上每一点作自由液面（或延伸面）的铅垂线，这些铅垂线围成的壁面和以自由液面为上底、柱面本身为下底的柱体就是压力体。

通常压力体有以下三种情况：

1. 实压力体

压力体和液体在柱面 ab 的同侧，压力体内充满液体，称为实压力体。此时 P_z 方向向下，如图 2-25（a）所示。

2. 虚压力体

压力体和液体在柱面 ab 的

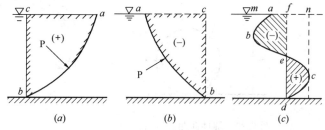

图 2-25　实压力体、虚压力体及压力体叠加

（a）实压力体；（b）虚压力体；（c）压力体叠加

两侧，一般其上底面为自由液面的延伸面，压力体内无液体，称为虚压力体。此时 P_z 方向向上，如图 2-25（b）所示。

3. 压力体叠加

压力体和液体虽在柱面 AB 的同侧，但一般其为自由液面的延伸面，压力体部分充有液体，如图 2-25（c）所示。叠加后得虚压力体 ABC，P_z 的方向向上。

另外，有关 P_x 和 P_z 的方向要根据曲面在静止液体中的位置而定。例如，在图 2-25（a）中水静压力 P 的水平分力 P_x，其方向是向右，而图 2-25（b）中的水平分力 P_x 的方向是向左。铅直分力 P_z 的方向在图 2-25（a）中是铅直向下，而在图 2-25（b）和图 2-25（c）中 P_z 是铅直向上。

【例 2-8】 如图 2-26 所示，有一圆滚门，长度 $l=10$m，直径 $D=4$m，上游水深 $H_1=4$m，下游水深 $H_2=2$m，求作用于圆滚门上的水平和铅垂方向的分压力。

【解】（1）圆滚门的左侧水平方向分力大小：

$$P_x = \rho g \frac{H_1}{2} Dl = 9807 \times \frac{4}{2} \times 4 \times 10 = 784.56 \text{kN}(\text{方向向右})$$

铅垂方向分力大小

$$P_z = \rho g \frac{\pi}{8} D^2 l = 9807 \times \frac{\pi}{8} \times 4^2 \times 10 = 616.19 \text{kN}(\text{方向向上})$$

（2）圆滚门的右侧

水平方向分力大小

$$P_x = \rho g \frac{H_2}{8} H_2 l = 9807 \times \frac{2}{2} \times 2 \times 10 = 196.14 \text{kN}(\text{方向向左})$$

铅垂方向分力大小

$$P_z = \rho g \frac{\pi}{16} D^2 l = 9807 \times \frac{\pi}{16} \times 4^2 \times 10 = 308.1 \text{kN}(\text{方向向上})$$

故圆滚门上圆滚门的水平分力大小

$$P_x = 784.56 - 196.14 = 588.42 \text{kN}(\text{方向向右})$$

铅垂分力大小

$$P_z = 616.19 + 308.1 = 924.29 \text{kN}(\text{方向向上})$$

【例 2-9】 露天敷设的输水管道如图 2-27 所示，直径 $D=1.5$m，管壁厚 $\delta=6$mm，钢管的许用应力 $[\sigma]=150$MPa，弹性模量 $E=21\times10^{10}$Pa，除内水压力外，不考虑其他荷载及敷设情况。试求：(1) 该管道允许的最大内水压强；(2) 保持弹性稳定，管内允许的最大真空度。

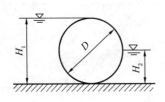

图 2-26 圆柱体曲面的静压力

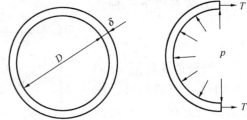

图 2-27 管道内静压强计算

【解】（1）取 1m 长管段，沿直径平面剖分为两半，以其中的一半为隔离体，不计管

内水重量对压强的影响，作用在管壁上的总压力
$$P = p_C A_x = pD$$
总压力 P 与管壁截面的张力平衡
$$P = 2T = 2\sigma\delta$$
由以上关系，允许的最大内水压强
$$p_{max} = \frac{2[\sigma]\delta}{D} = \frac{2 \times 150 \times 6 \times 10^{-3}}{1.5} = 1.2\text{MPa}$$
$$\frac{p_{max}}{\rho g} = \frac{1.2 \times 10^6}{9807} = 122\text{mH}_2\text{O}$$

（2）管内出现真空状态，管外大气压大于管内压强，致使管壁受压。钢管为薄壁圆管，当管壁承受的外压力超过临界值，就会丧失弹性稳定而被"压瘪"。用结构力学的方法，由无限长圆管均匀受外压力的条件，导出临界外压力
$$\Delta p_{Cr} = 2E\left(\frac{\delta}{D}\right)^3$$
保持弹性稳定，管内允许的最大真空度
$$p_{vmax} = \Delta p_{Cr} = 2 \times 21 \times 10^{10} \times \left(\frac{6}{1500}\right)^3 = 2.69 \times 10^4 \text{Pa}$$
或
$$\frac{p_{vmax}}{\rho g} = \frac{2.69 \times 10^4}{9.8 \times 10^3} = 2.74\text{mH}_2\text{O}$$

压力输水钢管能承受很大的内水压强，而管内为负压，管壁受压时，容易丧失弹性稳定，因此，对运行过程中管内可能出现真空状态的大口径钢管，要注意防止此类事故的发生。

【例 2-10】 一半径 $R=10\text{m}$ 的圆弧形闸门，如图 2-28 所示，上端的淹没深度 $h=4\text{m}$，设闸门的宽度 $b=8\text{m}$，若圆弧的圆心角 $\alpha=30°$，求
（1）闸门上受到水静压力 P 的大小和方向；
（2）相对总压力的作用点 D 的淹没深度。

【解】 选取 $oxyz$ 坐标：在自由液面上取原点 o，取自由液面为 oxy 平面，z 轴铅直向下。

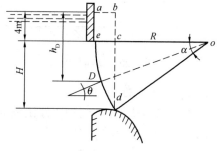

图 2-28 圆弧闸门所受的静压力

闸门所受的水静压力 P 在 x 方向的分力大小 P_x，按式（2-21）得：
$$P_x = p_C A_x = \rho g h_C A_x = \rho g\left(h + \frac{R\sin\alpha}{2}\right)(bR\sin\alpha)$$
$$= 9.807 \times \left(4 + \frac{10\sin30°}{2}\right) \times (8 \times 10\sin30°)$$
$$= 2549.8\text{kN（方向向右）}$$

水静压力 P 在 z 方向的分力 P_z，按式（2-28）得：
$$P_z = \rho g V_p$$
其中压力体 V_p 是如图 2-28 所示 $abcde$ 所围成的柱体体积。
$$V_p = b\left[h(R - R\cos\alpha) + \pi R^2\frac{\alpha}{360°} - \frac{1}{2}R^2\sin\alpha\cos\alpha\right]$$
$$= 8 \times \left[4 \times (10 - 10\cos30°) + 3.14 \times 10^2 \times \frac{30°}{360°} - \frac{1}{2} \times 10^2\sin30°\cos30°\right]$$

$$= 79.12 \text{m}^3$$
$$P_z = \rho g V_p = 9.807 \times 79.12 = 775.9 \text{kN}(方向向上)$$

水静压力为：
$$P = \sqrt{P_x^2 + P_z^2} = \sqrt{2549.8^2 + 775.9^2} = 2665.2 \text{kN}$$
$$\theta = \arctan\frac{P_z}{P_x} = \arctan\frac{775.9}{2549.8} = 16.93°$$

由于是圆弧形闸门，构成平面汇交力系，水静压力的作用线通过圆心，过圆心作与 x 轴成 $\theta=16.93°$ 的力作用线交闸门于 D。D 点即是水静压力 P 的作用点。

作用点 D 的淹没深度为
$$h_D = h + R\sin\theta = 4 + 10 \times \sin16.93° = 6.91 \text{m}$$

2.6.3 潜体与浮体的平衡

在进行曲面压力计算时，还会遇到一些作用于潜体或浮体上的压力问题。阿基米德定律指出：物体在液体中所受的水静压力（浮力），方向向上，其大小等于物体所排开液体的重量。浮力的作用点称为浮心。

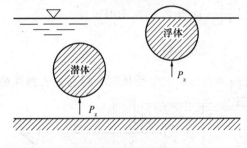

图 2-29 潜体与浮体

1. 物体在静止液体中的沉浮

物体在静止的液体中，如图 2-29 所示，除受到重力作用外还受到液体的浮力作用。物体的重力 G 和所受的浮力 $P_z = \rho g V_p$ 的相对大小决定着物体的沉浮。

(1) 当 $G > P_z$ 时，物体下沉至底，称为沉体。

(2) 当 $G = P_z$ 时，则物体可在液体中任一深处保持平衡，称为潜体。

(3) 当 $G > P_z$ 时，则物体浮出液面，直到液面以下部分所排开的液重等于物体的重量为止才保持平衡，称为浮体。船是其中的一个例子。

2. 潜体与浮体的平衡

潜体与浮体的平衡是相同的，都是指物体在水中不发生上浮或下沉的移动，同时也不发生转动的状态。物体在静止液体中仅受两个力作用，重力始终铅直向下，浮力则铅直向上，物体所受的这两个力可看成平行力系。由平行力系的平衡条件可知潜体与浮体的平衡条件只能是：

(1) 作用于物体上的重力和浮力要相等；

(2) 重力和上浮力对任意点的力矩的代数和为零。

要满足这两个条件，重心和浮心必须在同一铅垂线上。上面提到的重力与浮力相等，物体既不上浮也不下沉，这是浮体和潜体维持平衡的必要条件。如果要求浮体和潜体在液体中不发生转动，还必须满足重力和浮力对任何一点的力矩的代数和为零，即重心 C 和浮心 B 在同一条铅直线上。但这种平衡的稳定性（也就是遇到外界干扰，浮体和潜体倾斜后，恢复到原来的平衡状态的能力）取决于重心 C 和浮心 B 在同一条铅直线上的相对位置。

对于潜体，如图 2-30（a）所示，重心 C 位于浮心 B 之下。若由于某种原因，潜体发生倾斜，使 B、C 两点不在同一条铅直线上，则重力 G 与浮力 P 将形成一个使潜体恢复到原来平衡状态的恢复力偶（或叫扶正力偶），以反抗使其继续倾倒的趋势。一旦去掉外界干扰，潜体将自动恢复原有平衡状态。这种情况下的潜体平衡称为稳定平衡。反之，如图 2-30 (b) 所示，重心 C 位于浮心 B 之上。潜体如有倾斜，使 B、C 两点不在同一条铅直线上，则重力 G 与浮力 P 所形成的力偶，是一种倾覆力偶，将促使潜体继续翻转直到倒转一个方位，达到上述 C 点位于 B 点之下的稳定平衡状态为止。这种重心 C 位于浮心 B 之上、易于失稳的潜体平衡称为不稳定平衡。第三种情况是重心 C 与浮心 B 重合，如图 2-30 (c) 所示。此时，无论潜体取何种方位，都处于平衡状态。这种

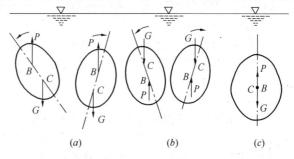

图 2-30　潜体与浮体的平衡

情况下的平衡称为随遇平衡。对于浮体来说，如果重心高于浮心，它的平衡还是有稳定的可能，这是因为浮体倾斜后，浸没在液体中的那部分形状改变了，浮心的位置也随之移动，而潜体的浮心并不因为倾斜而有所变化。

本 章 小 结

本章的主要内容：流体静压强及其特性，流体平衡微分方程式与液体的相对平衡，流体静力学基本方程式，绝对压强，液柱式测压计，静止流体作用在平面上的总压力，静止液体作用在曲面的总压力。

本章的基本要求：掌握流体静压强的概念及其特征。掌握流体平衡微分方程及其物理意义；了解流体平衡条件，熟悉等压面性质。绝对压强、计示压强和真空度等基本概念。掌握重力作用下的流体静力学基本方程及其物理意义和几何意义，熟悉绝对压强、计示压强和真空度等基本概念。熟练应用流体静力学基本方程对工程中各种流体静力学问题进行计算。掌握静止液体作用在平面及曲面上总压力的计算方法。

本章的重点：流体静压强特性。流体静力学基本方程及其物理和几何意义。液体相对平衡时压强分布及工程应用。静止液体作用在平板上总压力大小和位置。静止液体作用在曲面上总压力，压力体。

本章的难点：液体相对平衡时压强分布及工程应用。静止液体作用在平板上总压力大小和位置。静止液体作用在曲面上总压力，压力体。

思 考 题

1. 流体静压强有哪些特性？
2. 流体平衡微分方程式是如何建立的？它的物理意义是什么？
3. 重力作用下静压强的分布规律是什么？
4. 静止流场中的压强分布规律仅适用于何种流体？
5. 压强的表示方法有哪些？常用的压强单位有哪些？
6. 绝对压强与相对压强、真空度、当地大气压之间的关系如何？

7. 为什么流体静压强的方向必铅直作用面的内法线?
8. 为什么水平面必是等压面?
9. 什么是等压面?满足等压面的三个条件是什么?
10. 在什么特殊情况下,水下平面的压力中心与平面形心重合?
11. 压力体如何确定?
12. 等角速度旋转运动液体的特征有哪些?
13. 在液体中潜体所受浮力的大小与什么成正比?

习 题

2-1 用水银 U 形管测压计测量压力水管中 A 点的压强,如图 2-31 所示。若测得 $h_1=800$mm, $h_2=900$mm,并假定大气压强为 $p_a=105$N/m², 求 A 点的绝对压强。

2-2 用 U 形管测压计测一容器内气体的真空和绝对压强,如图 2-32 所示。U 形管内工作液体为四氯化碳,其密度 $\rho=1594$kg/m³,液面差 $\Delta h=900$mm, 求容器内气体的真空和绝对压强。

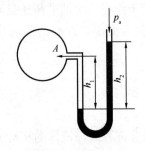

图 2-31 习题 2-1 图

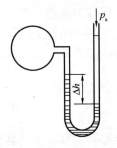

图 2-32 习题 2-2 图

2-3 图 2-33 所示为一 U 形管测压计,用来测量容器的压强:(1)如果流体 A 是空气,流体 B 是水;(2)如果流体 A 是空气,流体 B 是油(相对密度为 0.83);(3)如果流体 A 是水,流体 B 是水银。试计算被测容器的压强值。

2-4 用 U 形管测压计测定管 A 和管 B 的压强差,如图 2-34 所示。如果管 A 中的压强是 2.744×10^5Pa, 管 B 中的压强是 1.372×10^5Pa, 试确定 U 形管测压计的读数 h 值。

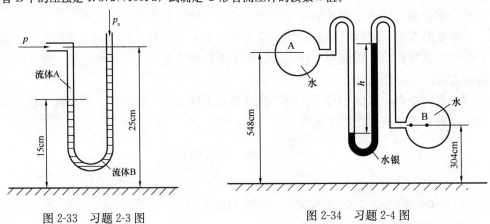

图 2-33 习题 2-3 图   图 2-34 习题 2-4 图

2-5 如图 2-35 所示,烟囱高 $H=20$m, 烟气温度 $t_s=300$℃, 压强为 p_s, 试确定引起火炉中烟气自动流通的压强差。烟气密度可按下式计算:$\rho_s=(1.25-0.0027t_s)$kg/m³, 空气的密度 $\rho_a=1.29$kg/m³。

2-6 图 2-36 所示为一密闭水箱,当 U 形管测压计的读数为 12cm 时,试确定压强表的读数。

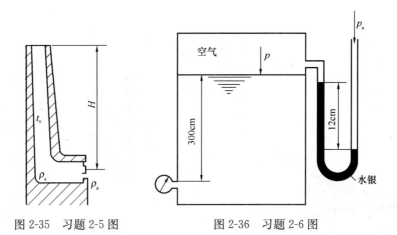

图 2-35 习题 2-5 图   图 2-36 习题 2-6 图

2-7 如图 2-37 所示，若 $d_1=d_3=0.83$，$d_2=13.6$，$h_1=16$cm，$h_2=8$cm，$h_3=12$cm，
(1) 求当 $p_B=68.95$kPa 时，p_A 的值；(2) 当 $p_A=137.9$kPa，大气压强计的读数为 0.96×10^5Pa 时，求 p_B 的计示压强值。

2-8 如图 2-38 所示，容器 A 中液体的密度 $\rho_A=856.7$kg/m³，容器 B 中液体的密度 $\rho_B=1254.3$kg/m³，U 形管差压计中的液体为水银。如果 B 中的压强为 200kPa，求 A 的压强。

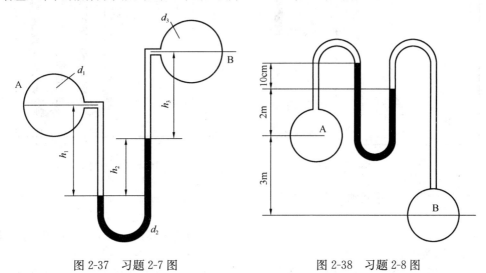

图 2-37 习题 2-7 图   图 2-38 习题 2-8 图

2-9 用倾斜微压计来测量两个通风管道截面 A 和 B 的压差，如图 2-39 所示：(1) 若倾斜微压计内的液体为水，倾斜角 $\alpha=45°$，$L=20$cm，问 A 和 B 的压差是多少？(2) 若倾斜微压计内为酒精（$\rho=800$kg/m³），$\alpha=30°$，风管 A、B 的压差同 (1) 时，L 的值应为多少？

2-10 一密闭容器与测压管的连接，如图 2-40 所示。若测压管上端封闭，并为完全真空，测得 $\Delta h_1=50$mm，求密闭容器中液面上的绝对压强 p 及 Δh_2 值。

2-11 在一个盛有水的密闭容器上连接两根水银 U 形管测压计，如图 2-41 所示。若上方的 U 形管测压计的水银液面距自由液面的深度 $h_1=50$cm，水银柱高 $h_2=20$cm，下方的 U 形管测压计的水银柱高 $h_3=30$cm，求下方的 U 形管测压计的水银面距自由液面的深度 h_4。

2-12 用双 U 形管测压计测量容器中水面上蒸汽的压强，如图 2-42 所示。已知测得的读数 $h_1=1.5$m、$h_2=2.5$m、$h_3=1.0$m、$h_4=2.3$m，容器中水位的 $H=3.5$m，试计算水面上蒸汽的绝对压强。

39

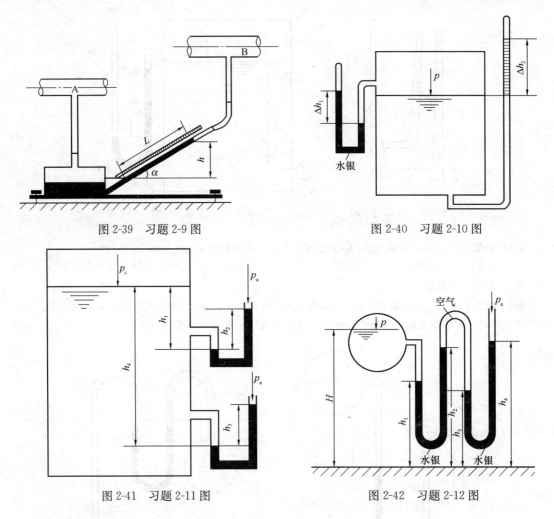

图 2-39　习题 2-9 图　　　　　　图 2-40　习题 2-10 图

图 2-41　习题 2-11 图　　　　　　图 2-42　习题 2-12 图

2-13　相对密度为 0.75 的油流过图 2-43 所示的喷嘴，如果 A 点的计示压强是 1.372×10^5 Pa，连接在喷嘴下方的 U 形管压力计中水银液面差 h 值应为多少？

2-14　把一双 U 形管测压计连接在一个容器上，已知 A 点的计示压强为 -10845 kPa，测量读数如图 2-44 所示，试求测压管中液体 B 的相对密度。

2-15　在一水平布置的管道上，取两个横截面 A 和 B，连接一 U 形管差压计，如图 2-45 所示。如果管道中水流动时，U 形管差压计中水银液面高差是 59cm，试计算管道截面 A 和 B 之间的压强差。

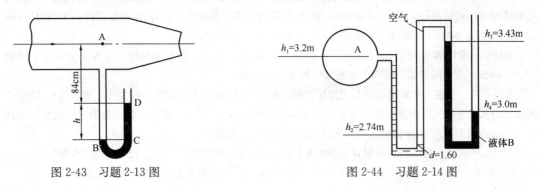

图 2-43　习题 2-13 图　　　　　　图 2-44　习题 2-14 图

2-16 液体通过装置 DV 的损失由倒置 U 形差压计测量。差压计中的工作液体为相对密度为 0.75 的油。液体的相对密度为 1.50。求如图 2-46 所示标定值时，A 和 B 的压强水头变化。

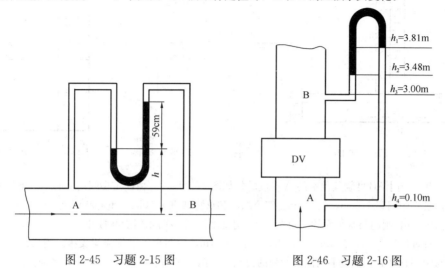

图 2-45 习题 2-15 图　　　　图 2-46 习题 2-16 图

2-17 如图 2-47 所示，一个密闭容器中盛有 60cm 深的水银、152cm 深的水和 244cm 深的油，油的上部空间是空气。如果容器底部的压强表测得的计示压强为 274.6kPa，那么在容器顶部的压强表读数应为多少？

2-18 如图 2-48 所示，密闭容器中盛有相对密度为 1.25 的液体，如果管中水银升高 34cm，求在液面以下 53cm 深度处 A 点的计示压强。

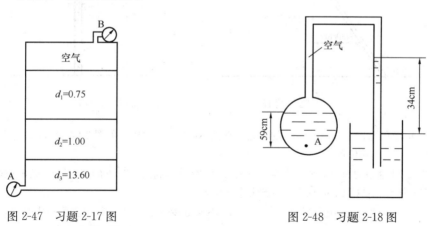

图 2-47 习题 2-17 图　　　　图 2-48 习题 2-18 图

2-19 一根横截面为 1cm² 的管子连在一容器上面，如图 2-49 所示。容器的高度为 1cm，横截面积为 100cm²，今把水注入，使水到容器底部的深度为 100cm。问：

(1) 水对容器底部的作用力为多少？

(2) 系统内水的重量是多少？

(3) 解释 (1) 与 (2) 中求得数值为何不同。

2-20 一平板浸没于密度为 ρ 的匀质静止流体中，如图 2-50 所示。证明平板一侧流体的总压力为 $P=\rho g A h$，式中 A 是平板面积，h 是板的形心到自由液面的距离。

2-21 如图 2-51 所示的容器，内装相对密度为 0.83 的油和水，宽为 2m，计算侧面 ABC 的总压力及压力中心的位置？

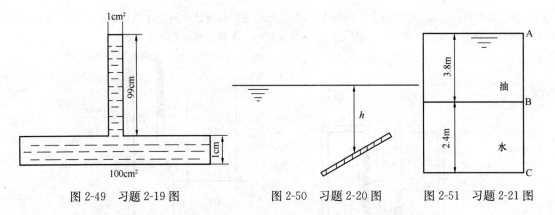

图 2-49　习题 2-19 图　　　图 2-50　习题 2-20 图　　　图 2-51　习题 2-21 图

2-22　矩形闸门 AB 可绕其顶端的 A 轴旋转，如图 2-52 所示。由固定在闸门上的一个重物来保持闸门的关闭。已知闸门宽 120cm，长 90cm，整个闸门和重物共重 1000kg，重心在 G 点处，G 点与 A 点的水平距离为 30cm，闸门与水平面的夹角 $\theta=60°$。求水深为多少时闸门刚好打开？

2-23　如图 2-53 所示，金属的矩形平板闸门，宽 1m，由两根工字钢横梁支撑。闸门高 $h=3$m，容器中水面与闸门顶平齐，如要求两横梁所受的力相等，两工字钢的位置 y_1、y_2 应为多少？

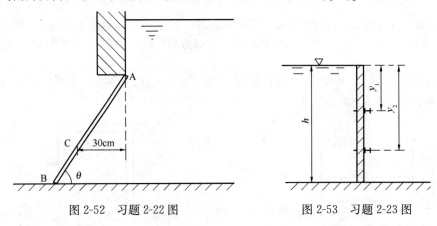

图 2-52　习题 2-22 图　　　图 2-53　习题 2-23 图

2-24　一块面积为 91.5cm×183cm 的长方形平板 AB 浸没在水中，如图 2-54 所示，求水作用在平板 AB 上的作用力的大小和位置。

2-25　把 2-24 题中的长方形平板改换成底边长为 122cm，高为 183cm 的三角形平板倾斜放置于水面下，如图 2-54 所示，求 CD 上的总作用力的大小和位置。

2-26　如图 2-55 所示，闸门 AB 宽为 1.219m，用铰链接合于 A 处。闸门左侧箱中是水，右侧箱中

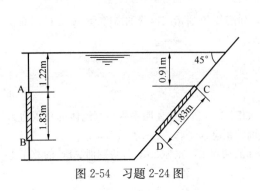
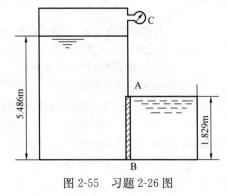

图 2-54　习题 2-24 图　　　图 2-55　习题 2-26 图

是相对密度为 0.75 的油。压强表 C 的读数是 -1.49×10^4 Pa。为了平衡闸门 AB，必须施加于 B 点的水平力是多少？

2-27 图 2-56 所示为一水闸门，求水作用在曲面 AB 每单位长度面积上的力的分量 P_x、P_z。

2-28 如图 2-57 所示为一贮水设备，在 C 点测得绝对压强 $p=196120$Pa，$h=2$m，$R=1$m，求作用于半球 AB 的总压力。

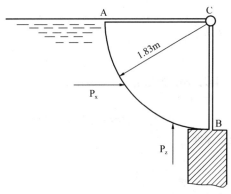

图 2-56　习题 2-27 图

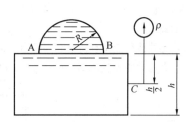

图 2-57　习题 2-28 图

2-29 图 2-58 中圆柱体的直径为 2.0m，长度为 1.5m，重量为 24.24kN，圆柱体的左侧是水，右侧是空气，试求 A 和 B 的反作用力。

2-30 图 2-59 所示圆球形盛水容器是由两个半球用 4 个均匀布置在连接法兰周围的螺栓紧固而成的。圆球的直径 $D=50$cm，如果水连通管的自由液面到法兰的水平截面的高度 $H=2D$，求每个螺栓所受拉力（不计球自身重量）。

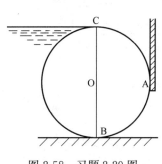

图 2-58　习题 2-29 图

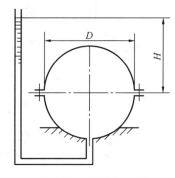

图 2-59　习题 2-30 图

2-31 图 2-60 所示水坝坝面的曲线方程为 $y=x^3$，水深为 3.5m，求每单位长的坝面上所受水的总作用力。

2-32 设水深为 h，试对下述几种剖面形状的柱形水坝计算水对单位宽度水坝的作用力（见图 2-61）：

（1）半径为 R 的圆弧 $x^2+z^2=R^2$；

（2）抛物线 $z=ax^2$；

（3）正弦曲线 $z=a\sin(bx)$ 其中 a，b 为常数。

2-33 如图 2-62 所示，球形密闭容器内部充满水，已知测压管水面标高 $\nabla_1=8.5$m，球外自由水面标高 $\nabla_2=3.5$m。球直径 $D=2$m，球壁重量不计。试求：（1）

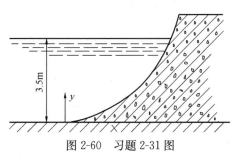

图 2-60　习题 2-31 图

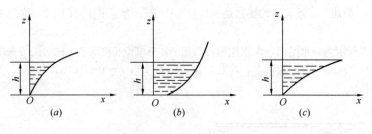

图 2-61 习题 2-32 图

作用于半球连接螺栓上的总压力。

2-34 如图 2-63 所示，转动桥梁支撑于直径 $d=3.4$m 的圆形浮筒上，浮筒漂浮于直径 $d_1=3.6$m 的室内。试确定：

(1) 无外载荷而只有桥梁和浮筒自身的重力 $W=29.43\times10^4$N 时，浮筒沉没在水中的深度 H；

(2) 当桥梁的外载荷 $F=9.81\times10^4$N 时桥梁的沉没深度 h。

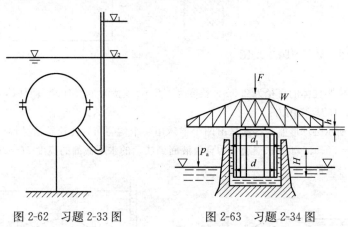

图 2-62 习题 2-33 图　　图 2-63 习题 2-34 图

第3章 流体动力学基础

流体静力学主要研究流体处于静止状态下或相对平衡状态下的一些力学规律，如压力分布规律，及流体对固体壁的作用力等。实际上，流体最基本的特性就是它的流动性，因此，进一步研究流体的运动规律则更为重要。

流体动力学主要是研究流体运动参数（速度、加速度等）随空间位置和时间的变化规律，以及流体的运动参数与所受力之间的关系。流体在流动过程中也遵循质量守恒定律、动量定理和能量守恒等普遍规律，质量守恒定律、动量定理和能量守恒定律在流体流动中的具体表达形式构成了流体动力学的基本方程，因此，流体动力学方程是研究流体流动规律的理论基础。

本章首先阐述流体运动的两种描述方法，介绍流体运动学和流体动力学的基本概念，推导流体动力学中的基本方程：连续性方程、动量方程和能量方程。此外，还将简要介绍流体动力学的基本方程在工程中的应用。

3.1 描述流体运动的两种方法

根据连续介质模型的假设，可以把流体看作由无数个流体质点所组成的连续介质，并且无间隙地充满它所占据的空间，所以描述流体运动的各物理量（如速度、加速度等）均应是空间点的坐标和时间的连续函数。

流体动力学中研究流体的运动有两种不同的方法，一种是拉格朗日法；另一种是欧拉法。

拉格朗日法是以流场中每一流体质点作为描述对象的方法，它以流体个别质点随时间的运动为基础，通过综合足够多的质点运动而获得整个流动规律。拉格朗日法又称随体法，它是从分析流场中个别流体质点着手来研究整个流体运动规律。这种研究方法最基本的参数是流体质点的位移，在某一时刻，任一流体质点的位置可表示为：

$$x = x(a,b,c,t), y = y(a,b,c,t), z = z(a,b,c,t) \quad (3\text{-}1)$$

式中，a，b，c 为初始时刻任意流体质点的坐标，不同的 a，b，c 代表不同的流体质点。对于某个确定的流体质点，a，b，c 为常数，而 t 为变量。对于某个确定的时刻，t 为常数，而 a，b，c 为变量。通常称 a，b，c 为拉格朗日变量，它不是空间坐标的函数，而是流体质点标号。

由于位置又是时间 t 的函数，对流速求导可得加速度。将式（3-1）对时间求一阶和二阶导数，可得任意流体质点的速度和加速度为：

$$u = \frac{\partial x}{\partial t} = u(a,b,c,t), v = \frac{\partial y}{\partial t} = v(a,b,c,t), w = \frac{\partial z}{\partial t} = w(a,b,c,t) \quad (3\text{-}2)$$

$$a_x = \frac{\partial u}{\partial t} = \frac{\partial^2 x}{\partial t^2} = a_x(a,b,c,t)$$

$$a_y = \frac{\partial v}{\partial t} = \frac{\partial^2 y}{\partial t^2} = a_y(a,b,c,t)$$

$$a_z = \frac{\partial w}{\partial t} = \frac{\partial^2 z}{\partial t^2} = a_z(a,b,c,t) \tag{3-3}$$

式中，u，v，w 和 a_x，a_y，a_z 分别为速度 $\vec{v}$ 和加速度 $\vec{a}$ 在 x，y，z 方向的分速度和分加速度。

同理，流体的密度、压强和温度也可写成 a，b，c 的函数，即 $\rho = \rho(a, b, c, t)$，$p = p(a, b, c, t)$，$T = T(a, b, c, t)$。由于流体质点的运动轨迹非常复杂，而实用上也无需知道个别质点的运动情况，所以除了少数情况（如波浪运动）外，在工程流体力学中很少采用拉格朗日法。

欧拉法是以流体质点流经流场中各空间点的运动即以流场作为描述对象研究流动的方法。欧拉法又称局部法，即从分析流场中每一个空间点上的流体质点的运动着手，来研究整个流体的运动规律，通过观察在流动空间中的每一个空间点上运动要素随时间的变化，把足够多的空间点综合起来而得出的整个流体的运动情况。欧拉法不直接追究质点的运动过程，而是以充满运动质点的流场为对象，研究各时刻质点在流场中的变化规律。将个别流体质点运动过程置之不理，而固守于流场各空间点。所以流体质点的流动是空间点坐标 (x, y, z) 和时间 t 的函数，例如：流体质点的三个速度分量可表示为：

$$u = u(x,y,z,t), \quad v = v(x,y,z,t), \quad w = w(x,y,z,t) \tag{3-4}$$

式中，x，y，z 有双重意义，一方面它代表流场的空间坐标；另一方面它代表流体质点在空间的位移。u，v，w 分别表示速度矢量 $\vec{v}$ 在三个坐标轴上的分量，即 $\vec{v} = u\vec{i} + v\vec{j} + w\vec{k}$，$\vec{i}$、$\vec{j}$、$\vec{k}$ 分别为 x，y，z 方向的单位矢量。当参数 x，y，z 不变而改变时间 t，则表示空间某固定点的速度随时间 t 的变化规律。当参数 t 不变，而改变 x，y，z 则代表某一时刻，空间各点的速度分布。

由于流体是连续介质，每一个空间点上都有流体质点。而占据每一个空间点上的流体质点都有自己的速度，有速度必然产生位移。这也就意味着，空间坐标 x，y，z 也是流体质点位移的变量，它也是时间 t 的函数：

$$x = x(t) \quad y = y(t) \quad z = z(t) \tag{3-5}$$

式（3-5）是流体质点的运动轨迹方程，将上式对时间求导就可得流体质点运动的 3 个速度分量：

$$u = \frac{dx}{dt} \quad v = \frac{dy}{dt} \quad w = \frac{dz}{dt} \tag{3-6}$$

由于加速度定义为在 dt 时间内，流体质点流经某空间点附近运动轨迹上一段微小距离时的速度变化率，于是可按复合函数的求导法则，分别将式（3-4）中三个速度分量对时间取全导数，并将式（3-6）代入，即可得流体质点在某一时刻经过某空间点时的三个加速度分量：

$$a_x = \frac{\partial u}{\partial t} + u\frac{\partial u}{\partial x} + v\frac{\partial u}{\partial y} + w\frac{\partial u}{\partial z}$$

$$a_y = \frac{\partial v}{\partial t} + u\frac{\partial v}{\partial x} + v\frac{\partial v}{\partial y} + w\frac{\partial v}{\partial z}$$

$$a_z = \frac{\partial w}{\partial t} + u\frac{\partial w}{\partial x} + v\frac{\partial w}{\partial y} + w\frac{\partial w}{\partial z} \tag{3-7}$$

式中，a_x，a_y，a_z 分别为加速度 $\vec{a}$ 在 x，y，z 方向的分量，即 $\vec{a}=a_x\vec{i}+a_y\vec{j}+a_z\vec{k}$。

由式（3-7）可知，用欧拉法求得的流体质点的加速度由两部分组成：第一部分是由于某一空间点上的流体质点的速度随时间的变化而产生的，称为当地加速度，又称为时变加速度，即式（3-7）中等式右端的第一项 $\frac{\partial u}{\partial t}$、$\frac{\partial v}{\partial t}$、$\frac{\partial w}{\partial t}$；第二部分是某一瞬时由于流体质点的速度随空间点的变化而引起的，称为迁移加速度，又称为位变加速度，即式（3-7）中等式右端的后三项 $u\frac{\partial u}{\partial x}$、$v\frac{\partial u}{\partial x}$、$w\frac{\partial u}{\partial x}$，当地加速度和迁移加速度之和称为总加速度。

需要注意的是流体质点和空间点是两个截然不同的概念，空间点指固定在流场中的一些点，流体质点不断流过空间点，空间点上的速度指流体质点正好流过此空间点时的速度。

由于欧拉法相对于拉格朗日法要简便一些，故欧拉法在流体力学研究中被广泛采用。这是因为：一是利用欧拉法得到的是场，便于采用场论这一数学工具来研究流体运动规律；二是采用欧拉法，加速度是一阶导数，而拉格朗日法，加速度是二阶导数，在数学上一阶偏微分方程比二阶偏微分方程求解更容易；三是在工程实际中，并不关心每一质点的运动规律。

【**例 3-1**】 在任意时刻，流体质点的位置是 $x=5t^2$，其迹线为双曲线 $xy=25$。质点速度和加速度在 x 和 y 方向的分量为多少？

【**解**】 采用欧拉法研究流体运动，根据式（3-6）得：

$$u = \frac{\mathrm{d}x}{\mathrm{d}t} = \frac{\mathrm{d}}{\mathrm{d}t}(5t^2) = 10t, \quad v = \frac{\mathrm{d}y}{\mathrm{d}t} = \frac{\mathrm{d}}{\mathrm{d}t}\left(\frac{25}{x}\right) = -25\frac{1}{x^2}\frac{\mathrm{d}x}{\mathrm{d}t} = -25\frac{1}{(5t^2)^2}10t = -\frac{10}{t^3}$$

又由式（3-7）得：$a_x = \frac{\partial u}{\partial t} = 10$，$a_y = \frac{\partial v}{\partial t} = \frac{30}{t^4}$

3.2 研究流体运动的若干基本概念

3.2.1 恒定流与非恒定流

根据流体的流动参数是否随时间而变化，可将流体的流动分为恒定流动和非恒定流动。

1. 恒定流

恒定流又称定常流，是指流场中的流体流动时空间点上各运动要素均不随时间而变化的流动。如图 3-1 所示装置，若水箱中的水位保持不变，则水箱和管道中任一点（如 A 点、B 点）的流体质点的压强和速度都不随时间而变化，但由于 A 点和 B 点所处的空间位置不同，故其压强和速度值也就各不相同。这时从管道中流出的流股的形状（实线）也不随时间而变。因此，在恒定流动中，运动流体中任一点的流体质点的流动参数（压强和速度等）均不随

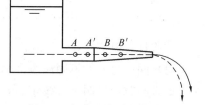

图 3-1 恒定流与非恒定流的流动示意图

时间变化,而只随空间点位置不同而变化。

由于恒定流动的流场中,流体质点的速度、压强和密度等流动参数仅是空间点坐标 x,y,z 的函数,而与时间 t 无关,故其流动参数对时间的偏导数等于零,即恒定流中的当地加速度为零,在恒定流动中只有迁移加速度。例如:在供水和通风系统中,只要泵和风机的转速不变,运转稳定,则等直径水管和风道中的流体流动都是恒定流动。

2. 非恒定流

非恒定流又称非定常流。非恒定流是指流场中的流体流动空间点上各水力运动要素随时间的变化而变化的流动。如图 3-1 所示,若水箱中的水位逐渐下降,于是水箱和管道任一点上流体质点的压强和速度都逐渐减小,流股的形状(虚线)也逐渐向下弯曲。因此,在非恒定流动中,运动流体中任一点上流体质点的流动参数(压强和速度等)随时间而变化,当地加速度和迁移加速度都不为零。

【例 3-2】 如图 3-1 所示,水箱水流经管道而流出,AA' 之间为直管,BB' 之间为变形管。试讨论:(1)水位恒定时;(2)水位下降时,两种情况下管道中 A,A',B,B' 点的当地加速度和迁移加速度。

【解】 在水位恒定的情况下:

(1) 由于 AA' 段是等径管,流体流经 AA' 段不存在时变加速度和位变加速度。

(2) 由于 BB' 段之间是变径管,流体流经 BB' 段不存在时变加速度,但存在位变加速度。

在水位变化的情况下:

(1) 流体流经 AA' 段存在时变加速度,但不存在位变加速度。

(2) 流体流经 BB' 段既存在时变加速度,又存在位变加速度。

3.2.2 流线和迹线

1. 流线

流线是某一瞬时在流场中所作的一条曲线,在这条曲线上的各流体质点的速度方向都与该曲线相切,因此流线是同一时刻,不同流体质点所组成的曲线,如图 3-2 所示。图 3-3 所示是流体绕流钝体时的流线簇。

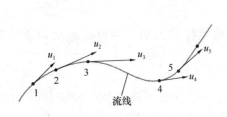

图 3-2 流线图

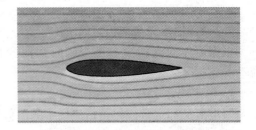

图 3-3 绕流钝体时的流线簇

流线具有以下性质:

(1) 同一时刻的不同流线,不能相交。因为根据流线定义,在交点处的液体质点的流速向量应同时与这两条流线相切,即一个质点同时有两个速度向量,显然这是不可能的。

(2) 流线不能是折线,而是一条光滑的曲线。因为流体是连续介质,各运动要素是空间的连续函数。

(3) 流线簇的疏密反映了速度的大小（流线密集的地方流速大，稀疏的地方流速小）。

由流线的性质可以形象地判断出流场的流动状态。即通过流线形状，可以清楚地看出某时刻流场中各点的速度方向，由流线的密集程度，也可以判定出速度的大小。

2. 迹线

迹线是流场中某一流体质点在某一时段内的运动轨迹线。例如：在流动的水面上撒一片木屑，木屑随水流漂流的路径就是某一流体质点的运动轨迹，也就是该流体质点的运动迹线，如图3-4所示。流场中所有的流体质点都有自己的迹线，迹线是流体运动的一种几何表示，可以用它来直观形象地分析流体的运动，清楚地看出质点的运动情况。

在恒定流动中，因为流场中各流体质点的速度不随时间变化，所以通过同一点的流线形状始终保持不变，因此流线和迹线相重合。而在非恒定流动时，一般说来流线要随时间变化，故流线和迹线不相重合。

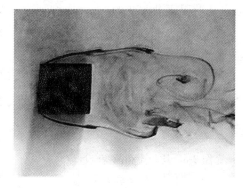

图 3-4 流动的迹线图

3.2.3 均匀流与非均匀流

根据流场中同一条流线各空间点上的流速是否相同，可将流动分为均匀流和非均匀流。

1. 均匀流

均匀流是指流场中同一条流线各空间点上的流速相同的流动，否则，则为非均匀流。由此定义可知，在均匀流中，流线是彼此平行的直线，过水断面是平面。如在等直径的直管道内1-1断面和2-2断面之间以及3-3断面和4-4断面之间的水流都是均匀流（见图3-5）。另外，均匀流中各过水断面上的流速分布图沿程不变，沿程各过水断面的形状和大小都保持一样。例如等直径直管中的液流或者断面形状和水深不变的长直渠道中的水流都是均匀流。

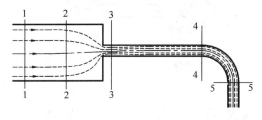

图 3-5 均匀流和非均匀流

均匀流具有一个重要性质：其过流断面上的压强分布服从水静力学规律，即均匀流的同一过流断面上 $z+\dfrac{p}{\gamma}=C$，但不同过水断面上的 $z+\dfrac{p}{\gamma}$ 值则不相同。

2. 非均匀流

非均匀流流场中相应点的流速大小或方向同时沿程改变，即沿流程方向速度分布不均匀。例如：流体在收缩管、扩散管或弯管中的流动。

在非均匀流中，流线或者是不平行的直线，或者是曲线，如图3-5中2-2断面和3-3断面之间以及4-4断面和5-5断面之间的流动。一般非均匀流的过水断面是曲面。

3.2.4 渐变流与急变流

非均匀流按流速的大小和方向沿流线变化的缓、急程度又可分为缓（渐）变流和急变流两种流动，如图 3-7 所示。

1. 渐变流

渐变流是流速的大小和方向沿流线逐渐改变的非均匀流。因此，缓（渐）变流是一种流线几乎平行的流动，其极限情况就是均匀流。缓（渐）变流的有效截面可近似看作是平面，但是其各个过水断面的形状和大小是沿程逐渐改变的，各个过水断面上的流速分布图形也是沿程逐渐改变的。

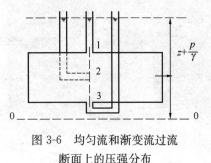

图 3-6 均匀流和渐变流过流断面上的压强分布

渐变流过流断面的两个重要性质：

(1) 渐变流过流断面近似为平面；

(2) 渐变流过流断面上的压强近似按静压分布，即 $z+\dfrac{p}{\gamma}=C$，C 为常数，如图 3-6 所示。

2. 急变流

急变流是流速的大小和方向沿程急剧改变的流动，其特征是流线间夹角很大或曲率半径较小或二者兼而有之，流线是曲线，过水断面不是一个平面，如图 3-7 所示。由于急变流的加速度较大，因而惯性力不可忽略。

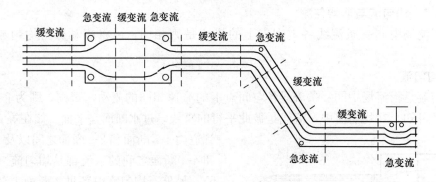

图 3-7 复杂管路中急变流和渐变流分布

3.2.5 一维、二维和三维流动

一般的流动都是在三维空间内的流动，流动参数是 x、y、z 三个坐标的函数，在流体力学中称这种流动为三维流动，此时，$u=u(x, y, z, t)$，如图 3-8 所示。当适当地选择坐标可将流动作某些简化，使其流动参数在某些情况下仅是两个坐标的函数，这种流动称为二维流动（如图 3-8 所示的长直圆管中的流动），此时，$u=u(x, r, t)$。

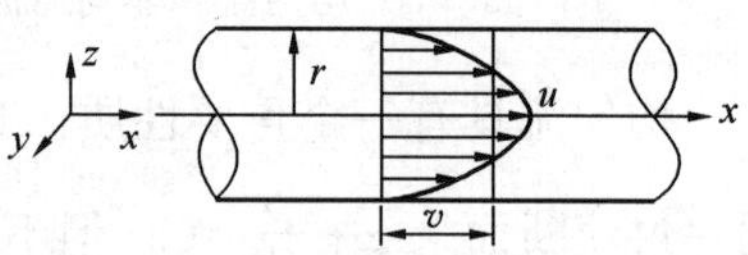

图 3-8 长直圆管中的流动

如果圆管中的流动用过流断面的平均速度 v 描述的话，此时管内流动仅仅是一个坐标 x 的函数，此时为一维流动，即此时，$v=v(x)$，如图 3-8 所示。

3.2.6 流管、流束和总流

1. 流管

在流场中任取一条不是流线的封闭曲线，通过曲线上各点作流线，这些流线组成一个管状表面，该管状表面即为流管，如图 3-9 所示。因为流管是由流线构成的，流体质点不能穿过流管流入或流出。流管就像固体管子壁面一样，将流体限制在管内流动。

2. 流束

过流体中任一过流断面上各点作流线，则得到充满流管的一束流线簇，称为流束，如图 3-10 中的虚线部分。当流束的横截面积趋近于零时，此时的流束即为流线。

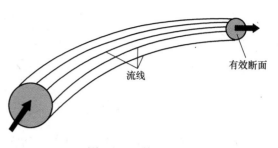

图 3-9　流管和流束

在流束中与各流线相铅直的横截面称为过流断面，如图 3-10 中的 1-1、2-2、3-3、4-4 断面，即流道（管道、明渠等）中铅直于流动方向的横断面。流线相互平行时，过流断面是平面。流线不平行时，过流断面是曲面。过流断面面积为无限小的流束和流管，称为微元流束和微元流管。在每一个微元流束的过流断面上，各点的速度可认为是近似相同的。

3. 总流

把流管取在运动流体的边界上，则边界内流束中的液流称为总流，总流也是无数微元流束的总和。自然界和工程中所遇到的管流或渠流都是总流。根据总流的边界情况，总流流动分为以下三类：

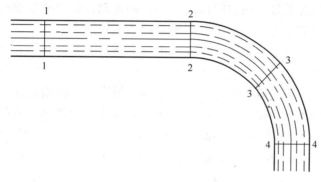

图 3-10　流束和过流断面图

（1）有压流动：总流的全部边界受固体边界的约束，即流体完全充满流道的流动，如压力水管中的流动。

（2）无压流动：总流边界的一部分受固体边界约束，另一部分与气体或空气接触，流体有自由液面的流动，如明渠中的流动。

（3）射流：总流边界不受固体边界约束，液流完全与气体或空气接触，形成自由液面的流动。如消防水龙头喷出的水股。

3.2.7　流量与断面平均流速

1. 流量

流量是指单位时间内通过渠道、管道等某一过流断面的通量。过流断面的流量分为体积流量和质量流量。管道中的流量表示如下：

体积流量：
$$Q = \int_A u \mathrm{d}A \quad (\mathrm{m}^3/\mathrm{s}) \tag{3-8}$$

质量流量：
$$Q_m = \int_A \rho u \mathrm{d}A \quad (\mathrm{kg/s}) \tag{3-9}$$

2. 断面平均流速 v

总流过水断面上各点的流速是不相同的，为了研究方便常采用一个平均值来代替过水断面上各点的实际流速，该平均值称为过流断面平均流速 v。

$$v = \frac{\int_A u \, dA}{A} = \frac{Q}{A} \tag{3-10}$$

3.3 恒定总流的连续性方程

流体流动的连续性方程是质量守恒定律在流体力学中的应用。由于流体是连续介质，它在流动时连续地充满整个流场。当研究流体经过流场中某一任意指定的空间上的封闭曲面时，如果流体是不可压缩的，不论是定常还是非定常流动，若其密度 ρ 均为常数，则流出的流体质量必然等于流入的流体质量。

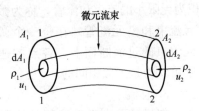

图 3-11 流场中的微元流束

在工程上和自然界中，流体流动多数都是在某些周界所限定的空间内沿某一方向流动，这样的流动可以简化为一维流动的问题，例如在管道中流体的流动就符合这个条件。在流场中取一微元流束，如图 3-11 中所示。

假定流体的运动是连续的、恒定的，则微元流管的形状不随时间而改变。根据质量守恒原理和流管的特性，流体质点不能穿过流管表面，而且微元流束内部的流体密度不随时间变化，因此在单位时间内通过微元流管的任一有效截面的流体质量都应相等，即：

$$\rho_1 u_1 dA_1 = \rho_2 u_2 dA_2 \tag{3-11}$$

式中 dA_1、dA_2——分别为微元流束的 1、2 两个有效截面的面积；
u_1、u_2——分别为 dA_1、dA_2 上的流速；
ρ_1、ρ_2——分别为 dA_1、dA_2 处的流体密度。

对于由无限多微元流束所组成的总流（例如管道中流体的流动），可对式（3-11）沿整个过流断面进行积分，并设 v_1、v_2 分别为总流两个过流断面（有效截面）1 和 2 上的平均流速，则根据质量守恒定律有：

$$\int_{A_1} \rho_1 u_1 dA_1 = \int_{A_2} \rho_2 u_2 dA_2$$

得
$$\rho_1 v_1 A_1 = \rho_2 v_2 A_2 \tag{3-12}$$

式中 A_1、A_2 分别为总流 1 和 2 两个有效截面的面积。式（3-12）表示当流动为可压缩流体恒定流动时，沿流动方向的质量流量为一个常数。

对不可压缩均质流体，由于 $\rho_1 = \rho_2$，则式（3-12）成为：

$$v_1 A_1 = v_2 A_2 \tag{3-13}$$

式（3-13）为不可压缩流体一维恒定流动的总流连续性方程。该式说明一维总流在恒定流动条件下，不可压缩流体沿流动方向的体积流量为一个常数，平均流速与有效截面面积成反比，即有效截面面积大的地方平均流速小，有效截面面积小的地方平均流速就大。

对于分叉流来说（见图 3-12），其总流连续性方程为：

分流：
$$Q_1 = Q_2 + Q_3$$
$$v_1 A_1 = v_2 A_2 + v_3 A_3$$

汇流：
$$Q_1 + Q_2 = Q_3$$
$$v_1 A_1 + v_2 A_2 = v_3 A_3$$

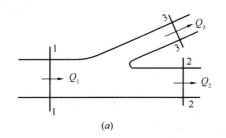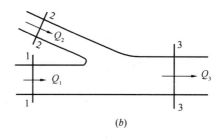

图 3-12 分叉流动的连续方程
(a) 分流；(b) 汇流

【例 3-3】 水流过一段转弯变径管，如图 3-13 所示，已知小管径 $d_1=200$mm，大管径 $d_2=400$mm，流速 $v_2=1$m/s。求管中流量及 1 断面流速。

【解】 水流通常是不可压缩的，故

$$Q = v_1 A_1 = v_2 A_2 = v_2 \frac{1}{4}\pi d_2^2$$
$$= 1 \times \frac{1}{4} \times 3.14 \times 0.4^2 = 0.1256 \quad \text{m}^3/\text{s}$$

$$v_1 = \frac{4Q}{\pi d_1^2} = \frac{4 \times 0.1256}{3.14 \times 0.2^2} = 4 \quad \text{m/s}$$

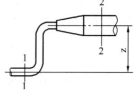

图 3-13 例 3-3 图

3.4 恒定总流的能量方程

3.4.1 理想流体恒定元流的能量方程

连续性方程仅仅建立了流体速度与过流断面面积之间的关系，而要了解压强与速度之间的关系，还需找出流体流动中的能量关系。

1. 理想流体恒定元流的能量方程

能量守恒是自然界的普遍法则，流体的运动过程中同样也遵守能量守恒定律。流体的能量方程是自然界中能量守恒定律在流体流动中的应用，也是解决流体工程问题的重要定律之一。

如图 3-14 所示，在理想的不可压缩的恒定流中任取一段元流，截取其中的断面 1-1 和 2-2 之间的流束段为研究对象，并取基准面为 0-0，流体从 1-1 断面流向 2-2 断面，设 1-1 断面和 2-2 断面的过流面积为 dA_1 和 dA_2，在某一时刻，断面 1-1 和断面 2-2 中心离基准面的铅直距离分别为 z_1 和 z_2，两过流断面上的平均压强分别为 p_1 和 p_2。假设经过 dt 时间段，流束段由原来的 1-1 断面移动到 $1'$-$1'$ 断面，2-2 断面移动 $2'$-$2'$ 断面。

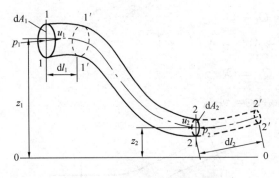

图 3-14 恒定元流流动示意图

dt 时段内过流断面上压力对流体做功：

$$p_1 dA_1 dl_1 - p_2 dA_2 dl_2$$
$$= p_1 dA_1 u_1 dt - p_2 dA_2 u_2 dt$$
$$= (p_1 - p_2) dQ dt$$

侧面压力对流体不做功，即流管上的力做功为零。

流体重力所做的功：

$$Gz = \gamma dQ dt (z_2 - z_1)$$

流体动能的增加量：

$$\frac{1}{2} m_2 u_2^2 - \frac{1}{2} m_1 u_1^2 = \left(\frac{u_2^2}{2} - \frac{u_1^2}{2} \right) \rho dQ dt$$

根据机械能守恒定律，外力对系统做功等于系统动能的增加，则：

$$(p_1 - p_2) dQ dt + \gamma dQ dt (z_2 - z_1) = \left(\frac{u_2^2}{2} - \frac{u_1^2}{2} \right) \rho dQ dt$$

上式化简后得

$$z_1 + \frac{p_1}{\gamma} + \frac{u_1^2}{2g} = z_2 + \frac{p_2}{\gamma} + \frac{u_2^2}{2g} \tag{3-14}$$

式（3-14）即为单位重量理想元流的能量方程式。若写成一般表达式为：

$$z + \frac{p}{\gamma} + \frac{u^2}{2g} = C$$

其中 C 为常数。该式表明，对于理想流体恒定元流，其流动过程中，各个过流断面上单位重量流体的机械能相等，且为一个常数。

2. 理想不可压缩的恒定元流能量方程的物理意义

理想不可压缩的恒定元流能量方程 $z + \frac{p}{\gamma} + \frac{u^2}{2g} = C$ 中各项物理意义如下：

z 表示单位重量流体所具有的位置势能（简称位能），$\frac{p}{\gamma}$ 表示单位重量流体所具有的压强势能（简称压能），$z + \frac{p}{\gamma}$ 表示单位重量流体所具有的总势能，$\frac{u^2}{2g}$ 表示单位重量流体所具有的动能，$z + \frac{p}{\gamma} + \frac{u^2}{2g}$ 表示单位重量流体所具有的总机械能。

理想不可压缩的元流能量方程的物理意义说明理想不可压缩流体在重力作用下作恒定流动时，沿同一流线（或微元流束）上各点的单位重量流体所具有的位势能、压强势能和动能之和保持不变，即机械能是一常数，但位势能、压强势能和动能三种能量之间可以相互转换。

3. 理想不可压缩的恒定元流能量方程的几何意义

理想不可压缩的恒定元流能量方程各项都具有长度量纲，几何上可用某个高度来表示，这种"高度"习惯上称作水头。

理想不可压缩的恒定元流能量方程 $z + \frac{p}{\gamma} + \frac{u^2}{2g} = C$ 中各项几何意义如下：

z 表示位置水头，$\frac{p}{\gamma}$ 表示压强水头，$z + \frac{p}{\gamma}$ 表示测压管水头（又称为静压），$\frac{u^2}{2g}$ 表示速

度水头，$z+\dfrac{p}{\gamma}+\dfrac{u^2}{2g}$ 表示总水头（又称为全压）。

理想不可压缩的元流能量方程的几何意义说明理想不可压缩流体在重力作用下作恒定流动时，沿同一流线（或微元流束）上各点的单位重量流体所具有的位置水头、压强水头和速度水头之和保持不变，即总水头是一常数。

4. 水头线

所谓水头线是将元流各点的各项水头大小用几何曲线表示出来的线段。水头线包括总水头线和测压管水头线。总水头线是将元流各点的总水头大小用几何曲线表示出来的线段，测压管水头线是将元流各点的测压管水头大小用几何曲线表示出来的线段，如图3-15所示。

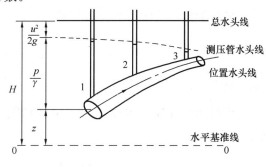

图 3-15 理想恒定元流沿程水头线

由于理想流体恒定元流的总水头是一常数，理想流体恒定元流的总水头线是水平的，但测压管水头线并不一定是水平的，它可能沿流动方向上升也可能下降。

3.4.2 黏性流体恒定元流的能量方程

实际流体由于黏性的存在，流体在运动过程中质点之间以及流体质点与边壁之间的黏性摩擦阻力做功而存在能量耗散，机械能沿流动方向并不守恒，在流动过程中机械能会沿程（沿流动方向）逐渐减少。设 $h_{1\text{-}2}$ 为断面 1-1 和 2-2 之间单位重量流体沿程的机械能损失，亦称水头损失，根据能量恒定律，可得实际流体恒定元流的能量方程。

$$z_1+\frac{p_1}{\gamma}+\frac{u_1^2}{2g}=z_2+\frac{p_2}{\gamma}+\frac{u_2^2}{2g}+h_{1\text{-}2} \tag{3-15}$$

式（3-15）为单位重量黏性流体（实际流体）恒定元流的能量方程式。

3.4.3 黏性流体恒定总流的能量方程

1. 黏性流体恒定总流的能量方程

实际工程中往往要解决的是总流问题，现将实际流体恒定元流的能量方程推广到总流。如图 3-11 所示，假设 1-1 断面和 2-2 断面上流动为均匀流或渐变流，由上节内容可知，实际流体恒定元流的能量方程为：

$$z_1+\frac{p_1}{\gamma}+\frac{u_1^2}{2g}=z_2+\frac{p_2}{\gamma}+\frac{u_2^2}{2g}+h_{1\text{-}2}$$

将上式两边乘以重量流量，得

$$\left(z_1+\frac{p_1}{\gamma}+\frac{u_1^2}{2g}\right)\gamma u_1\mathrm{d}A_1=\left(z_2+\frac{p_2}{\gamma}+\frac{u_2^2}{2g}+h_{1\text{-}2}\right)\gamma u_2\mathrm{d}A_2 \tag{3-16}$$

则单位时间流过过流断面 1-1 和 2-2 流体总流的能量方程为：

$$\int_{A_1}\left(z_1+\frac{p_1}{\gamma}+\frac{u_1^2}{2g}\right)\gamma u_1\mathrm{d}A_1=\int_{A_2}\left(z_2+\frac{p_2}{\gamma}+\frac{u_2^2}{2g}+h_{1\text{-}2}\right)\gamma u_2\mathrm{d}A_2 \tag{3-17}$$

1-1 断面和 2-2 断面上流动为均匀流或渐变流，$z+p/\gamma=c$，则：

$$\int_A\left(z+\frac{p}{\gamma}\right)u\gamma\mathrm{d}A=\left(z+\frac{p}{\gamma}\right)\gamma Q \tag{3-18}$$

其中，γ 为流体的重力密度，$Q=vA$ 为过流断面的体积流量。

另外，若以平均流速计算单位时间内通过过流断面的流体动能，则有

$$\int_A \frac{u^2}{2g}\gamma u\,\mathrm{d}A = \frac{\alpha v^2}{2g}\gamma Q \tag{3-19}$$

其中 α 为动能修正系数，v 为过流断面平均流速。动能修正系数定义为用真实速度计算的动能与平均流速计算的动能之间的比值。

$$\alpha = \frac{\int u^3\,\mathrm{d}A}{v^3 A} \tag{3-20}$$

在紊流状态下，α 可近似取 1。

单位时间内流体克服摩擦阻力消耗的能量 $\int_{A_2} h_{1-2}\gamma u_2\,\mathrm{d}A_2$ 不易通过积分运算确定，可令

$$\int_{A_2} h_{1-2}\gamma u_2\,\mathrm{d}A_2 = \gamma Q h_{w1-2} \tag{3-21}$$

式（3-21）中 h_{w1-2} 为总流从 1-1 断面至 2-2 断面流动中，单位重量流体的平均能量损失，对水流而言也称为水头损失。

将式（3-18）~式（3-21）带入式（3-17），整理后，可得重力作用下不可压缩实际流体恒定总流能量方程：

$$z_1 + \frac{p_1}{\gamma} + \frac{\alpha_1 v_1^2}{2g} = z_2 + \frac{p_2}{\gamma} + \frac{\alpha_2 v_2^2}{2g} + h_{w1-2} \tag{3-22}$$

不可压缩实际流体恒定总流能量方程最早是由伯努利推导出来的，因此，它又称为伯努利方程。

2. 黏性流体恒定总流的能量方程的适用条件

（1）流体是不可压缩的，流动为恒定流。

（2）质量力只有重力。

（3）过流断面为均匀流或渐变流断面。

（4）两过流断面间没有能量的输入或输出，否则应进行修正，修正如下：

$$z_1 + \frac{p_1}{\gamma} + \frac{\alpha_1 v_1^2}{2g} \pm H = z_2 + \frac{p_2}{\gamma} + \frac{\alpha_2 v_2^2}{2g} + h_{w1-2} \tag{3-23}$$

式中，H 为单位重量流体流过水泵或风机所获得的能量（取"正号"）或流进水轮机失去的能量（取"负号"）。

（5）若流动过程中有分流或汇流时，即如图 3-12 所示情况时，可按照下列原则分别列出断面 1、2 及断面 1、3 之间的伯努利方程。

对于有分流情况：$z_1 + \frac{p_1}{\gamma} + \frac{\alpha_1 v_1^2}{2g} = z_2 + \frac{p_2}{\gamma} + \frac{\alpha_2 v_2^2}{2g} + h_{w1-2}$

$$z_1 + \frac{p_1}{\gamma} + \frac{\alpha_1 v_1^2}{2g} = z_3 + \frac{p_3}{\gamma} + \frac{\alpha_3 v_3^2}{2g} + h_{w1-3} \tag{3-24}$$

对于有汇流情况：$z_1 + \frac{p_1}{\gamma} + \frac{\alpha_1 v_1^2}{2g} = z_3 + \frac{p_3}{\gamma} + \frac{\alpha_3 v_3^2}{2g} + h_{w1-3}$

$$z_2 + \frac{p_2}{\gamma} + \frac{\alpha_2 v_2^2}{2g} = z_3 + \frac{p_3}{\gamma} + \frac{\alpha_3 v_3^2}{2g} + h_{w2-3} \tag{3-25}$$

3. 应用能量方程时应注意的几个问题

能量方程是流体力学的基本方程之一，与连续性方程和流体静力学方程联立，可以全面地解决一维流动的流速（或流量）和压强的计算问题，但应注意下面几点：

(1) 弄清题意。看清已知什么？要求解什么？

(2) 选择合适的过流断面。合适的过流断面应包含问题中所求的参数，同时使已知参数尽可能多。通常对于从大容器内流体的流出问题，流入大气或者从一个大容器流入另一个大容器，过流断面通常选在大容器的自由液面或者流体流入大气时的出口截面上，因为此时的过流段面的压强为大气压强，大气压强是已知的；对于大容器自由液面，由于流速较小，速度可以视为零来处理。

(3) 选好基准面。基准面原则上可以选在任何位置，但选择得当，可使解题大大简化。例如选在管轴线所在的平面上或自由液面上，但要注意的是，基准面必须选为水平面。

(4) 求解流量时，一般要结合一维流动的连续性方程联立求解。

(5) 能量方程的 p_1 和 p_2 应为同一度量单位，或同为绝对压强或同为相对压强。

(6) 过流段面上的参数，如速度、压强和位置高度，应为同一点的参数。

4. 能量方程的应用

由于能量方程建立了流体在流动过程中速度与压力之间的关系，因此，被广泛应用于管道中流体的流速测量和计算。下面以应用最广泛的毕托管和文丘里流量计为例，介绍它们的测量原理和能量方程的应用。

(1) 毕托管

在工程中，常常需要测量某管道中流体流速的大小，然后求出管道的平均流速，从而得到管道中的流量。要测量管道中流体的速度，可采用毕托管来进行，其测量原理如图 3-16 所示。

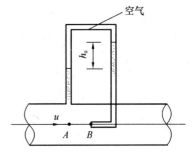

图 3-16 毕托管测速原理

在管道中液体的某一截面处装有一个测压管和一根弯成直角的玻璃管（又称为测速管），测速管一端正对着来流方向，另一端通过弯管与测压管相连。这时测速管中上升的液柱比测压管内的液柱高出 h_u。这是由于当液流流到测速管入口前的 B 点处，液流受到阻挡，流速变为零，则在测速管入口形成一个驻点 B。驻点 B 的压强 p_B 称为 B 点的全压。在入口前同一水平流线未受扰动处 A 点的液体压强为 p_A，速度为 u。把能量方程建立同一流线上的 A、B 两点，由于 A、B 两点距离较近，两点之间的能量损失可以忽略，则有：

$$z_A + \frac{p_A}{\rho g} + \frac{u^2}{2g} = z_B + \frac{p_B}{\rho g} + 0$$

因为，$z_A = z_B$，所以，$\frac{p_B}{\rho g} - \frac{p_A}{\rho g} = \frac{u^2}{2g}$。

又 $h_u = \frac{p_B}{\rho g} - \frac{p_A}{\rho g}$，

$$u = \sqrt{2\frac{p_B - p_A}{\rho}} = \sqrt{2gh_u} \tag{3-26}$$

由于流体的特性以及毕托管本身对流动的干扰，实际流速比用式（3-26）计算出的流速要小，因此，要对式（3-26）进行修正，实际流速为：

$$u = \psi\sqrt{2gh_u} \tag{3-27}$$

式中　ψ——流速修正系数，一般由实验确定，通常取 $\psi=0.97$。

在工程应用中通常将静压管和测速管组合成一体，称为毕托管，又称动压管，其结构如图 3-17 所示。图 3-17 中迎流孔处为全压测点，顺流孔处为静压测点，将全压孔和静压孔的通路分别连接于差压计的两端，则差压计的指示为全压和静压的差值 h_u，从而可由式（3-27）求得测点的流速。

（2）文丘里流量计

文丘里流量计主要用于管道中流体流量的测量，它主要是由收缩段、喉部和扩散段三部分组成，如图 3-18 所示。它利用收缩段，造成一定的压强差，在收缩段前和喉部用 U 形管差压计测量出压强差，从而求出管道中流体的体积流量。

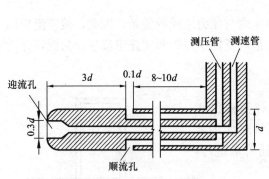

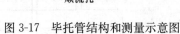

图 3-17　毕托管结构和测量示意图

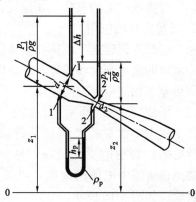

图 3-18　文丘里流量计工作原理图

以水平轴线所在水平面作为基准面。列截面 1-1，2-2 的伯努利方程：

$$z_1 + \frac{p_1}{\gamma} + \frac{\alpha_1 v_1^2}{2g} = z_2 + \frac{p_2}{\gamma} + \frac{\alpha_2 v_2^2}{2g} + h_{w1-2} \tag{3-28}$$

由一维流动连续性方程 $v_1 = \frac{A_2}{A_1}v_2 = \frac{d_2^2}{d_1^2}v_2$，且 1-1、2-2 两个断面距离很小，$h_{w1-2} \approx 0$，取 $\alpha_1 = \alpha_2 = 1.0$，则得：

$$v_1 = \frac{1}{\sqrt{(d_1/d_2)^4 - 1}}\sqrt{2g\left[\left(z_1 + \frac{p_1}{\gamma}\right) - \left(z_2 + \frac{p_2}{\gamma}\right)\right]} \tag{3-29}$$

$$Q = v_1 A_1 = \frac{\frac{\pi}{4}d_1^2}{\sqrt{(d_1/d_2)^4 - 1}}\sqrt{2g\left[\left(z_1 + \frac{p_1}{\gamma}\right) - \left(z_2 + \frac{p_2}{\gamma}\right)\right]} \tag{3-30}$$

$$= K\sqrt{(\gamma_p/\gamma - 1)h_p}$$

$$= K\sqrt{\Delta h}$$

式中 $K = \dfrac{\dfrac{\pi}{4}d_1^2}{\sqrt{\left(\dfrac{d_1}{d_2}\right)^4 - 1}}$ 为文丘里流量计系数。

因实际流体存在水头损失，故实际流量略小于上式计算结果，即：

$$Q = \eta K \sqrt{\Delta h} = \eta K \sqrt{\left(\dfrac{\gamma_p}{\gamma} - 1\right)h_p} \tag{3-31}$$

式中 η 为文丘里流量系数，一般 $\eta = 0.95 \sim 0.99$。

【例3-4】 有一贮水装置如图3-19所示，贮水池足够大，当阀门关闭时，压强计读数为2.8个大气压强。而当将阀门全开，水从管中流出时，压强计读数是0.6个大气压强，试求当水管直径 $d=12$cm 时，通过出口的体积流量（不计流动损失）。

【解】 取出流管道的轴线为基准线，由于1-1、2-2两个断面距离很小，可以不计流动的能量损失，即 $h_{w1\text{-}2} \approx 0$，且贮水池足够大时1-1液面的流速近似为零。

当阀门全开时，列1-1、2-2截面的伯努利方程：

$$H + \dfrac{p_a}{\rho g} + 0 = 0 + \dfrac{p_a + 0.6 p_a}{\rho g} + \dfrac{v_2^2}{2g}$$

当阀门关闭时，根据压强计的读数，应用流体静力学基本方程，则：

$$p_a + \rho g H = p_a + 2.8 p_a$$

$$H = \dfrac{2.8 p_a}{\rho g} = \dfrac{2.8 \times 98060}{9806} = 28 \text{ mH}_2\text{O}$$

代入到上式 $v_2 = \sqrt{2g\left(H - \dfrac{0.6 p_a}{\rho g}\right)} = \sqrt{2 \times 9.806 \times \left(2.8 - \dfrac{0.6 \times 98060}{9806}\right)} = 20.78$ m/s

所以，管内流量 $Q = \dfrac{\pi}{4}d^2 v_2 = 0.785 \times 0.12^2 \times 20.78 = 0.235$ m³/s

【例3-5】 水流通过如图3-20所示管路系统流入大气，已知U形管中水银柱高差 $h_p = 0.25$m，水柱高 $h_1 = 0.92$m，管径 $d_1 = 0.1$m，管道出口直径 $d_2 = 0.05$m，不计损失，试求管中通过的流量。

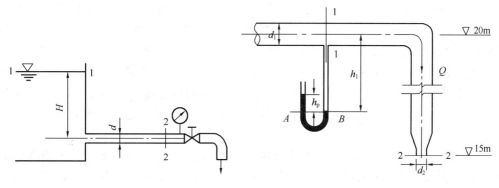

图3-19　例3-4图　　　　图3-20　例3-5图

【解】 选基准面：以管道出口断面形心的水平面为基准面。
选过流断面：选安装U形管的管道断面为1-1断面，以管道出口断面为2-2断面。
选计算点：计算点均取在管轴中心上。

列 1-1、2-2 断面的间能量方程：

$$(20-15)+\frac{p_A}{\gamma}+\frac{\alpha_1 v_1^2}{2g}=0+0+\frac{\alpha_2 v_2^2}{2g}+0$$

其中

$$\frac{p_A}{\gamma}=\frac{p_B}{\gamma}=0.25\text{mHg}=0.25\times13.6\text{mH}_2\text{O}=3.4\text{mH}_2\text{O}$$

$$\frac{p_1}{\gamma}=\frac{p_B}{\gamma}-h_1=2.48\text{mH}_2\text{O};p_2=0$$

$$v_2=\left(\frac{d_1}{d_2}\right)^2 v_1=4v_1;$$

$$v_1=4.78\text{m/s}$$

令 $\alpha_1=\alpha_2=1$，解得：$Q=v_1 A_1=37.5\text{L/s}$

3.5 总水头线和测压管水头线

与元流一样，恒定总流能量方程中的各项也都是长度量纲，也可将它们用几何形式表示出来，使元流能量的转换和变化情况表达得更直观、更形象。恒定总流能量方程各项可以用比例线段表示位置水头（z）、压强水头$\left(\frac{p}{\gamma}\right)$、流速水头$\left(\frac{\alpha v^2}{2g}\right)$的大小。各断面的测压管水头$\left(z+\frac{p}{\gamma}\right)$和总水头$\left(z+\frac{p}{\gamma}+\frac{\alpha v^2}{2g}\right)$端点的连线分别称为、测压管水头线和总水头线（见图 3-21）。

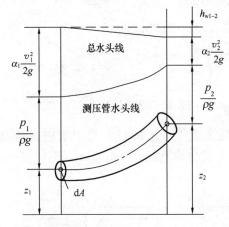

图 3-21 恒定总流沿程水头线分布规律

总流水头线的画法和元流水头线是相似的，其中位置水头线一般为总流断面中心线。位置水头线与测压管水头线、测压管水头线与总水头线之间的距离分别表示该过流水断面上各点的平均压强水头和平均流速水头。实际流体的流动总是有水头损失的，所以总水头线肯定会沿程下降。测压管水头线沿流程可能上升也可能下可降。测压管水头线可能位于位置水头线之上或以下，测压管水头线位于位置水头线以下时，表示当地压强是负值。若为均匀流，沿流程流速不变，则总水头线平行于测压管水头线，如图 3-21 所示。

假如水流从 1 断面流到 2 断面的平均水头损失为 h_{w1-2}，流程长度为 L，则将单位长度上的水头损失定义为水力坡度 J，J 是没有单位的纯数，也称为无量纲数，它也表示总水头线的斜率 $J=\dfrac{h_{w1-2}}{L}$。

根据水头线表示的能量转换关系，恒定总流能量方程的几何意义可以这样来描述：对于理想流体（$h_w=0$），总水头线是一条水平线；对于实际液体（$h_w>0$），总水头线总是一条下降的曲线或直线，它下降的数值等于两个过流断面之间流体的水头损失。测压管水

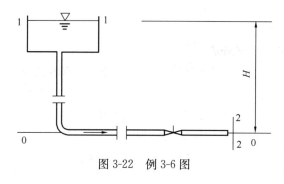

图 3-22 例 3-6 图

头线不一定是下降的曲线,需要由位能与压能的相互转换情况来确定其形状。

【**例 3-6**】 如图 3-22 所示的管流,已知 H、d、h_w,试求通过流量 Q,并绘制总水头线和测压管水头线。

【**解**】 取水平出流管道的轴线为基准线,建立 1-1、2-2 断面总流的伯努利方程,则:

$$H+0+0=0+0+\frac{\alpha v^2}{2g}+h_w, \quad 得\ v=\sqrt{\frac{2g}{\alpha}(H-h_w)}$$

$$Q=Av=\frac{\pi}{4}d^2\sqrt{\frac{2g}{\alpha}(H-h_w)}$$

总水头线和测压管水头线如下:

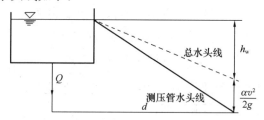

3.6 恒定总流的动量方程

在流体工程实际问题中,有时不必考虑流体内部的详细流动过程,而只需求解流体与固体边界的相互作用力,这时应用动量定理直接求解显得十分方便。例如:求弯管中流动的流体对弯管的作用力,射流的冲击力等。本节重点介绍恒定流动的流体动量变化和作用在流体上的外力之间关系的分析。

3.6.1 恒定总流的动量方程

设不可压缩流体在管中作恒定流动。如图 3-23 所示,假设 1-1 断面和 2-2 断面之间的流段在质量力、两断面上的压力和管壁的作用力作用下,经过 dt 时间后从 1-2 断面流到 $1'$-$2'$ 断面。此时,1-1 断面和 2-2 断面之间的流段的动量发生了变化,其变化等于流段在 $1'$-$2'$ 和 1-2 位置时的动量之差。由于恒定流动中流管内各空间点的流速不随时间变化,因此 $1'$-2 这部分流体的动量没有改变。于是在 dt 时间内流段的动量变化就等于 2-$2'$ 段的动量和 1-$1'$ 段的动量之差。

先取断面 1-1 和 2-2 之间的流段中任一微元流(虚线所示)作为研究对象,假设元流两端面流速分别为 u_1 和 u_2,在 dt 时段内微元流 1-2 流段运动至 $1'$-$2'$ 流段,元流的动量变化量为:

$$d\vec{M}=\vec{M}_{1'-2'}-\vec{M}_{1-2}$$
$$=\vec{M}_{2-2'}+\vec{M}_{1'-2}-\vec{M}_{1'-2}-\vec{M}_{1-1'}$$

$$= \vec{M}_{2\text{-}2'} - \vec{M}_{1\text{-}1'}$$
$$= \rho \mathrm{d}Q\mathrm{d}t\vec{u}_2 - \rho \mathrm{d}Q\mathrm{d}t\vec{u}_1$$

其中，$\mathrm{d}Q$ 为流过微元流两个断面的体积流量。

在 $\mathrm{d}t$ 时段内总流 1-2 流段运动至 $1'\text{-}2'$ 流段，总流的动量变化量为：

$$\begin{aligned}\sum \mathrm{d}\vec{M} &= \int_{Q_2} \rho \mathrm{d}Q\mathrm{d}t\vec{u}_2 - \int_{Q_1} \rho \mathrm{d}Q\mathrm{d}t\vec{u}_1 \\ &= \int_{A_2} \rho \mathrm{d}A_2 u_2 \mathrm{d}t \vec{u}_2 - \int_{A_1} \rho \mathrm{d}A_1 u_1 \mathrm{d}t \vec{u}_1 \\ &= \rho \mathrm{d}t \left[\int_{A_2} \mathrm{d}A_2 u_2 \vec{u}_2 - \int_{A_1} \mathrm{d}A_1 u_1 \vec{u}_1 \right]\end{aligned}$$

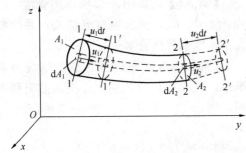

图 3-23 恒定总流的动量方程原理图

令 $\beta = \dfrac{\int_A u^2 \mathrm{d}A}{v^2 A}$，则：

$$\begin{aligned}\sum \mathrm{d}\vec{M} &= \rho \mathrm{d}t (\beta_2 v_2 \vec{v}_2 A_2 - \beta_1 v_1 \vec{v}_1 A_1) \\ &= \rho \mathrm{d}t (\beta_2 Q \vec{v}_2 - \beta_1 Q \vec{v}_1) \\ &= \rho Q \mathrm{d}t (\beta_2 \vec{v}_2 - \beta_1 \vec{v}_1)\end{aligned}$$

假设这段总流管内流体所受合力为 $\sum \vec{F}$，根据动量定理，系统流体动量的时间变化率等于作用在系统上的外力矢量和，即：

$$\sum \vec{F} = \frac{\sum \mathrm{d}\vec{M}}{\mathrm{d}t}$$

则 $\sum \mathrm{d}\vec{M}/\mathrm{d}t = \rho Q (\beta_2 \vec{v}_2 - \beta_1 \vec{v}_1) = \sum \vec{F}$

即
$$\rho Q (\beta_2 \vec{v}_2 - \beta_1 \vec{V}_1) = \sum \vec{F} \tag{3-32}$$

式中 $\sum \vec{F}$——作用于控制体内流体的所有外力矢量和，即 $\sum \vec{F} = \vec{P}_1 + \vec{P}_2 + \vec{G} + \vec{R}$。该外力包括：

(1) 作用在该控制体内所有流体质点的质量力；
(2) 作用在该控制体面上的所有表面力（压力、切向力、外力等）。

式（3-32）为不可压缩流体恒定总流的动量方程表达式，它是矢量方程，一般都要写成分量形式：

$$\rho Q(\beta_2 v_{2x} - \beta_1 v_{1x}) = \sum F_x$$
$$\rho Q(\beta_2 v_{2y} - \beta_1 v_{1y}) = \sum F_y$$
$$\rho Q(\beta_2 v_{2z} - \beta_1 v_{1z}) = \sum F_z$$

不可压缩恒定总流的动量方程适用范围：

(1) 理想流体、实际流体的不可压缩恒定流；
(2) 选择的两个过水断面上的流动应是渐变流，而两断面之间的流动可以不是渐变流；
(3) 质量力只有重力；
(4) 沿程流量不发生变化；若流量变化，则方程为：

$$\beta_2 Q_2 \vec{v}_2 - \beta_1 Q_1 \vec{v}_1 = \Sigma \vec{F} \tag{3-33}$$

不可压缩恒定总流动量方程建立了流体流出与流入控制体内的动量之差与控制体内流体所受外力之间的关系，避开了这段流动内部的流动细节。对于有些流体学问题，能量损失事先难以确定，而用动量方程来进行分析则变得方便。

3.6.2 应用动量方程的解题步骤

（1）选控制体：根据问题的要求，将所研究的两个渐变流断面之间的流体取为控制体；

（2）选坐标系：建立坐标系，选定坐标轴的方向，确定各作用力及流速在坐标轴上投影的大小和方向；

（3）画出计算简图：分析控制体受力情况，并在控制体上标出全部作用力的方向；

（4）列动量方程：将各作用力及流速在坐标轴上的投影代入动量方程求解。计算压力时，压强采用相对压强计算；

（5）联立能量方程和连续性方程解题。

3.6.3 动量方程的应用实例

1. 液流对弯管壁的作用力

【例 3-7】 如图 3-24 所示，有一水平放置的渐缩的直角弯管。弯管进口直径 $D_1 = 60\text{cm}$，出口直径 $D_2 = 45\text{cm}$，水进弯管时的压强 $p_1 = 35\text{kN/m}^2$，平均速度 $v = 2.5\text{m/s}$。若不计能量损失，求水流经此弯管时对弯管的作用力。

【解】 设弯管的转角为 θ，取 1-1 断面和 2-2 断面（渐变流断面）以及管道内表面组成系统为控制体，建立水平面 xoy 坐标系，控制体内流体的受力分析。

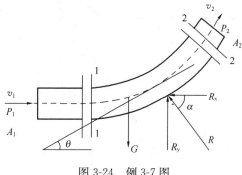

图 3-24 例 3-7 图

（1）表面力：

控制体端面压力：$p_1 A_1$ 和 $p_2 A_2$，与固体壁面的作用力，即待求的力 R，其在 x、y 方向的分量分别为 R_x 和 R_y

（2）质量力：

只有重力 G，铅直于 xoy 平面。

由连续性方程得：$Q_1 = A_1 v_1 = 0.7065\text{m}^3/\text{s}$；$v_2 = \dfrac{Q_2}{A_2} = 4.4434\text{m/s}$。

$$\frac{p_1}{\gamma} + \frac{v_1^2}{2g} = \frac{p_2}{\gamma} + \frac{v_2^2}{2g}$$

由能量方程得：$p_2 = p_1 + \dfrac{1}{2}\rho(v_1^2 - v_2^2) = 28.2531\text{kN/m}^2$。

列控制体内流体 x、y 方向的动量方程：

$$R_x = p_1 A_1 - p_2 A_2 \cos\theta - \rho Q(v_2 \cos\theta - v_1) = 11657\text{N}$$
$$R_z = p_2 A_2 \sin\theta + \rho Q v_2 \sin\theta = 7631\text{N}$$
$$R = \sqrt{R_x^2 + R_z^2} = 13.93\text{kN}$$

$$\alpha = \arctan\frac{R_z}{R_x} = 33.2°$$

2. 射流对固体壁的冲击力

【例 3-8】 如图 3-25 所示，水平射流从喷嘴射出，冲击一个在水平面内斜置的固定平板，射流轴线与平板成 θ 角，已知射流流量为 Q_0，速度为 v_0，空气及平板阻力不计。求射流沿平板的分流量 Q_2、Q_3 和射流对平板的冲击力。

分析：液体自管嘴射出形成射流，液流处处在同一大气压强下，液流中各点的压强直接等于大气压强。液体射到水平放置的壁面上，不需考虑铅垂方向的动量变化。建立水平面内 xoy 坐标系统，由于重力铅直于 xoy 坐标系统，即沿着 z 方向，因此，在 xoy 坐标系统不考虑重力的影响，只有固体壁对射流的阻力，其反作用力则为射流对固体壁的冲击力。

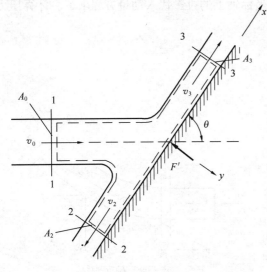

图 3-25 例 3-8 图

【解】 选取虚线所示系统为控制体，建立如图 3-25 所示的 xoy 坐标系。分析控制体的受力：1-1、2-2、3-3 断面上的压力，控制体内液体的重力以及平板对控制体的作用力。

列 1-1，2-2 断面（渐变流断面）的能量方程，由于在 xoy 坐标系统只有平板对控制体内射流的阻力，因此

$$0+0+\frac{\alpha_1 v_1^2}{2g}=0+0+\frac{\alpha_2 v_2^2}{2g}+h_{w1-2}$$

令：$\alpha_1=\alpha_2=1$；$h_{w1-2}=0$，可得 $v_1=v_2$。

列 1—1 和 3—3（渐变流断面）之间的伯努利方程，同理可得：$v_1=v_3$。

列控制体在 x 方向的动量方程和连续性方程：

$$\rho Q_3 v_3+(-\rho Q_2 v_2)-\rho Q_0 v_0\cos\theta=0$$

$$Q_2+Q_3=Q_0$$

$$Q_2=\frac{Q_0}{2}(1-\cos\theta)$$

$$Q_3=\frac{Q_0}{2}(1+\cos\theta)$$

列控制体在 y 方向的动量方程：

$$-F'=0-\rho Q_0 v_0\sin\theta$$

$$F'=\rho Q_0 v_0\sin\theta$$

根据作用力与反作用力的关系，射流对平板的冲击力 $\vec{F}=\vec{F'}$。

3. 水流对障碍物的作用力

【例 3-9】 如图 3-26 所示矩形断面平坡渠道中水流越过一平顶障碍物。已知 $h_1=2.0\mathrm{m}$，$h_2=0.5\mathrm{m}$，渠宽 $b=1.5\mathrm{m}$，渠道通过能力 $Q=$

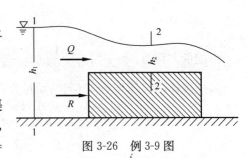

图 3-26 例 3-9 图

$1.5 \mathrm{m}^3/\mathrm{s}$，试求水流对障碍物的冲击力 R 的大小。

【解】 取 1-1 和 2-2 断面（渐变流断面）以及自由液面以及渠道底面所围成的系统为控制体，对控制体进行受力分析，并建立 xoz 坐标系，如下图所示。

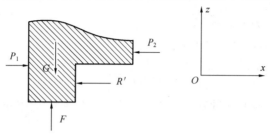

在 x 方向建立动量方程（取 $\beta_1 = \beta_2 = 1.0$）。
$$P_1 - P_2 - R' = \rho Q (v_2 - v_1)$$

式中：$P_1 = \gamma \dfrac{h_1}{2} b h_1 = 29.5 \mathrm{kN}$

$$P_2 = \gamma \dfrac{h_2}{2} b h_2 = 1.8 \mathrm{kN}$$

$$v_2 = \dfrac{Q}{b h_2} = 2.0 \mathrm{m/s}, v_1 = \dfrac{Q}{b h_1} = 0.5 \mathrm{m/s}$$

代入动量方程，得 $R' = 25.31 \mathrm{kN}$，方向向左。
故水流对障碍物迎水面的冲击力 $R = -R' = 25.31 \mathrm{kN}$，方向向右。

本 章 小 结

本章的主要内容：描述流体运动的两种方法、流线的定义和性质、流体的流动分类及其判别、流体运动规律及产生运动的原因以及描述流体运动的三大方程——连续方程、能量方程和动量方程。

本章的基本要求：理解描述流体运动的两种方法（拉格朗日法和欧拉法）及两种方法的异同，理解能量方程中各项的物理意义和各种水头的含义，掌握流线的定义和性质，明确流体的流动分类及其判别准则，并能够熟练运用三大方程解决实际流体工程问题。

本章的学习重点：描述流体运动的两种方法和流体的流动分类及其判别准则、恒定总流的连续方程、能量方程和动量方程的物理意义及其应用。

本章学习的难点：拉格朗日法和欧拉法的异同，如何利用恒定总流的连续方程、能量方程和动量方程进行各种流动问题的计算。

思 考 题

1. 什么是流线、迹线？流线有何性质？
2. 实际水流中存在流线吗？引入流线概念的意义何在？
3. 欧拉法、拉格朗日方法各以什么作为其研究对象？对于流体工程问题来说，哪种方法是方便的？
4. 恒定流、非恒定流等各有什么特点？均匀流与非均匀流的特点，渐变流与急变流的特点各是什么？
5. 元流和总流的区别与联系是什么？什么是流管和流束？
6. 黏性恒定总流的能量方程和动量方程的使用条件分别是什么？

7. 为什么使用能量方程和动量方程时，所建立的控制体的过流断面上的流动应是均匀流或渐变流？

8. 为什么在求解流体动力学问题时，有要时联立使用连续方程、能量方程和动量方程？

习　题

3-1　如图 3-27 所示，在 $D=150$mm 的水管中，装一附有水银压差计的毕托管，用以测量管轴心处的流速。如果 1、2 两点相距很近且毕托管加工良好，水流经过时没有干扰，管中水流平均速度为管轴处流速的 0.84 倍。问此时水管中的流量为多少？

3-2　风管直径 $D=100$mm，空气重力密度 $\gamma=12\text{N/m}^2$，在直径 $d=50$mm 的喉部装一细管与水池相连，高差 $H=150$mm，当汞测压计中读数 $\Delta h=25$mm 时，开始从水池中将水吸入管中（见图 3-28），问此时空气流量为多大？

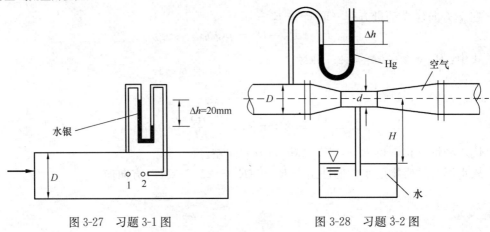

图 3-27　习题 3-1 图　　　　　　　图 3-28　习题 3-2 图

3-3　设管路中有一段水平（xoy 平面内）放置的变管径弯管，如图 3-29 所示。已知流量 $Q=0.07\text{m}^3/\text{s}$，过流断面 1—1 上的流速分布为 $u_1 = \dfrac{\rho g J}{4\mu}(r_{01}^2 - r^2)$，形心处相对压强 $p_1 = 9.8 \times 10^4$Pa，管径 $d_1 = 0.3$m；过流断面 2—2 上的流速分布为 $u_2 = u_{\max}\left(\dfrac{y}{r_{02}}\right)^{\frac{1}{7}}$，管径 $d_2 = 0.20$m，若不计能量损失，试求过流断面形心处相对压强 p_2（注：动能修正系数不等于 1.0）。

3-4　烟囱直径 $d=1.2$m，通过烟气流量 $Q=6.068\text{m}^3/\text{s}$，烟气密度 $\rho=0.7\text{kg/m}^3$；空气密度 $\rho_a=1.2\text{kg/m}^3$，烟囱的压强损失 $p_L = 0.03\dfrac{H}{d}\dfrac{v^2}{2g}$，为了保证进口断面的负压不小于 10mm H_2O（见图 3-30），试计算烟囱的最小高度 H（设进口断面处的烟气速度为零）。

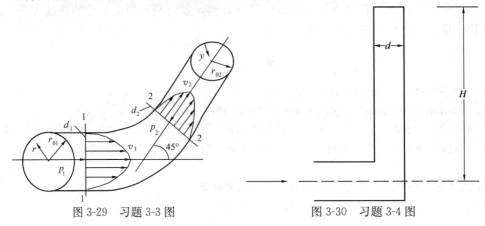

图 3-29　习题 3-3 图　　　　　　　图 3-30　习题 3-4 图

3-5 空气从炉膛入口进入,在炉膛内与燃料燃烧后变成烟气,烟气通过烟道经烟囱排放道大气中,如果烟气密度为 0.6kg/m³,烟道内压力损失为 $8\rho v^2/2$,烟囱内压力损失为 $26\rho v^2/2$,求烟囱出口处的烟气速度 v 和烟道与烟囱底部接头处的烟气静压 p。其中,炉膛入口标高为 0m,烟道与烟囱接头处标高为 5m,烟囱出口标高为 40m,空气密度为 1.2kg/m³(见图 3-31)。

3-6 图 3-32 所示为水箱下接一铅垂管道,直径 $d_1=10$cm,出口断面缩小至直径 $d_2=5$cm。水流流入大气中。已知 $h_1=3$m,$h_2=2$m,$h_3=3$m。若不计水头损失,求出口流速及 E-E 断面的压强(取动能修正系数为1)。

3-7 有一直径由 200mm 变至 150mm 的 90°变径弯头(见图 3-33),后端连接一出口直径为 120mm 的喷嘴,水由喷嘴喷出的速度为 18.0m/s,忽略局部阻力和水重,求弯头所受的水平分力和铅直分力。

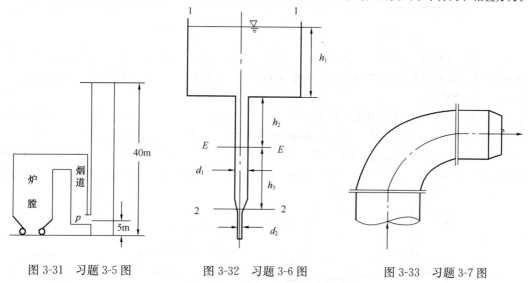

图 3-31 习题 3-5 图   图 3-32 习题 3-6 图   图 3-33 习题 3-7 图

3-8 如图 3-34 所示,有一水平放置的变直径弯曲管道,$d_1=500$mm,$d_2=400$mm,转角 $\alpha=45°$,断面 1—1 处流速 $v_1=1.2$m/s,压强 $p_1=245$kPa,求水流对弯管的作用力(不计弯管能量损失)。

3-9 水由水箱经一喷口无损失地水平射出,冲击在一块铅直平板上,平板封盖着另一油箱的短管出口。两个出口的中心线重合,其液位高分别为 h_1 和 h_2,且 $h_1=1.6$m,两出口直径分别为 $d_1=25$mm,$d_2=50$mm(见图 3-35),当油液的相对密度为 0.85 时,不使油液泄漏的高度 h_2 应是多大(平板重量不计)?

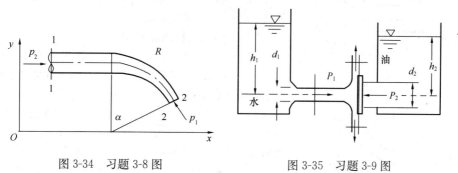

图 3-34 习题 3-8 图   图 3-35 习题 3-9 图

3-10 图 3-36 所示为水自压力容器恒定出流,压力表读数为 10atm,$H=3.5$m,管嘴直径 $D_1=0.06$m,$D_2=0.12$m,试求管嘴上螺钉群共受多少拉力?计算时管嘴内液体本身重量不计,忽略一切损失。

67

3-11 如图 3-37 所示，水流经弯管流入大气，已知 $d_1=100$mm，$d_2=75$mm，$v_2=23$m/s，不计水头损失，求弯管上所受的力。

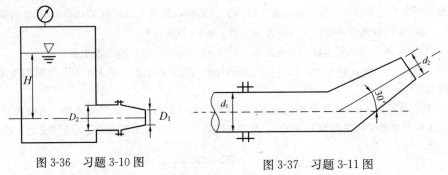

图 3-36 习题 3-10 图　　图 3-37 习题 3-11 图

3-12 额定流量 $Q_m=35.69$kg/s 的过热蒸汽，压强 $P_e=981$N/cm^2，蒸汽的比体积为 $V=0.03067$m^3/kg，经内径为 227mm 的主蒸汽管道铅垂向下，再经 90°弯管转向水平方向流动。如不计能量损失，试求蒸汽作用给弯管的水平力。

3-13 有一水平放置的管道（见图 3-38）。管径 $d_1=10$cm，$d_2=5$cm。管中流量 $Q_v=10$L/s。断面 1 处测管高度 $h=2$m。不计管道收缩段的水头损失，取动能修正系数均为 1。求水流作用于收缩段管壁上的力。

3-14 水平放置在混凝土支座上的变直径弯管，弯管两端与等直径管相连接处的断面 1—1 上压力表读数 $p_1=17.6\times10^4$Pa，管中流量 $Q_v=0.1$m^3/s，若直径 $d_1=300$mm，$d_2=200$mm，转角 $\theta=60°$，如图 3-39 所示。求水对弯管作用力 F 的大小。

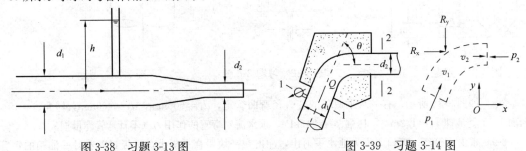

图 3-38 习题 3-13 图　　图 3-39 习题 3-14 图

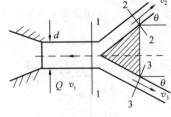

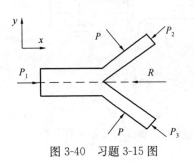

图 3-40 习题 3-15 图

3-15 一水平放置的喷嘴将一水流射至正前方一尖劈形的光滑壁面后，将水流分为两股，尖劈两边与射流方向皆成夹角 θ，如图 3-40 所示。已知 $d=40$mm，$Q=0.0252$m^3/s，水头损失不计，求水流对光滑壁面的作用力 R。

3-16 井巷喷锚采用的喷嘴如图 3-41 所示，入口直径 $d_1=50$mm，出口直径 $d_2=25$mm，水从喷嘴射入大气，表压 $p_1=60$N/cm^2，如果不计摩擦损失，求喷嘴与水管接口处所受的拉力和工作面所受的冲击力各为多少？

3-17 如图 3-42 所示过水低堰位于一水平河床中，上游水深为 $h_1=1.8$m，下游收缩河段的水深 $h_2=0.6$m，在不计水头损失的情况下，求水流对单宽堰段的水平推力？

3-18 图 3-43 所示为抽水机管路，已知抽水量 $Q=0.06$m^3/s；管径 $D=0.2$m；高位水池水面高于吸水池水面 30m，问抽水机供给的总比能 H 为多少？

3-19 如图 3-44 所示，已知 $d_1=\sqrt{2}d_2$。

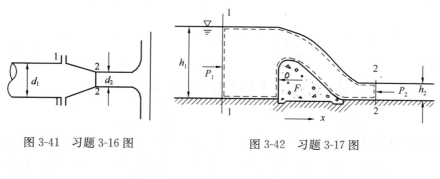

图 3-41　习题 3-16 图　　　　图 3-42　习题 3-17 图

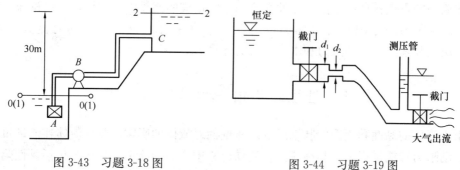

图 3-43　习题 3-18 图　　　　图 3-44　习题 3-19 图

(1) 试定性绘出当实际水流通过图示管道时的总水头线和测压管水头线；
(2) 在图上标注可能的负压区；
(3) 在图上标注真空值最大的断面。

第 4 章 流动阻力与水头损失

黏性流体在流动过程中会产生摩擦阻力，消耗流体的一部分机械能。为了克服流动阻力以维持流动，就必须从外界给流体输入一定的能量以补偿机械能的消耗。因此，讨论黏性流体流动的重点就是讨论由于黏性在流动中所造成的流动阻力问题，即讨论流动阻力的性质、产生阻力的原因和计算阻力的方法。本章主要研究恒定流动时流体的两种流态——层流和紊流，流动阻力和水头损失的计算。

4.1 沿程水头损失和局部水头损失

由于流体的黏性和紊流的脉动以及固体壁面对流体的影响，黏性流体在流动过程中会产生流动阻力和能量损失。黏性流体在流动过程中产生的能量损失通常包括黏性阻力造成的沿程能量损失和局部阻力造成的局部能量损失，沿程能量损失和局部能量损失又称为沿程水头损失和局部水头损失。

4.1.1 沿程损失

黏性流体在管道中流动时，流体与管壁面以及流体之间存在摩擦力，沿着流动路程，流体流动时总是受到摩擦力的阻滞，这种沿流程的摩擦阻力，称为沿程阻力。流体流动克服沿程阻力而损失的能量，就称为沿程水头损失，简称沿程损失。

沿程损失的大小不仅与流体流过的管道长度成正比，而且与流体的流动状态（层流或紊流）有密切关系。

以 h_f 表示单位重量流体的沿程损失，以 Δp_f 表示单位体积流体的沿程损失，又称为沿程压强损失。

$$h_f = \lambda \frac{l}{d} \frac{v^2}{2g}, \Delta p_f = \rho g h_f \tag{4-1}$$

式中 λ ——沿程阻力系数，它与流体流动的雷诺数和管壁粗糙度有关，是一个无量纲的参数；
l ——管道长度，m；
d ——管道直径，m；
v ——管道中有效截面上的平均流速，m/s。

式 (4-1) 称为达西公式，它适用于圆管中的紊流或层流流动，且为恒定均匀管流的通用公式。

4.1.2 局部损失

黏性流体流经各种局部障碍物时，由于过流断面变化和流动方向改变，质点间进行动量交换而产生的阻力称为局部阻力。流体克服局部阻力所消耗的机械能称为局部能量损失。单位重量流体的局部损失称为局部水头损失。

$$h_j = \zeta \frac{v^2}{2g} \tag{4-2}$$

式中 h_j——单位重力流体的局部能量损失或局部水头损失;

ζ——局部阻力系数,是一个由实验确定的无量纲数。

4.1.3 水头损失的叠加原理

工程管网系统既有直管段又有阀门、弯头等局部管件。在应用伯努利方程进行管路水力计算时,任意两断面之间的能量损失可能既有沿程损失又有局部损失。因此,任意流段的水头损失应该是流段内所有沿程损失和所有局部损失总和,即满足叠加原理。

$$h_w = \Sigma h_f + \Sigma h_j \tag{4-3}$$

例如在图 4-1 所示的 1-7 管段中,根据叠加原理,1-7 管段的总水头损失 h_w 表示为:

$$h_w = \Sigma h_f + \Sigma h_j = h_{f1-3} + h_{f3-5} + h_{f5-7} + h_{j1} + h_{j3} + h_{j5} + h_{j7}$$

式中 h_{f1-3}、h_{f3-5}、h_{f5-7}——分别为 1-3、3-5、5-7 管段上的沿程能量损失;

h_{j1}、h_{j3}、h_{j5}、h_{j7}——分别为阀门、突扩、突缩以及弯头处的局部能量损失。

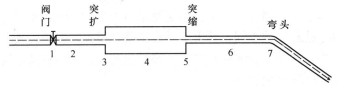

图 4-1 实际管路中的沿程损失和局部损失

4.2 实际流体运动的两种流态

黏性流体的流动存在着两种不同的流动形态,即层流和紊流。这两种流动形态由英国物理学家雷诺（Reynolds）在 1883 年通过他的实验（即著名的雷诺实验）观察了各种不同直径玻璃管中的水流,总结说明了这两种流动状态的性质。

4.2.1 雷诺实验与流态

雷诺通过实验观察发现,流动液体中存在层流和紊流两种流态。如图 4-2 所示为雷诺实验装置,实验的过程如下:

(1) 首先将水箱 A 注满水,并利用溢水管保持水箱中的水位恒定,然后微微打开玻璃管末端的调节阀 C,水流以很小速度沿玻璃管流出。再打开颜色水瓶 D 上的小阀 F,使颜色水沿细管 E 流入玻璃管 B 中。当玻璃管中水流速度保持很小时,看

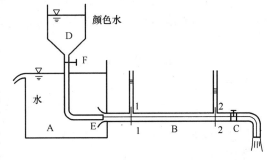

图 4-2 雷诺实验装置

到管中颜色水呈明显的直线形状,且不与周围的水流相掺混。这说明在低速流动中,水流质点完全沿着管轴方向做直线运动,这种流动状态称为层流,如图 4-3（a）所示。

(2) 调节阀 C 逐渐开大,水流速度增大到某一数值时颜色水的直线流动将开始振荡,发生弯曲,如图 4-3（b）所示。

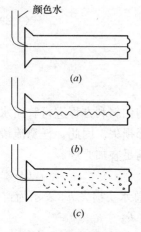

图 4-3 雷诺实验中的流态形状

（3）再开大调节阀 C，当水流速度增大到一定程度时，弯曲颜色水流破裂成一种非常紊乱的状态，颜色水从细管 E 流出，经很短一段距离后便与玻璃管 B 中的水流相混，扩散至整个玻璃管 B 内，如图 4-3（c）所示。这说明水流质点在沿着管轴方向流动过程中，同时还与周围流体互相掺混，作复杂的无规则的运动，这种流动状态称为紊流（或湍流）。

如果将调节阀 C 逐渐关小，水流速度逐渐减小，则开始时玻璃管内仍为紊流，当水流速度减小到另一数值时，流体又会变成层流，颜色水又呈一明显的直线。但是，由紊流转变为层流时的流速要比由层流转变为紊流时的流速小一些。

把流动状态发生转化时的流速称为临界流速，由层流转变为紊流时的流速称为上临界流速，以 v'_c 表示。由紊流转变为层流时的流速称为下临界速度，以 v_c 表示。显然，$v_c < v'_c$。

雷诺实验进一步表明，同一实验的临界流速是不固定的，随着流动的初始条件、实验条件的不同和外界干扰程度的不同，其上临界流速差异很大，但是，其下临界流速却基本不变。在实际工程中，扰动是普遍存在的，上临界流速没有实际意义，所以，通常情况下所指的临界流速是指下临界流速 v_c。

雷诺根据实验结果给出了沿程阻力与流速之间的关系曲线，如图 4-4 所示。

（1）ab 段：当 $v < v_c$ 时，流动为稳定的层流。

（2）ef 段：当 $v > v''_c$ 时，流动只能是紊流。

（3）be 段：当 $v_c < v < v''_c$ 时，流动可能是层流（bce 段），也可能是紊流（bde 段），取决于水流的原来状态。

（4）当流体由层流转变成紊流时，流态沿线 $abcef$ 变化；当流体由紊流转变成层流时，流态沿线 $fedba$ 变化。

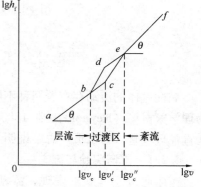

图 4-4 雷诺实验实验曲线

由图 4-4 所示的实验曲线可以得到沿程阻力与流速之间数学表达式：

$$\lg h_f = \lg k + m \lg v$$
$$h_f = k v^m \tag{4-4}$$

层流：$m = 1.0$，$h_f = k_1 v$，即沿程水头损失与流线的一次方成正比。

紊流：$m = 1.75 \sim 2.0$，$h_f = k_2 v^{1.75 \sim 2.0}$，即沿程水头损失 h_f 与流速的 1.75～2.0 次方成正比。

4.2.2 两种流态的流动特征

1. 流态判别的准则——临界雷诺数

流体的流动状态是层流还是紊流，与流速、管径和流体的黏性等物理性质有关。大量的实验数据证明，流体的临界流速 v_c 与流体的动力黏度 μ 成正比，与管内径 d 和流体的密度 ρ 成反比，即：

$$v_c \propto \frac{\mu}{\rho d}$$

雷诺引出一个比例系数 Re_c，上式可写成：

$$v_c = Re_c \frac{\mu}{\rho d} = Re_c \frac{\nu}{d}$$

或
$$Re_c = \frac{v_c d}{\nu} \tag{4-5}$$

这个比例系数称为临界雷诺数，它是一个无量纲数。

实验证明，不管流速多少、管内径多大、也不管流体的运动黏度如何，只要雷诺数相等，它们的流动状态就相似，所以雷诺数是判别流体流动状态的准则数。对于非常光滑、均匀一致的直圆管，下临界雷诺数 Re_c 等于 2320。但对于一般程度的粗糙壁管 Re_c 值稍低，约为 $Re_c = \frac{v_c d}{\nu} = 2000$，所以在工业管道中通常取下临界雷诺数 $Re_c = 2000$。上临界雷诺数 Re'_c 不易测得其精确数值，一般取为 $Re'_c = \frac{v'_c d}{\nu} = 13800$。

当流体流动的雷诺数 $Re < Re_c$ 时，流动状态为层流；当时 $Re > Re'_c$，则为紊流；当 $Re_c < Re < Re'_c$ 时，流动状态可能是层流，也可能是紊流，处于极不稳定的状态，任意微小的扰动都能破坏稳定，变为紊流。

显然，上临界雷诺数在工程上一般没有实用意义，故通常都采用下临界雷诺数 Re_c 作为判别流动状态是层流或紊流的准则数。即：$Re < 2000$ 时流态为层流，$Re \geq 2000$ 时流态为紊流。

工程中实际流体（如水、空气、蒸汽等）的流动几乎都是紊流，只有黏性较大的液体（如石油、润滑油、重油等）在低速流动中，才会出现层流。

流体在任意形状截面的管道中流动时，雷诺数的形式是：

$$Re = \frac{v d_e}{\nu} \tag{4-6}$$

式中 d_e 为当量直径，$d_e = \frac{4A}{\chi}$。A 为有效过流面积，χ 为流体湿润固体壁面的周长，简称湿周。

雷诺数之所以能作判别层流和紊流的标准，可根据雷诺数的物理意义来解释。黏性流体流动时受到惯性力和黏性力的作用，这两个力用量纲可分别表示为：

惯性力量纲： $m \dfrac{\mathrm{d}v}{\mathrm{d}t} = \rho v^2 l^2$

黏性力量纲： $\mu \dfrac{\mathrm{d}v}{\mathrm{d}y} A = \mu v l$

雷诺数： $Re = \dfrac{\rho v l}{\mu} = \dfrac{\rho v^2 l^2}{\mu v l} = \dfrac{惯性力}{黏性力}$

由此可知雷诺数是惯性力与黏性力的比值。雷诺数的大小表示了流体在流动过程中惯性力和黏性力哪个起主导作用。雷诺数小，表示黏性力起主导作用，流体质点受黏性的约束，处于层流状态；雷诺数大表示惯性力起主导作用，黏性不足以约束流体质点的紊乱运动，流动便处于紊流状态。

2. 两种流态的流动特征

（1）层流

层流是指流体质点不相互混杂，流体作有序的分层流动形态。层流的特点为：

1) 有序性。水流呈层状流动,各层的流体质点互不混掺,流体质点作有序的直线运动。

2) 黏性起主要作用,遵循牛顿内摩擦定律。

3) 能量损失与流速的一次方成正比。

4) 在流速较小且雷诺数 Re 较小时发生。

(2) 紊流

紊流是指局部速度、压力等力学量在时间和空间中发生不规则脉动的流体运动形态,紊流亦称湍流。紊流的特点:

1) 无序性、随机性、有旋性、混掺性。

2) 流体质点不再呈层流动,而是呈现不规则紊动,流层间质点相互混掺,为无序的随机运动。

3) 水头损失与流速的 1.75~2 次方成正比。

4) 在流速较大且雷诺数较大时发生。

4.3 圆管中的层流运动

黏性流体在圆形管道中作层流流动时,由于黏性的作用,管道中管壁上和管道中心处的流体质点的流速和切应力大小是不同的。本节重点讨论流体在等直径圆管中作恒定层流流动时,在其有效断面上切应力和流速的分布规律。

4.3.1 圆管中的恒定层流动力学特征

1. 圆管中的恒定层流运动切应力

流体在等直径圆管中作恒定层流流动时,取半径为 r,长度为 l 的流段 1-2 为分析对象,如图 4-5 所示。假设断面 1-1 和 2-2 上的压强分布是均匀的,作用在流段 1-2 流体上的力有:断面 1-1 和断面 2-2 上的总压力 $P_1 = p_1 A$ 和 $P_2 = p_2 A$;流段 1-2 的流体的重力 $G = \rho g A l$;作用在流段侧面上的总摩擦力 $T = 2\pi r l \tau$,方向与流动方向相反。

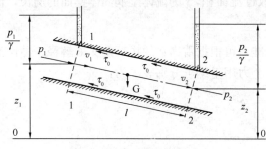

图 4-5 等直径圆管中的恒定层流流动

由于流体在等直径圆管中作定常流动时加速度为零,故不产生惯性力。根据平衡条件,写出作用在所取流段上各力在流动轴线上的平衡方程:

$$p_1 A - p_2 A - 2\pi r l \tau + \rho g A l \sin\theta = 0$$

式中:$l\sin\theta = z_1 - z_2$,$A = \pi r^2$

以 $G = \rho g A l$ 除以上式各项,整理得

$$\left(z_1 + \frac{p_1}{\rho g}\right) - \left(z_2 + \frac{p_2}{\rho g}\right) = \frac{2\tau}{r\rho g} l \tag{4-7}$$

对断面 1-1 和断面 2-2 列出伯努利方程得:

$$z_1 + \frac{p_1}{\rho g} + \frac{\alpha_1 v_1^2}{2g} = z_2 + \frac{p_2}{\rho g} + \frac{\alpha_2 v_2^2}{2g} + h_f$$

在等直径圆管中 $\alpha_1 = \alpha_2$，$v_1 = v_2$，故有：

$$h_f = \left(z_1 + \frac{p_1}{\rho g}\right) - \left(z_2 + \frac{p_2}{\rho g}\right) \tag{4-8}$$

将式（4-8）代入式（4-7）中得：

$$h_f = \frac{2\tau}{r\rho g} l \tag{4-9}$$

在层流中切应力 τ 可用牛顿内摩擦定律来表示，即：

$$\tau = -\mu \frac{du}{dr} \tag{4-10}$$

由于流速 u 随半径 r 的增加而减小，即 $\frac{du}{dr}$ 是负值，τ 为正值。

将式（4-10）代入式（4-9）中整理得：

$$du = -\frac{\rho g}{2\mu} \frac{h_f}{l} r dr = -\frac{\Delta p_f}{2\mu l} r dr$$

积分上式得 $u = -\frac{\Delta p_f}{4\mu l} r^2 + C$，根据边界条件确定积分常数 C，在管壁上 $r = r_0$，$u = 0$，则

$$C = \frac{\Delta p_f}{4\mu l} r_0^2$$

代入上式得

$$u = \frac{\Delta p_f}{4\mu l}(r_0^2 - r^2) \tag{4-11}$$

由牛顿内摩擦定律可得到切应力在有效截面上的分布规律。

$$\tau = -\mu \frac{du}{dr} = -\mu \frac{d}{dr}\left[\frac{\Delta p_f}{4\mu l}(r_0^2 - r^2)\right] = \frac{\Delta p_f r}{2l}$$

在管壁上 $r = r_0$，$u = 0$，则有：

$$\tau_0 = \frac{\Delta p_f r_0}{2l}$$

其中 τ_0 为管壁处摩擦切应力。

因此，$\tau = \tau_0 \left(\frac{r}{r_0}\right)$。这说明在圆管的有效截面上，切应力 τ 与管半径 r 的一次方成比例，为线性关系，在管轴心处 $r = 0$ 时，$\tau = 0$，如图 4-6 所示。

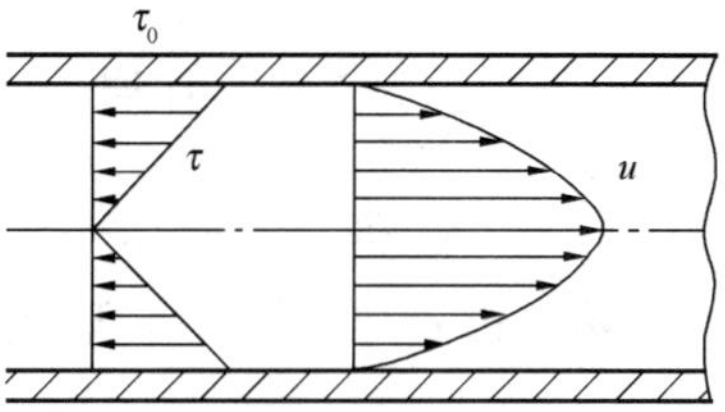

2. 圆管中层流运动的速度分布

由式（4-11）可以看出，在有效截面上各点的流速 u 与点所在的半径 r 成二次抛物线关系，如图 4-6 所示。在 $r = 0$ 的管轴上，流速达到最大值，在管壁上流体质点的流速等于零。管道中心流体质点的流速为：

$$u_{max} = \frac{\Delta p_f}{4\mu l} r_0^2 \tag{4-12}$$

图 4-6 圆管有效截面上的切应力和速度分布

圆管中层流的流量：取半径 r 处厚度为 dr 的一个微小环形面积，每秒通过这环形面

积的流量为：
$$dQ = u2\pi r dr$$

由通过圆管有效断面上的流量为：
$$Q = \int_A dQ = \int_0^{r_0} u2\pi r dr = \int_0^{r_0} \frac{\Delta p_f}{4\mu l}(r_0^2 - r^2)2\pi r dr = \frac{\Delta p_f \pi}{2\mu l}\int_0^{r_0}(r_0^2 - r^2)r dr = \frac{\Delta p_f \pi}{8\mu l}r_0^4$$

$$Q = \frac{\Delta p_f \pi}{8\mu l}r_0^4 \tag{4-13}$$

式（4-13）是层流管流的哈根—普索勒（Hagen-Poiseuille）流量定律。该定律说明：圆管中流体作层流流动时，流量与单位长度的压强下降和管半径的 4 次方成正比。

圆管有效断面上的平均流速：
$$v = \frac{Q}{A} = \frac{\Delta p_f \pi r_0^4}{8\mu l \pi r_0^2} = \frac{\Delta p_f}{8\mu l}r_0^2 \tag{4-14}$$

比较式（4-12）和式（4-14）可得：
$$v = \frac{1}{2}u_{\max} \tag{4-15}$$

即圆管中层流流动时，平均流速为最大流速的一半。工程中应用这一特性，可直接从管轴心测得最大流速从而得到管中的流量 $Q = \frac{1}{2}u_{\max}A$，这种测量层流流量的方法是非常简便的。

3. 圆管中层流运动的沿程损失

流体在等直径圆管中作层流流动时，流体与管壁及流体层之间的摩擦将引起能量损失，这种损失为沿程损失。由式（4-14）可得沿程损失为：
$$h_f = \frac{\Delta p_f}{\rho g} = \frac{8\mu l v}{\rho g r_0^2} \tag{4-16}$$

由此可见，层流时沿程损失与平均流速的一次方成正比。

由于 $\mu = \rho \nu$，代入上式得：
$$h_f = \frac{8\rho \nu l v}{\rho g r_0^2} = \frac{32 \times 2}{\frac{vd}{\nu}}\frac{l}{d}\frac{v^2}{2g} = \frac{64}{Re}\frac{l}{d}\frac{v^2}{2g}$$

令
$$\lambda = \frac{64}{Re} \tag{4-17}$$

λ 为沿程阻力系数，在层流中仅与雷诺数有关。于是得：
$$h_f = \lambda \frac{l}{d}\frac{v^2}{2g} \tag{4-18}$$

显然，该式与式（4-1）形式相同。

4.4 圆管中的紊流运动

由雷诺实验知：当管道中流体流动的雷诺数大于其下临界雷诺数时，管内流动便会出现无规则的紊流流动。此时，流体运动的参数，如速度、压强等均随时间不停地变化而形成所谓的脉动。在紊流流动时，其有效断面上的切应力、流速分布等与层流时有很大的不同。本节讨论紊流运动的特征及描述方法，重点介绍紊流运动流动阻力的计算方法。

4.4.1 紊流脉动现象

1. 紊流运动的特征及描述

流体质点在运动过程中，不断地互相掺混，引起质点间的碰撞和摩擦，产生了无数旋涡，形成了紊流的脉动性，这些旋涡是造成速度等参数脉动的原因。紊流是一种不规则的流动，其流动参数随时间和空间作随机变化。

如图 4-7（a）所示，如用高精度的测速仪来测量管道中的某一空间点 A 处流体的流动速度，可发现该点速度是随时间而脉动的，如图 4-7（b）所示。从图中可见，紊流中某一点的瞬时速度随时间的变化极其紊乱，似乎无规律可循。但是在一段足够长时间 t 内，即可发现这个变化始终围绕着某一平均值上下波动。

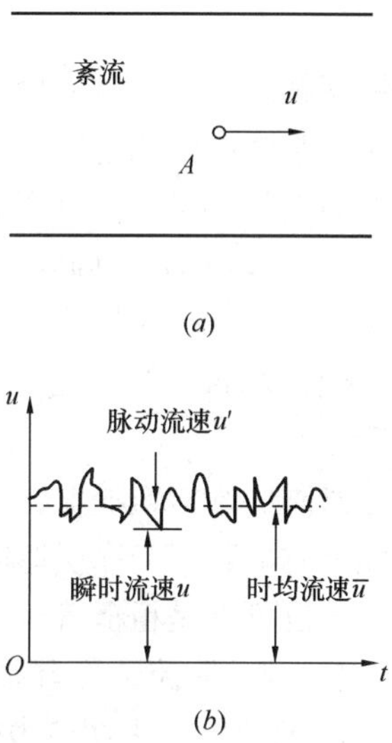

时间 t 内，速度的平均值称为时均速度，时均速度定义为：

$$\bar{u} = \frac{1}{t}\int_0^t u\,\mathrm{d}t$$

于是流场的紊流中某一瞬间，某一点瞬时速度可用下式表示：

$$u = \bar{u} + u' \tag{4-19}$$

其中，u' 称为脉动速度，脉动速度有正有负。但是在一段时间内，脉动速度的平均值为零，即 $\overline{u'}=0$。

图 4-7 紊流脉动现象

紊流中的压强和密度也有脉动现象，同理 p 和 ρ 也同样可写成：

$$p = \bar{p}+p',\ \rho = \bar{\rho}+\rho' \tag{4-20}$$

在实际工程中，广泛应用的普通毕托管只能测量它的时均值，所以在研究和计算紊流流动问题时，所指的流动参数都是时均参数，如时均速度 $\bar{u}$，时均压强 $\bar{p}$ 等。为书写方便起见，常将时均值符号上的"—"省略。

2. 圆管紊流流动时流动结构

黏性流体在管中作紊流流动时，管壁上的流速为零，但在紧贴管壁处一极薄层内，速度梯度很大，黏性摩擦切应力起主要作用，通常把该层称为层流底层，层流底层内流动状态属于层流。距管壁稍远处有一黏性摩擦切应力和紊流附加切应力同时起作用的薄层，称为层流到紊流的过渡区；在管轴附近中心区域便发展成为完全紊流，称为紊流核心，如图 4-8 所示。

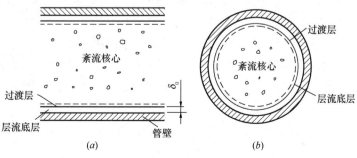

图 4-8 圆管紊流流动时流动结构

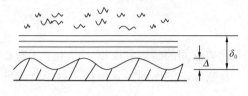

图 4-9 近壁处层流底层

如图 4-9 所示，层流底层的厚度取决于流速的大小，流速越高，层流底层的厚度越薄，反之越厚。若 δ_0 为层流底层的厚度，则 $\delta_0 = \dfrac{32.8d}{Re\sqrt{\lambda}}$。层流底层虽然很薄，但是它对紊流流动的能量损失起着重要的影响。例如层流底层的厚度越薄，流动阻力也越大。任何管子由于材料、加工、使用条件和使用年限等因素的影响，管道内壁总是凹凸不平，其管壁粗糙凸出部分的平均高度 Δ 称为管壁的绝对粗糙度，而把 Δ 与管内径 d 的比值 Δ/d 称为管壁的相对粗糙度。

当 Re 较小时，即 $\delta_0 \gg \Delta$ 时，此时的壁面称为水力光滑壁面，此时的管道称为水力光滑管；当 $\delta_0 \approx \Delta$ 时，此时的壁面称为过渡粗糙壁面，此时的管道称为水力过渡粗糙管；当 Re 较大时，即 $\delta_0 < \Delta$ 时，此时的壁面称为水力粗糙壁面，此时的管道称为水力粗糙管。

对同一绝对粗糙度 Δ 的管道，当流速较低时，其层流底层厚度 δ_0 可能大于 Δ；当流速较高时，其层流底层厚度 δ_0 可能小于 Δ，因此同一根管道，在不同的流速下，可能是光滑管也可能是粗糙管。

4.4.2 紊流圆管有效断面上的切应力和速度分布

1. 紊流圆管中切应力分布

在黏性流体紊流流动中，与层流一样，由于流体的黏性，各相邻流层之间时均速度不同，从而产生摩擦切向应力 τ_1。

另外，由于流体有横向脉动速度，流体质点互相掺混，发生碰撞，引起动量交换，因而紊流产生了附加切应力 τ_2，因此，紊流中的切向应力 τ 由摩擦切向应力和附加切应力两部分组成，即：

$$\tau = \tau_1 + \tau_2 \tag{4-21}$$

式中摩擦切向应力 τ_1 可由牛顿内摩擦定律式 $\tau_1 = \mu \dfrac{du}{dy}$ 求得，紊流产生附加切应力 τ_2 可由普朗特混合长度理论推导出来，$\tau_2 = \rho l^2 \left(\dfrac{du}{dy}\right)^2$，其中，$l$ 称为普朗特混合长度。于是，紊流中的总切向应力为：

$$\tau = \tau_1 + \tau_2 = \mu \dfrac{du}{dy} + \rho l^2 \left(\dfrac{du}{dy}\right)^2 \tag{4-22}$$

摩擦切应力 τ_1 和紊流附加切应力 τ_2 的影响在管道有效断面上的各处是不同的，例如：在接近管壁的地方黏性摩擦切向应力起主要作用，等号右边的第二项可略去不计；在管道中心处，流体质点之间混杂强烈，附加切应力起主要作用，故可略去等号右边的第一项。

在半径为 r_0 的管内紊流流动，轴向时均速度为 $\bar{u}$，切应力在管长为 l 的管段上产生的能量损失，即压强损失为 Δp。若用管壁上的切向应力 τ_0 来计算，则有：

$$\tau_0 2\pi r_0 l = \pi r_0^2 (p_1 - p_2)$$

$$\tau_0 = \dfrac{\Delta p r_0}{2l} \tag{4-23}$$

如果在两个有效断面之间取半径为 r（$r < r_0$）的流管，则流管表面上切应力 τ 可表

示为：

$$\tau = \frac{\Delta p r}{2l} \quad (4\text{-}24)$$

因此，在有效断面上的切应力分布为：

$$\tau = \frac{\tau_0}{r_0} r \quad (4\text{-}25)$$

上式说明紊流切向应力分布也与层流一样，与管半径 r 的一次方成比例，为线性关系，在 $r=0$ 处切应力为零，在管壁处紊流切应力最大且为 τ_0。但是，紊流切应力中的摩擦切应力和附加应力在层流底层和紊流核心所占比例不一样，在层流底层中，摩擦切应力占主要地位，在紊流核心中附加切应力占主要地位。

2. 紊流圆管中的速度分布

紊流中由于液体质点相互混掺，互相碰撞，因而产生了液体内部各质点间的动量传递，动量大的质点将动量传给动量小的质点，动量小的质点影响动量大的质点，结果造成断面流速分布的均匀化。因此，圆管紊流中速度分布非常复杂，理论的方法很难精确地给出表达式，其经验公式如下：

$$u_x(y) = 5.75 u^* \lg y + C \quad (4\text{-}26)$$

式中 y——离开壁面的距离；

u^*——摩擦流速，$u^* = \sqrt{\tau/\rho}$；

C——常数。

从以上分析可知，层流底层中的速度是按线性规律分布的，而在紊流的核心区速度是按对数规律分布的。在核心区速度分布的特点是速度梯度较小，速度比较均匀，如图 4-10 所示。

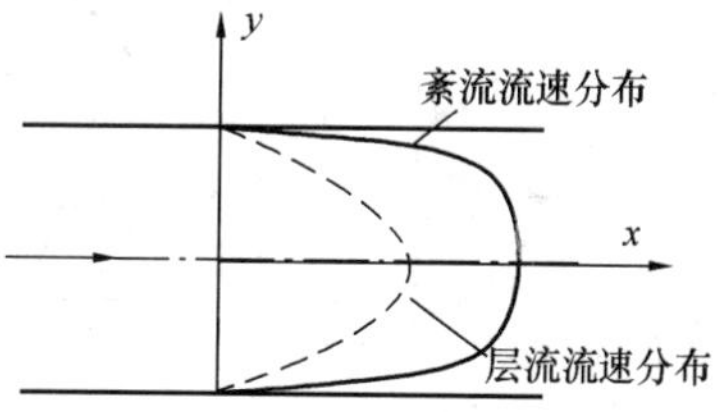

4.4.3 紊流圆管中沿程损失和沿程阻力系数

1. 尼古拉兹实验

紊流圆管中沿程损失也采用式（4-1）计算，但其

图 4-10 圆管中流速分布规律

沿程阻力系数 λ 的确定要比层流复杂得多。一般情况下 $\lambda = f(Re, \Delta/d)$，即 λ 值不仅取决于雷诺数 Re，还取决于管壁相对粗糙度 Δ/d。由于管壁粗糙度各不相同，所以紊流流动的沿程阻力系数 λ 值还不能与层流一样完全从理论上来求得，而依靠对实验测得的数据进行整理归纳，得到经验公式。在这类实验研究中，以尼古拉兹（J. Nikuradse）实验最具有代表性。

1933 年德国学者尼古拉兹通过在管道内壁上粘贴均匀砂粒的方法模拟粗糙管，进行了有压管流的沿程阻力系数和断面流速的分布测定实验。实验时采用砂粒直径 Δ（相当于管壁的绝对粗糙度）与圆管内径 d 之比 Δ/d 表示管壁的相对粗糙度，用 3 种不同管径的圆管（25mm、50mm、100mm）和 6 种不同的 Δ/d 值（1/30、1/61、1/120、1/252、1/504、1/1014）在不同的流量下进行实验。对每一个实验找出沿程阻力系数且与雷诺数 Re 和 Δ/d 之间的关系曲线。将所有的实验结果画在同一对数坐标纸上，以 Re 为横坐标，以 100λ 的对数值为纵坐标，并以 Δ/d 为参变数，即属于同一 Δ/d 的实验点用线连起来，如图 4-11 所示。

尼古拉兹将实验曲线分成 5 个区域：

第 I 区——层流区。实验点集中在直线 ab 上。$\lambda=f(Re)$，$\lambda=64/Re$，雷诺数的范围：$Re<2300$。

第 II 区——层流转变为紊流的过渡区。属于不稳定区域，可能是层流，也可能是紊流。实验点集中在 bc 区间内，无具体计算式。$\lambda=f(Re)$，雷诺数的范围：$2300<Re<4000$。

第 III 区——水力光滑管区。处于紊流状态，实验点集中在直线 cd 上。$\lambda=f(Re)$，雷诺数的范围：$Re>4000$。

第 IV 区——由"光滑管区"转向"粗糙管区"的紊流过渡区。处于紊流状态，实验点集中在 $cdef$ 区域内。$\lambda=f(Re,\Delta/d)$。

第 V 区——水力粗糙管区或阻力平方区。实验点集中在 ef 区域右边，$\lambda=f(\Delta/d)$。水流处于充分发展的紊流状态，水流阻力与流速的平方成正比，故又称阻力平方区。

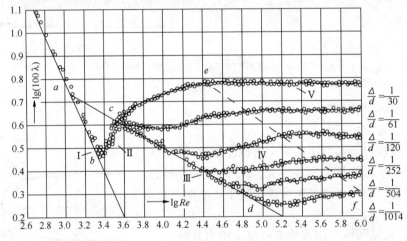

图 4-11 尼古拉兹实验曲线

2. 莫迪图

尼古拉兹的实验曲线是用各种不同的人工均匀砂粒粗糙度的圆管进行实验得到的，这与工业管道内壁的自然不均匀粗糙度有很大差别。莫迪以 Re 为横坐标，以沿程阻力系数 λ 为纵坐标，并以 Δ_s/d 为参变数，给出 Re、λ、Δ_s/d 之间的关系图，其中 Δ_s 为工业管道的当量粗糙度。利用莫迪曲线图确定 λ 值是非常方便的，如图 4-12 所示。

3. 沿程阻力系数的经验公式

许多研究人员根据实验结果，给出了计算沿程阻力系数 λ 的公式。

布拉休斯公式：
$$\lambda=\frac{0.3164}{Re^{0.25}} \ (Re\leqslant10^5) \tag{4-27}$$

尼古拉兹公式：$\dfrac{1}{\sqrt{\lambda}}=2\lg(Re\sqrt{\lambda})-0.8$ $(10^5<Re<3\times10^6)$ (4-28)

阔尔布鲁克公式：
$$\frac{1}{\sqrt{\lambda}}=-2\lg\left(\frac{\Delta}{3.7d}+\frac{2.51}{Re\sqrt{\lambda}}\right)（适用于紊流水力粗糙管过渡区） \tag{4-29}$$

舍维列夫公式：

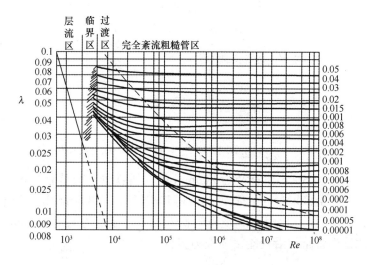

图 4-12 莫迪图

$$\begin{cases} \lambda = \dfrac{0.0159}{d^{0.226}}\left[1+\dfrac{0.684}{v}\right]^{0.226} (\text{新钢管}, Re<2.4\times10^6 d) \\ \lambda = \dfrac{0.0144}{d^{0.284}}\left[1+\dfrac{2.36}{v}\right]^{0.284} (\text{新铸钢管}, Re<2.7\times10^6 d) \\ \lambda = \dfrac{0.0179}{d^{0.3}}\left[1+\dfrac{0.867}{v}\right]^{0.3} (\text{旧钢管或旧铸铁管}, v<1.2\text{m/s}) \\ \lambda = \dfrac{0.0210}{d^{0.3}} (\text{旧钢管或旧铸铁管}, v>1.2\text{m/s}) \end{cases} \quad (4\text{-}30)$$

谢才公式：

1769 年法国工程师谢才根据大量的渠道中水流动实测数据，归纳出渠道断面平均流速与水力坡度和水力半径之间的关系，即谢才公式 $v=C\sqrt{RJ}$，式中，C 为谢才系数，R 为水力半径，J 为水力坡度。根据水力坡度的定义可知：$J=\dfrac{h_f}{l}$，因此 $h_f=Jl=\dfrac{2g}{C^2}\dfrac{1}{R}\dfrac{v^2}{2g}=\lambda\dfrac{l}{4R}\dfrac{v^2}{2g}$，由此可得 $C=\sqrt{8g/\lambda}$。因此流动阻力越大，谢才系数越小，反之亦然。1895 年爱尔兰工程师曼宁提出了计算谢才系数的经验公式 $C=\dfrac{1}{n}R^{1/6}$，其中 n 为壁面的粗糙系数，它反映了壁面的粗糙性质，可以从相关的手册查到。

【例 4-1】 某水管长 $l=500$m，直径 $d=200$mm，管壁粗糙突起高度 $\Delta=0.1$mm，如输送流量 $Q=10$L/s，水温 $t=10$℃，计算沿程水头损失为多少？

【解】

$$v=\dfrac{Q}{\frac{1}{4}\pi d^2}=\dfrac{10000}{\frac{1}{4}\pi(20)^2}=31.83\text{cm/s}$$

∵ $t=10$℃ ∴ $\nu=0.01310\text{cm}^2/\text{s}$

$$Re=\dfrac{vd}{\nu}=\dfrac{31.83\times20}{0.01310}=48595>2300$$

故管中水流为紊流。由式（4-28）计算 λ：

$$\frac{1}{\sqrt{\lambda}} = 2\lg(Re\sqrt{\lambda}) - 0.8$$

采用试算法，先假设 $\lambda = 0.021$，则：

$$\frac{1}{\sqrt{0.021}} = 2\lg(48595 \times \sqrt{0.021}) - 0.8 = 6.90 \approx 6.894$$

所以 $\lambda = 0.021$ 满足要求

∴ $h_f = \lambda \dfrac{l}{d} \dfrac{v^2}{2g} = 0.021 \times \dfrac{500}{0.2} \times \dfrac{0.318^2}{2 \times 9.8} = 0.271 \text{mH}_2\text{O}$

【例 4-2】 长度为 300m，直径为 200mm 的新铸铁管，当量粗糙度 $\Delta_s = 0.25$mm。铸铁管用来输送 $\gamma = 8.82$kN/m³ 的石油，测得其流量 $Q = 882$km³/h。如果冬季时管道内流体运动黏度为 $\nu_1 = 1.092$cm²/s，夏季时管道内平均流速为 $\nu_2 = 0.355$cm²/s。问在冬季和夏季中，此输油管路的沿程能量损失为多少？

【解】
$$Q = \frac{882}{3600 \times 8.82} = 0.0278 \text{m}^3/\text{s}$$

$$v = \frac{Q}{A} = 0.885 \text{m/s}$$

冬季时：$Re_1 = \dfrac{vd}{\nu_1} = 1620 < 2000$，管道中流体的流态为层流，沿程能量损失 $h_{f1} = \dfrac{64}{Re_1} \dfrac{l}{d} \dfrac{v^2}{2g} = 2.37$m 油柱。

夏季时：$Re_2 = \dfrac{vd}{\nu_2} = 4986 > 2000$，管道中流体的流态为紊流。

相对粗糙度 $\Delta_s/d = 0.00125$，$Re_2 = 4986$

查莫迪图得：$\lambda = 0.0387$

沿程能量损失：$h_f = \lambda \dfrac{l}{d} \dfrac{v^2}{2g} = 2.32$m 油柱。

4.5 局部水头损失

当流体流经各种阀门、弯头和变断面管段等局部装置时，流体将发生变形，产生阻碍流体运动的力，这种阻力称为局部阻力，由此引起的能量损失称为局部水头损失。

4.5.1 局部水头损失产生的原因

如图 4-13 所示，流体从小断面流向突然扩大的大断面，由于流体质点有惯性，流体质点的运动轨迹不可能按照管道的形状突然转弯扩大，即整个流体在离开小断面管后只能向前继续流动，逐渐扩大，这样在管壁拐角处流体与管壁脱离形成旋涡区。旋涡区外侧流体质点的运动方向与主流的流动方向不一致，形成回转运动，因此流体质点之间发生碰撞和摩擦，消耗流体的一部分能量。同时旋涡区本身也不是

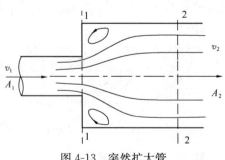

图 4-13 突然扩大管

稳定的，在流体流动过程中旋涡区的流体质点将不断被主流带走，也不断有新的流体质点从主流中补充进来，即主流与旋涡之间的流体质点不断地交换，发生剧烈的碰撞和摩擦。在动量交换中，部分机械能转变为热能而消失。

4.5.2 局部水头损失

由于局部阻力产生的原因十分复杂，只有极少数的情形才能用理论分析方法进行计算，绝大多数都要由实验来确定。

1. 突然扩大管的局部阻力系数

如图 4-13 所示，流体从小断面的管道流向断面突然扩大的大断面管道是目前唯一可用理论分析得出其计算公式的典型情况。

考察断面 1-1 和断面 2-2 之间的控制体内流体的流动，建立控制体内流体的连续方程、动量方程，于是有：

$$\begin{aligned} h_j &= \frac{1}{g}v_2(v_2-v_1)+\frac{1}{2g}(v_1^2-v_2^2) \\ &= \frac{1}{2g}(v_1^2-v_2^2) \\ &= \frac{v_1^2}{2g}\left(1-\frac{A_1}{A_2}\right)^2 \\ &= \frac{v_2^2}{2g}\left(\frac{A_2}{A_1}-1\right)^2 \end{aligned} \tag{4-31}$$

由式（4-2）知 $h_j = \zeta_1 \dfrac{v_1^2}{2g} = \zeta_2 \dfrac{v_2^2}{2g}$。

以小断面流速 v_1 计算时：$\zeta_1 = \left(1-\dfrac{A_1}{A_2}\right)^2$。以大断面流速 v_2 计算时：$\zeta_2 = \left(\dfrac{A_2}{A_1}-1\right)^2$

对于如图 4-14 所示的情况，即水流通过细管流入水池时，$A_2 \gg A_1$，$\zeta_1 = \left(1-\dfrac{A_1}{A_2}\right)^2 = 1$，$h_j = \dfrac{v_1^2}{2g}$。

2. 突然缩小管的局部阻力系数

如图 4-15 所示，由于水流方向是从右到左，此时的变形管为突然缩小管。对于突然缩小管，其局部水头损失可按照以下公式计算：

$$h_j = 0.5\left(1-\frac{A_2}{A_1}\right)\frac{v_2^2}{2g} \tag{4-32}$$

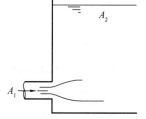

图 4-14 水流通过细管流入水池

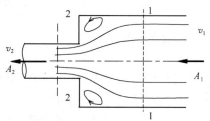

图 4-15 突然缩小管

其中
$$\zeta = 0.5\left(1-\frac{A_2}{A_1}\right)$$

对于图 4-16 所示突然缩小管，即水流通过细管从水池流出时，由于 $A_1 \gg A_2$，所以 $\zeta = 0.5$。

3. 弯管和阀门的局部阻力系数

工业流体管网中有许多弯管和阀门，流体流经弯管和阀门时也会产生局部水头损失，但由于弯管和阀门中流动情况较为复杂，很难从理论上推导出局部水头损失的计算公式，通常可由实验测定或查相关手册获得。

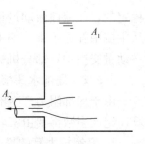

图 4-16 水流通过细管从水池流出

【例 4-3】 如图 4-17 所示，流速由 v_1 变为 v_2 的一次突然扩大管中，如果中间加一中等粗细管段使之形成两次突然扩大，略去局部阻力的相互干扰，试用采用叠加方法求：

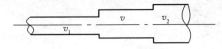

图 4-17 例 4-3 图

(1) 中间管中流速为何值时，总的局部水头损失最小；

(2) 计算两次突然扩大管总的局部水头损失，并与一次扩大时相比较。

【解】 (1) 两次突然扩大时的局部水头损失为：
$$h_j = h_{j1} + h_{j2} = \frac{(v_1-v)^2}{2g} + \frac{(v-v_2)^2}{2g}$$

中间管中流速为 v，使其总的局部水头损失最小时 $\dfrac{\mathrm{d}h_j}{\mathrm{d}v}=0$，

即
$$\frac{\mathrm{d}h_j}{\mathrm{d}v} = -\frac{2(v_1-v)}{2g} + \frac{2(v-v_2)}{2g} = 0。$$

于是
$$v = \frac{v_1+v_2}{2}$$

(2) 总的局部损失为：
$$h_j = \frac{\left(v_1-\dfrac{v_1+v_2}{2}\right)^2}{2g} + \frac{\left(\dfrac{v_1+v_2}{2}-v_2\right)^2}{2g} = \frac{(v_1-v_2)^2}{4g}$$

一次突然扩大时的局部水头损失：
$$h_j = \frac{(v_1-v_2)^2}{2g}$$

所以两次突然扩大时总的局部水头损失为一次突然扩大时的 1/2。

4.6 边界层及绕流阻力

4.6.1 边界层理论简介

1. 边界层的概念

在实际流体的运动过程中，远离固体壁面的流体流动随着雷诺数的增大，其黏性力逐渐减小，而惯性力逐渐增大。由于流体流动的惯性力远大于作用于流体的黏性力，黏性力相对于惯性力可忽略不计，可以视为理想流体的流动。但实验发现，无论雷诺数多么大，对于靠近固体壁面附近的流体来说，在贴近固体壁面的一个厚度很小的薄层内，流体的黏性力与惯

性力处于相同的数量级，黏性的影响不能忽略。这与理想流体的流动有本质的区别，为什么会有这个差别，直到1904年德国科学家普朗特提出了边界层理论后才得到了解释。

1904年，在德国举行的第三届国际数学家学会上，德国著名的力学家普朗特第一次提出了边界层的概念。他认为对于水和空气等黏度很小的流体，在大雷诺数下绕物体流动时，黏性对流动的影响仅限于紧贴物体壁面的薄层中，而在这一薄层外黏性影响很小，完全可以忽略不计，这一薄层称为边界层。因此可以用边界层理论来处理边界层内的流动，而用理想流体运动力学理论求解边界层外流场中的流动，将二者衔接起来，便可解决整个绕流问题。普朗特的这一理论，在流体力学的发展史上有划时代的意义。

当流体以速度 u_∞ 平行掠过一平板的上表面时，由于流体的黏性作用，黏滞力将制动流体的运动，流体速度将在壁面处逐渐降低，贴附于壁面的流体停滞不动，处于无滑移状态（与壁面法线方向的距离为零处没有相对于壁面的流动）。此时，紧挨壁面处将形成极薄的一个流动边界层，在这里具有很大的速度梯度。若用仪器来测量壁面法线方向（定义为 y 方向）不同的距离壁面的距离上的各点的 x 方向的速度 u，将得到如图4-18所示的速度分布曲线（若 y、z 方向的分速度有变化，则相应也有 v、w 的分布曲线），它表明：从 $y=0$ 处 $u=0$，随着离壁距离的增加，速度 u 将迅速增大，而接近来流速度 u_∞。这样，流场中就出现了两个性质不同的流动区域。其中一个区域是紧贴固体壁面的一层薄层，在这个薄层内流速低于来流速度 u_∞，且流体流动的速度梯度较大，流体做有旋流动，这样的薄层称为流动边界层。另一个区域是边界层以外的区域，在这个区域内，流体的黏性力可以忽略，惯性力起主导作用，流体做理想流体的无旋流动，流速保持原有的势流速度，故这一层称为势流区或主流区。虽然物体壁面附近流速的梯度很大，但离开壁面稍远的地方，流体速度梯度迅速变小，因此，很难确定流速为 u_∞ 的边界层的边界。为此，把速度等于 $0.99 u_\infty$ 处作为两个区域间的分界，即当流体的速度达到来流速度的99%处的离壁距离为"边界层厚度 δ"。通常情况下，流动边界层厚度很薄，例如20℃时的空气以 u_∞ 为10m/s的速度外掠平板，在平板的前缘100mm和200mm处的边界层厚度约为1.8mm和2.5mm，这说明边界层厚度相对于壁面尺寸是一个很小的数。边界层内是流体黏性起作用的区域，流体运动规律可以用黏性流体运动微分方程式描述，而在主流区，因速度梯度为零，黏性剪切应力为零，则可以视为无黏性的理想流体，流体运动规律可以使用欧拉方程描述。

根据实验结果可知，与管内流动一样，边界层内也存在着层流和紊流两种流动状态，若全部边界层内部都是层流，称为层流边界层；若在边界层起始部分内是层流，而在其余部分内是紊流，称为混合边界层，如图4-18所示，在层流变为紊流之间还有一过渡区。

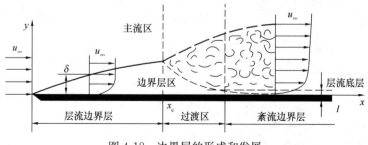

图4-18 边界层的形成和发展

在紊流边界层内紧靠壁面处也有一层极薄的层流底层。

判别边界层的层流和紊流的准则数仍为雷诺数，但雷诺数中的特征尺寸用离前缘点的距离 x 表示，特征速度取来流速度 u_∞，即 $Re_x = \dfrac{u_\infty x}{\nu}$。对平板的边界层，层流转变为紊流的临界雷诺数为 $Re_x = 5 \times 10^5 \sim 3 \times 10^6$。临界雷诺数的大小与物体壁面的粗糙度、层外流体的紊流度等因素有关。增加壁面粗糙度或层外流体的紊流度都会降低临界雷诺数的数值，使层流边界层提前转变为紊流边界层。

2. 边界层的基本特征

(1) 与物体的特征长度相比，边界层的厚度很小，即 $\delta \ll x$。

(2) 边界层内沿厚度方向，存在很大的速度梯度。

(3) 边界层厚度沿流体流动方向是增加的，由于边界层内流体质点受到黏性力的作用，流动速度降低，所以要达到外部势流速度，边界层厚度必然逐渐增加。

(4) 由于边界层很薄，可以近似认为边界层中各断面上的压强等于同一断面上边界层外边界上的压强值。

(5) 在边界层内，黏性力与惯性力同一数量级。

(6) 边界层内的流态，也有层流和紊流两种流态。

3. 曲面边界层分离现象

如前所述，当黏性流体纵向流过平板时，尽管在边界层内沿平板方向的流体的速度不相同，但在边界层外区域沿平板方向的速度却是相同的，而且边界层内外的压强都保持不变。但是，当黏性流体流经曲面物体时，边界层外边界上沿曲面方向的速度是改变的，所以曲面边界层内的压强也将同样发生变化，对边界层内的流动将产生影响。当流体绕流非流线型物体时，一般会出现下列现象：物面上的边界层在某个位置开始脱离物体表面，并在物体表面附近出现与主流方向相反的回流，流体力学中称这种现象为边界层分离现象，如图 4-19 所示。

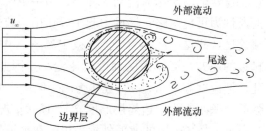

图 4-19 圆柱的绕流和流动的分离

现以不可压缩流体绕流圆柱体为例，从边界层内流动的物理过程说明曲面边界层的分离现象。如图 4-20 所示，当黏性流体绕圆柱体流动时，在圆柱体前驻点 A 处流速为零，该处尚未形成边界层，即边界层厚度为零。随着流体沿圆柱体表面上下两侧绕流，边界层厚度逐渐增大。边界层外的流体可近似地看作理想流体，理想流体绕流圆柱体时，在圆柱体前半部速度逐渐增加，压强逐渐减小，是加速流。当流到圆柱体最高点 B 时速度最大，压强最小。到圆柱体的后半部速度逐渐减小，压强逐渐增加，形成减速流。由于边界层内各断面上的压强近似地等于同一断面上边界层外边界上的流体压强，所以，在

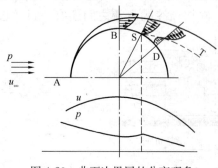

图 4-20 曲面边界层的分离现象

圆柱体前半部边界层内的流动是降压加速，而在圆柱体后半部边界层内的流动是升压减速。因此，在边界层内的流体质点除了受到摩擦阻力的作用外，还受到流动方向上压强差的作用。在圆柱体前半部边界层内的流体质点受到摩擦阻滞逐渐减速，不断消耗动能。但由于压强沿流动方向逐渐降低，使流体质点得到部分增速，也就是说流体的部分压强能转变为动能，从而抵消一部分因摩擦阻滞作用而消耗的动能，以维持流体在边界层内继续向前流动。

但当流体绕过圆柱体最高点 B 流到后半部时，压强增加，速度减小，更促使边界层内流体质点的减速，从而使动能消耗更大。当达到 S 点时，近壁处流体质点的动能已被消耗完尽，流体质点不能再继续向前运动，于是一部分流体质点在 S 点停滞下来，过 S 点以后，压强继续增加，在压强差的作用下，除了壁上的流体质点速度仍等于零外，近壁处的流体质点开始倒退。接踵而来的流体质点在近壁处都同样被迫停滞和倒退，以致越来越多的被阻滞的流体在短时间内在圆柱体表面和主流之间堆积起来，使边界层剧烈增厚，边界层内流体质点的倒流迅速扩展，而边界层外的主流继续向前流动，这样在这个区域内以 ST 线为界，如图 4-20 所示，在 ST 线内是倒流，在 ST 线外是向前的主流，两者流动方向相反，从而形成旋涡。使流体不再贴着圆柱体表面流动，而从表面曲面边界层分离现象离出来，造成边界层分离，S 点称为分离点。形成的旋涡，不断地被主流带走，在圆柱体后面产生一个尾涡区。尾涡区内的旋涡不断地消耗有用的机械能，使该区中的压强降低，即小于圆柱体前和尾涡区外面的压强，从而在圆柱体前后产生了压强差，形成了压差阻力。压差阻力的大小与物体的形状有很大关系，所以又称为形状阻力。

4.6.2 绕流阻力

在自然界中，存在着大量流体绕流物体的流动问题，例如：河水流过桥墩，晨雾中水滴在空气中下落等。流体的绕流运动可以有很多种方式，或者流体绕静止的物体运动，或者物体在静止的流体中运动，或者二者兼有，但是不管是哪一种方式，我们都把坐标固定在物体上，把物体看作是静止的，来讨论流体相对与物体的运动。因此，所有的绕流运动都可以看作是同一种类型的绕流问题。

黏性流体以速度 u_∞ 绕物体流动时，物体一定受到流体的压强和切向应力的作用，这些力的合力一般可分解为与来流方向一致的作用力 D 和铅直于来流方向的升力 L。由于 D 与物体运动方向相反，起着阻碍物体运动的作用，所以称为阻力，如图 4-21 所示。绕流物体的阻力由两部分组成：一部分是由于流体的黏性在物体表面上作用着切向应力，由此切向应力所形成的摩擦阻力；另一部分是由于边界层分离，物体前后

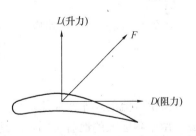

图 4-21 钝体的绕流阻力

形成压强差而产生的压差阻力。摩擦阻力和压差阻力之和统称为物体阻力。对于圆柱体和球体等钝头体，压差阻力比摩擦阻力要大得多；而流体纵向流过平板时一般只有摩擦阻力。虽然物体阻力的形成过程，从物理观点看完全清楚，但是要从理论上来确定一个任意形状物体的阻力，至今还是十分困难的，目前还只能在风洞中用实验方法测得，这种实验称为风洞实验。

通过实验分析可以得出,物体阻力与来流的流速水头 $\frac{1}{2}\rho u_\infty^2$ 和物体在铅直于来流方向的截面积 A 的乘积成正比,即 $D = C_D \frac{1}{2}\rho u_\infty^2 A$。为了便于比较各种形状物体的阻力,工程上引用无因次阻力系数 C_D 来表达物体阻力的大小,其公式为 $C_D = \dfrac{F_D}{\frac{1}{2}\rho u_\infty^2 A}$。以无限长圆柱体为例,当 $Re \leqslant 1$ 时,C_D 与 Re 成反比。这时边界层没有分离,只有摩擦阻力。雷诺数 Re 从 2 增加到 40 左右时,边界层发生分离,压差阻力在总的物体阻力中的比例逐渐增大。$Re \approx 60$ 时,开始形成卡门涡街,压差阻力占总阻力近 90%。在 $Re \approx 2000$ 时,C_D 达到最小值,约等于 0.9。在 $Re \approx 3 \times 10^4$ 时,C_D 逐渐上升到 1.2。这是由于尾涡区中的紊流增强,另外也由于边界层分离点逐渐向前移动的结果,这时差不多全部物体阻力都是由压差阻力造成的。在 $Re \approx 2 \times 10^5$ 时,层流边界层变成紊流边界层,这时,由于紊流边界层内流体质点相互掺混,发生强大的动量交换,以致承受压强增高的能力比层流边界层变强,使分离点向后移动一大段。尾涡区大大变窄,从而使阻力系数显著降低,即从 $Re \approx 2 \times 10^5$ 到 $Re \approx 5 \times 10^5$ 一段,C_D 从 1.2 急剧下降到 0.3。

4.7 建筑物的风荷载及风致响应

随着世界综合经济实力的提高和先进科学技术的产生与应用,建筑物的高度和大型桥梁的跨度不断地刷新纪录。高层建筑和大型桥梁属于高柔性建筑。高柔性建筑对风敏感,世界上曾发生过多起因风而引起的高层建筑或桥梁垮塌、损坏的事件。例如 1926 年 9 月美国迈阿密 17 层钢框架建筑麦芽喀萨大楼在台风袭击后发生塑性变形,顶部水平残余位移竟达 0.61m,至于建筑物的附属结构如玻璃幕墙等被风损坏的事故更是比比皆是。因此,风荷载是高柔性结构的主要设计荷载,合理地进行结构抗风设计(包括荷载、内力、位移、加速度等)是保证高层结构安全的重要因素。本书限于篇幅仅简单介绍关于建筑物的风荷载和风致响应的一些基本概念,更深入的知识,读者可查阅有关专著或文献。

4.7.1 风压和风致响应

风的强度通常称为风力,一般用风速或风压表示。风速与风压的关系由下式确定:

$$w = \frac{1}{2}\rho v^2 \tag{4-33}$$

自由气流的风速或风压,由于各地地理环境不同,因而具有不同的值。即使在同一地域,由于各区域的地貌不同,风速或风压值也会有所差异,而且高度不同,风速或风压也会有很大变化。为了满足设计计算的需要,必须规定一标准地貌、高度等条件下的风速或风压。基本风速或基本风压是抗风设计计算中必须具有的基本数据。

基本风速 v_0 或风压 w_0 通常按以下 6 个条件来定义:

(1) 标准高度:不同国家对标准高度的规定不同,我国对房屋建筑类统一取 10m 为标准高度。

(2) 标准地貌:大多数国家规定标准地貌指空旷平坦地区。

(3) 平均风速的时距：风速随时间不断变化，通常取一规定时间内的平均风速作为计算标准。我国取平均风速时距为 10min。

(4) 最大风速的样本：由于气候具有重复性，我国与大多数国家一样取年最大风速为统计样本。

(5) 最大风速的重现期：基本风速值选取的标准是，大于该值的设计风速是间隔一定时期后再出现的，这个间隔的时期称为重现期。假设某建筑的重现期为 T_0 年，通常称为 T_0 年一遇。我国荷载规范规定，一般结构的重现期为 30 年，高层建筑或高耸结构的重现期为 50 年，对于特别重要和有特殊要求的高层建筑和高耸结构重现期取 100 年。

(6) 最大风速的概率分布或概率密度曲线：为了求出设计最大风速值，必须确定重现期，因而需要知道最大风速的概率分布函数 $P(x)$ 或概率密度函数 $p(x)$。概率分布函数通称为线型。我国规范规定最大风速的统计曲线取极值 I 型分布曲线，其概率分布函数为：

$$P(x) = \exp\{-\exp[-\alpha(x-\mu)]\} \tag{4-34}$$

$P(x)$ 的导数为概率密度函数 $p(x)$。式（4-34）括号中 α、μ 与统计平均值 $\overline{x}$ 和均方差 σ_x 的关系为：

$$\alpha = \frac{1.28255}{\sigma_x} \tag{4-35}$$

$$\mu = \overline{x} - 0.45005\sigma_x \tag{4-36}$$

自由气流的风速或风压作用在不同的建筑结构上会产生不同的作用值。作用在建筑结构上的风力一般可表示为顺风向风力、横风向风力和扭力矩。结构在上述三种力的作用下，可以发生以下三种类型的响应：

(1) 顺风向弯剪振动或弯扭耦合振动

在顺风向风力作用下，建筑物将产生顺风向的振动。对于高层结构来说，振动一般为弯曲型、剪切型或弯剪型。当存在扭力矩时，建筑物将产生顺风向和扭矩方向的弯扭耦合振动。

(2) 横风向风力下涡激振动

当风吹过建筑物时，在建筑物的后部会产生漩涡。当漩涡不对称脱落时，可在建筑物上产生横风向作用力，从而诱发建筑物的横风向涡激振动现象。当漩涡的脱落频率接近结构本身的某一固有振动频率时，可发生共振现象。这种现象对建筑物具有极大的破坏性，在进行建筑物的抗风计算时必须予以格外的重视。

(3) 空气动力失稳（驰振、颤振）

具有某些截面形式的建筑物在具有攻角的顺风向和横风向荷载作用下，风力可能产生出负阻尼效应的力。如果结构阻尼力小于上述力，则结构将处于总体负阻尼效应中，结构物的振动将随时间的增加而不断增长，从而导致结构的破坏。这种现象称为空气动力失稳。在风工程中，通常称为驰振或颤振。空气动力失稳是工程上必须避免发生的一类振动现象。

4.7.2 顺风向的等效风荷载

分析大量风的实测资料得出，风包含平均风和阵风两种成分。平均风对建筑物的作用相当于静力，因而只要结合考虑建筑物的高度、体型、布置、部位等因素把风压折合为结构风压直接作用在结构上即可。高度对风压的影响用风压高度变化系数 μ_z 修正，建筑物的体型、布置和部位等因素对风压的影响用风压体型系数 μ_s 修正。平均风压 w_p 的计算公式为：

$$w_p = \mu_s \mu_z w_0 = \frac{1}{2}\mu_s \mu_z \rho v_0^2 \tag{4-37}$$

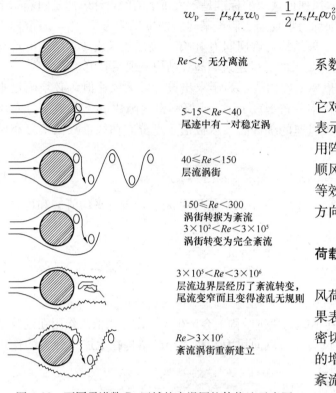

图 4-22 不同雷诺数 Re 区域的光滑圆柱体绕流示意图

风压高度变化系数和风压体型系数的值可查阅相关的资料。

阵风也会引起建筑物的振动，它对建筑物的作用可用等效风压来表示。阵风等效风压 w_d 的计算可采用阵风因子法或谱方法。结构上的顺风向等效风荷载应为平均风压和等效风压的叠加，即 $w_z = w_p + w_d$，方向垂直于结构表面。

4.7.3 横风向涡激振动等效风荷载

横风向风荷载一般是与顺风向风荷载同时存在的风荷载。实验结果表明，绕圆柱体的流动情况与 Re 密切相关。如图 4-22 所示，随 Re 的增加，绕圆柱体的流动从层流到紊流并出现旋涡脱落。按照 Re 的范围，流动大体可分成 3 个区域：

(1) $3 \times 10^2 < Re < 3 \times 10^5$，称为亚临界区，形成交替脱落的旋涡，有明显的主频率；

(2) $3 \times 10^5 < Re < 3 \times 10^6$，称为超临界区，旋涡脱落是随机的，无主频率；

(3) $Re > 3 \times 10^6$，称为过临界区，此时，旋涡又逐步有规则起来。

周期振动可以诱发共振现象。在亚临界区，风速低，激振力小，即使发生共振也不致对建筑物产生严重的破坏效果，载荷计算中通常不予考虑。而发生在过临界区的共振由于风速极大或已达到设计值，因而共振的振幅极大，对建筑物的破坏力极强，必须予以高度注意。共振临界风速由斯特劳哈尔数确定。实验表明，过临界区的斯特劳哈尔数 St 为 0.2，对应的临界流速 v_c 为：

$$v_c = \frac{D}{T_i St} = \frac{5D}{T_i} \tag{4-38}$$

式中，T_i 为漩涡脱落周期。由于结构顶点处的风速 v_H 最大，因此只有 $v_c < v_H$ 时，建筑物才可能发生共振。与临界风速 v_c 对应的高度称为共振区起点高度，该高度以上一般均为共振区，其作用风速为 v_c，作用风压为 $w_c = \frac{1}{2}\rho v_c^2$。

4.7.4 建筑物的空气动力失稳

建筑物在风力作用下必然产生响应。通常情况下，由于建筑物结构阻尼的存在，响应达到最大值后即开始逐渐衰减，从而形成阻尼振动。但在某些情况下，风力中会产生负阻尼成分。如果风速达到某一临界值时，负阻尼超过建筑结构本身的正阻尼，建筑结构处于总体负阻尼状态，建筑结构的振幅将持续增大，直至结构破坏，从而产生空气动力失稳效应。负阻尼超过结构本身正阻尼的风速称为临界风速。产生空气动力失稳效应的临界风速的计算公式可查阅有关风工程的资料。

本 章 小 结

本章的主要内容：流体流动的两种形态（层流和紊流）的特点、不可压缩恒定均匀圆管层流的流动特征、紊流的特点和圆管紊流的流动特征、沿程水头损失和局部水头损失及其物理意义、确定沿程阻力系数和局部阻力系数的方法、边界层的概念和特点、流动的分离和绕流阻力、建筑物的风荷载及风致响应。

本章的基本要求：理解流动两种形态（层流和紊流）的特点，理解紊流的流动特征，掌握判别圆管中流体由层流转变到紊流流态的临界雷诺数，掌握圆管层流和圆管紊流的流动特征，熟练掌握沿程水头损失和局部水头损失公式，掌握确定沿程阻力系数的尼古拉兹曲线和确定局部阻力系数的理论方法，了解边界层的概念、绕流阻力、建筑物的风荷载及风致响应。

本章的学习重点：层流和紊流的特征、沿程水头损失和局部水头损失公式和物理意义、沿程阻力系数和局部阻力系数的计算方法。

本章学习的难点：紊流特点、圆管层流和圆管紊流的流动特征、沿程阻力系数和局部阻力系数的计算方法，边界层的概念和绕流阻力、建筑物的风荷载及风致响应。

思 考 题

1. 雷诺数与哪些因数有关？其物理意义是什么？当管道内流体流量一定时，随管径的加大，雷诺数是增大还是减小？
2. 为什么用下临界雷诺数而不用上临界雷诺数作为层流与紊流的判别准则？
3. 层流圆管中切应力如何分布？
4. 如何确定圆管层流和紊流的沿程阻力系数？
5. 紊流时的切应力有哪两种形式？它们各与哪些因素有关？各主要作用在管流内哪些区域？
6. 紊流研究中为什么要引入时均化的概念？
7. 瞬时流速、脉动流速、时均流速和断面平均流速的定义及其关系如何？
8. 圆管内部层流和紊流流速如何分布？
9. 圆管层流和紊流的特点是什么？如何判别？
10. 管径突变的管道，当其他条件相同时，若改变流向，在突变处所产生的局部水头损失是否相等？为什么？
11. 突扩管和突缩管的局部阻力系数与哪些因素有关？选用时应注意什么？
12. 如何减小局部水头损失？
13. 水头损失有几种形式？产生水头损失的物理原因是什么？

14. 根据 λ 与 Δ/d、Re 的关系，尼古拉兹曲线将整个流区分为哪五个区？每个区中 λ 与 Δ/d、Re 的关系如何？

习　题

4-1　管道直径 $d=100$mm，输送水的流量 $Q=0.01\text{m}^3/\text{s}$，水的运动黏度 $\nu=1\times10^{-6}\text{m}^2/\text{s}$，求水在管中的流动状态？若输送黏度 $\nu=1.14\times10^{-4}\text{m}^2/\text{s}$ 的石油，保持前一种情况下的流速不变，流动又是什么状态？

4-2　温度 $t=15℃$、运动黏度 $\nu=1.14\times10^{-6}\text{m}^2/\text{s}$ 的水，在直径 $d=2\text{m}$ 的管中流动，测得流速 $v=8\text{cm/s}$，问水流处于什么状态？如要改变其运动的流态，可以采取哪些办法？

4-3　圆管直径 $d=200$mm，管长 $l=1000$m，输送运动黏度 $\nu=1.6\text{cm}^2/\text{s}$ 的石油，流量 $Q=144\text{m}^3/\text{h}$，求沿程损失。

4-4　如图 4-23 所示，水流通过水平短管从水箱中排水至大气中，管路直径 $d_1=50$mm，$d_2=70$mm，$H=16$m，阀门阻力系数 $\zeta_{阀门}=4.0$，只计局部损失，不计沿程损失，并认为水箱容积足够大，试求通过此水平短管的流量。

4-5　图 4-24 所示为水箱出流装置，已知：管道管径为 d、长度为 l、管道出口与水箱中液面的铅直高度为 H、管道沿程阻力系数为 λ、水流进入管道入口处的局部阻力系数为 $\zeta_{进口}$、阀门的局部阻力系数为 $\zeta_{阀门}$。求：管道流通能力 Q。

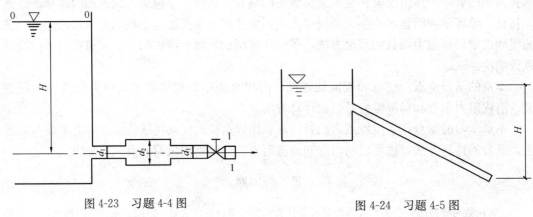

图 4-23　习题 4-4 图　　　　　图 4-24　习题 4-5 图

4-6　水从水箱流入一管径不同的管道，管道连接情况如图 4-25 所示，已知：$d_1=150$mm，$l_1=25$m，$\lambda_1=0.037$，$d_2=125$mm，$l_2=10$m，$\lambda_2=0.039$，$\zeta_{阀口}=0.5$，$\zeta_{收缩}=0.15$，$\zeta_{阀门}=2.0$（以上 ζ 值均采用发生局部水头损失后的流速），当管道输水流量为 25L/s 时，求所需要的水头 H。

4-7　为测定 90°弯头的局部阻力系数，在 A、B 两断面接测压管，流体由 A 流至 B，如图 4-26 所示。已知管径 $d=50$mm，AB 段长度 $L_{AB}=0.8$m，流量 $Q=15\text{m}^3/\text{h}$，沿程阻力

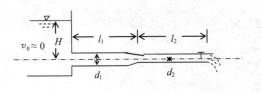

图 4-25　习题 4-6 图

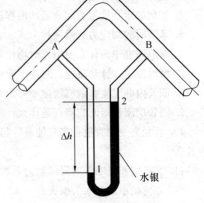

图 4-26　习题 4-7 图

系数 $\lambda=0.0285$，两测压管中的水柱高度差 $\Delta h=20\text{mm}$，求弯头的局部阻力系数 ξ。

4-8 已知油的密度 $\rho=850\text{kg/m}^3$，黏度 $\mu=0.06\text{Pa·s}$，在连接两容器的光滑管中流动，如图 4-27 所示。已知 $H=3\text{m}$。当计及沿程和局部损失时，求：(1) 管内的流量为多少？(2) 在管路中安一阀门，当调整阀门使得管内流量减小到原来的一半时，问阀门的局部阻力系数等于多少？（水力光滑流动时，$\lambda=0.3164/Re^{0.25}$）。

4-9 应用细管式黏度计测定油的黏度，如图 4-28 所示，已知长度 $l=2\text{m}$、直径 $d=6\text{mm}$，油的流量 $Q=77\text{cm}^3/\text{s}$，水银压差计的读数 $\Delta h=30\text{cm}$，油的密度 900kg/m^3。试求油的运动黏度和动力黏度。

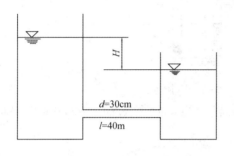

图 4-27 习题 4-8 图

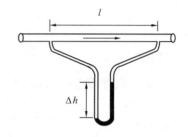

图 4-28 习题 4-9 图

4-10 水箱中的水通过铅直管道向大气出流，设水箱水深为 H，管道直径为 d，长度为 l，沿程阻力系数为 λ，局部阻力系数为 ζ，如图 4-29 所示。

试求：(1) 在什么条件下管道的流量 Q 不随管长 l 而变？
(2) 什么条件下管道的流量 Q 随管长 l 的加大而增加？
(3) 什么条件下管道的流量 Q 随管长 l 的加大而减小？

4-11 锅炉省煤器的进口断面负压水柱 $H_1=10.5\text{mm}$，出口断面负压水柱 $H_2=20\text{mm}$，两断面高差 $H=5\text{m}$，烟气密度 $\rho_1=0.6\text{kg/m}^3$，炉外空气密度 $\rho_2=1.2\text{kg/m}^3$，如图 4-30 所示。试求省煤器的压强损失。

4-12 如图 4-31 所示的虹吸管泄水，已知断面 1-1 和断面 2-2 之间及断面 2-2 和断面 3-3 间的水头损失分别为 $h_{w1,2}=0.6v^2/(2g)$ 和 $h_{w2,3}=0.5v^2/(2g)$，试求断面 2-2 的平均压强。

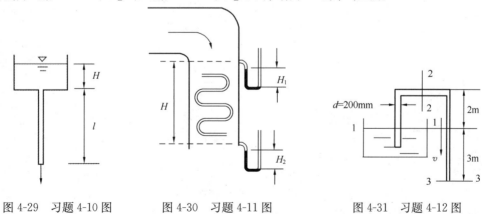

图 4-29 习题 4-10 图　　图 4-30 习题 4-11 图　　图 4-31 习题 4-12 图

4-13 油在管中以 $v=1\text{m/s}$ 的速度流动，如图 4-32 所示。油的密度为 $\rho=920\text{kg/m}^3$，$L=3\text{m}$，$d=25\text{mm}$，水银压差计测得 $h=9\text{cm}$。圆管过流断面上的流速分布为 $u=\dfrac{\gamma J}{4\mu}(r_0^2-r^2)$，水银密度 $\gamma_{\text{Hg}}=133.28\times10^3\text{ N/m}^3$。试求：(1) 油在管中流动的流态；(2) 油的运动黏度 ν；(3) 若流体以相同的平均

流速进行反向流动,压强计的读数有何变化?

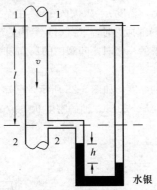

图 4-32 习题 4-13 图

4-14 求证当流体在圆管中作层流运动时,层流沿程损失和平均速度的一次方成正比,即求证 $h_\mathrm{f} = \frac{32\mu vl}{\gamma d^2}$。

第5章 孔口、管嘴和有压管流

前面章节介绍了流体运动的基本规律，本章应用流体力学基本原理，结合具体流动条件，研究孔口、管嘴及管路的流动，得出孔口、管嘴出流和有压管道流动的基本公式，可以通过对短管（孔口）到长管的讨论，更好地理解和掌握这一类流动现象计算的原理和他们之间的区别与联系。

在实际工程中，这几种流动也是常见的问题，如给水排水工程中各类取水、泄水闸孔，以及某些量测流量设备均属孔口；水流经过路基下的有压涵管、水坝中泄水管等水力现象与管嘴出流类似，还有消防水枪和水力机械化施工用水枪都是管嘴的应用；有压管道则是一切生产、生活输水系统的重要组成部分。此外，研究这几种流动对供热通风及燃气工程也具有很大的实际意义，如自然通风中空气通过门窗的流量计算，供热管道中节流孔板的计算，工程上各种管道系统的计算，都需要掌握这方面的规律及计算方法。

5.1 薄壁孔口出流

5.1.1 孔口出流的概述

在容器壁上开一形状规则的孔，当孔口具有锐缘，出流的水股与孔口只有周线上的接触且孔口直径 $d<0.1H$，称为薄壁小孔口，如图 5-1 所示。当孔口泄流后，容器内的液体得到不断的补充，保持水头 H 不变，称为恒定出流。

1. 根据 d/H 的比值大小可分为：大孔口、小孔口

一般来说，孔口上下缘在水面下深度不同，经过孔口上部和下部的出流情况也不相同。但是，当孔口直径 d（或高度 e）与孔口形心以上的水头高 H 相比很小时，就认为孔口断面上各点水头相等，而忽略其差异。因此，根据 d/H 的比值大小将孔口分为大孔口与小孔口两类。

大孔口：当孔口直径 d（或高度 e）与孔口形心以上的水头高 H 的比值大于 0.1，即 $d/H>0.1$ 时，需考虑在孔口射流断面上各点的水头、压强、速度沿孔口高度的变化，这时的孔口称为大孔口。

小孔口：当孔口直径 d（或高度 e）与孔口形心以上的水头高度 H 的比值小于 0.1，即 $d/H<0.1$ 时，可认为孔口射流断面上的各点流速相等，且各点水头亦相等，这时的孔口称为小孔口。

2. 根据出流条件的不同，可分为自由出流和淹没出流

自由出流：若经孔口流出的水流直接进入空气中，

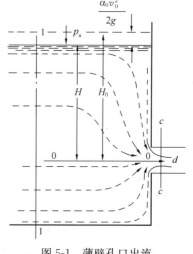

图 5-1 薄壁孔口出流

此时收缩断面的压强可认为是大气压强，即 $p_c = p_a$，则该孔口出流称为孔口自由出流。

淹没出流：若经孔口流出的水流不是进入空气，而是流入下游水体中，致使孔口淹没在下游水面之下，这种情况称为淹没出流。

3. 根据孔口水头变化情况，出流可分为恒定出流和非恒定出流

恒定出流：当孔口出流时，水箱中水量如能得到源源不断的补充，从而使孔口的水头不变，此时的出流称为恒定出流。本节将着重讨论薄壁小孔口恒定出流。

非恒定出流：当孔口出流时，水箱中水量得不到补充，则孔口的水头不断变化，此时的出流称为非恒定出流。

5.1.2 小孔口的自由出流

如图 5-1 所示，从孔口流出的水流进入大气，称自由出流。孔口中心的水压计保持不变，由于孔径较小，认为孔口各处的水头都为 H，水流由各个方向向孔口集中射出，在惯性的作用下，流线不能成折角地改变方向，只能光滑、连续地弯曲，因此在孔口断面上各流线并不平行，使水流在出孔后继续收缩，直至距孔口约为 $d/2$ 处收缩完毕，形成断面最小的收缩断面，流线在此趋于平行，然后扩散，c-c 称为收缩断面。这类问题主要是求出流量。

为推导孔口出流的关系式，选过孔口中心的水平面 0-0 为基准面，写出上游符合缓变流的 1-1 断面及收缩断面 c-c 的能量方程：

$$H + \frac{\alpha_0 v_0^2}{2g} = 0 + \frac{p_c}{\gamma} + \frac{\alpha_c v_c^2}{2g} + h_w$$

c-c 断面的水流与大气接触，故 $p_c = p_a = 0$。若只计流经孔口的局部，即

$$h_w = h_j = \zeta_0 \frac{v_c^2}{2g}$$

其中 v_c 为收缩断面的平均流速。

令 $H_0 = H + \frac{\alpha v_0^2}{2g}$，$H_0$ 称为有效水头或全水头，$\frac{\alpha v_0^2}{2g}$ 称为行近流速水头，并取 $a_c = 1.0$，于是可改写为：

$$H_0 = (1 + \zeta_0) \frac{v_c^2}{2g}$$

$$v_c = \frac{1}{\sqrt{1 + \zeta_0}} \sqrt{2gH_0}$$

式中　ζ_0 ——流经孔口的局部阻力系数。

设 $\varphi = \frac{1}{\sqrt{1 + \zeta_0}}$，$\varphi$ 为流速系数，那么

$$v_c = \varphi \sqrt{2gH_0} \tag{5-1}$$

设孔口的面积为 A，收缩断面的面积为 A_c，则 $\frac{A_c}{A} = \varepsilon < 1$。式中，$\varepsilon$ 为收缩系数。

于是孔口的出流量为：

$$Q = v_c A_c = \varphi \varepsilon A \sqrt{2gH_0} = \mu A \sqrt{2gH_0} \tag{5-2}$$

式中，$\mu = \varepsilon \varphi$ 为孔口出流的流量系数。

式（5-2）即为小孔口自由出流的流量公式。μ 为孔口的流量系数，$\mu=\varepsilon\varphi$。对薄壁小孔口 $\mu=0.60\sim0.62$。

5.1.3 小孔口的淹没出流

如图 5-2 所示，出孔水流淹没在下游水面之下，这种情况称为淹没出流。同自由出流一样，水流经孔口，由于惯性作用，孔后形成收缩断面，然后扩散。

选通过孔口形心的水平面为基准面，取符合渐变流条件的 1—1，断面 2—2 断面列能量方程：

$$H_1+\frac{p_1}{\gamma}+\frac{\alpha_1 v_1^2}{2g}=H_2+\frac{p_2}{\gamma}+\frac{\alpha_2 v_2^2}{2g}+\zeta_0\frac{v_c^2}{2g}+\zeta_{se}\frac{v_c^2}{2g}$$

或令

$$H_0=H+\frac{\alpha_1 v_1^2}{2g}-\frac{\alpha_2 v_2^2}{2g}$$

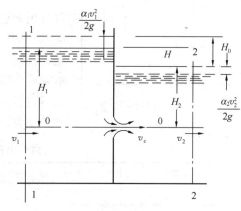

图 5-2 孔口淹没出流

式中 ζ_0——孔口的局部阻力系数；

ζ_{se}——收缩断面突然扩大的局部阻力系数，$\zeta_{se}\approx1$；

H——孔口上、下游水面的高差。

当孔口两侧容器较大，即 $v_1\approx v_2\approx 0$ 时，将 $H_0=H$ 代入上式，得：

$$H_0=(\zeta_0+1)\frac{v_c^2}{2g}$$

经过整理得收缩断面流速：

$$v_c=\frac{1}{\sqrt{1+\zeta_0}}\sqrt{2gH_0}=\varphi\sqrt{2gH_0} \tag{5-3}$$

则流量的计算公式为：

$$Q=\varphi A\sqrt{2gH_0}=\mu A\sqrt{2gH_0} \tag{5-4}$$

比较式（5-1）与式（5-3），可见两式的形式完全相同，流速系数亦同。但应注意，在自由出流时孔口的水头 H 是水面至孔口形心的深度，而在淹没出流时孔口的水头 H 则是孔口上、下游的水面高差。因此，孔口淹没出流的流速和流量均与孔口的淹没深度无关，也无大、小孔口的区别。

5.1.4 影响流量系数的因素

流速系数 φ 和流量系数 μ 值，取决于局部阻力系数 ζ_0 和收缩系数 ε。局部阻力系数及收缩系数都与雷诺数 Re 及边界条件有关，而当 Re 较大，流动在阻力平方区时，与 Re 无关。因为工程中经常遇到的孔口出流问题，Re 都足够大，可认为 φ 及 μ 不再随 Re 变化。因此，下面只分析边界条件的影响。在边界条件中，影响 μ 的因素有孔口形状、孔口边缘情况和孔口在壁面上的位置 3 个方面。

1. 孔口形状对 μ 的影响

实验证明：对于小孔口，不同形状孔口的流量系数差别不大。

2. 孔口边缘情况对 μ 的影响

孔口边缘情况对收缩系数会有影响，薄壁孔口的收缩系数 ε 最小（ε＝0.64），圆边孔口收缩系数 ε 较大，甚至等于 1。

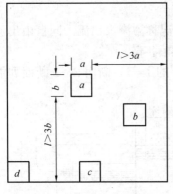

图 5-3　孔口位置对收缩系数的影响

3. 孔口在壁面上的位置对 μ 的影响

孔口在壁面上的位置，对收缩系数 ε 有直接影响。当孔口的全部边界都不与底边和侧边重合时（见图 5-3a、b），其四周流线都发生收缩，这种孔口称为全部收缩孔口。全部收缩孔口又有完善收缩和不完善收缩之分：凡孔口与相邻壁面的距离大于同方向孔口尺寸的 3 倍（$l>3a$ 或 $l>3b$），孔口出流的收缩不受距壁面远近的影响，这是完善收缩（见图 5-3a），否则是不完善收缩（见图 5-3b）。不完善收缩孔口的流量系数 μ_{nc} 大于完善收缩的流量系数 μ，可按经验公式估算。根据实验资料，薄壁小孔口在全部、完善收缩情况下，各项系数值列于表 5-1 中。

薄壁小孔口各项系数　　　　　　　　　　　表 5-1

收缩系数 ε	阻力系数 ζ	流速系数 φ	流量系数 μ
0.64	0.06	0.97	0.62

大孔口可看作由许多小孔口组成。工程实际表明，小孔口的流量计算公式也适用于大孔口，式中 H_0 应为大孔口形心的水头，其流量系数 μ 值因收缩系数较小，因而流量系数亦较大，如：水利工程上的闸孔可按大孔口计算。

5.2　管　嘴　出　流

在孔口周界上接一长度 $l\approx(3\sim4)d$ 的短管，流体经短管流出，这样的流动称管嘴出流，如图 5-4 所示。水流进入管嘴后，同样形成收缩，并在收缩断面 c-c 处主流与管壁分离，形成旋涡区；然后又逐渐扩大，在管嘴出口断面上，水流充满整个断面流出。

5.2.1　管嘴出流的过流能力

设水箱的水面压强为大气压强，管嘴为自由出流，对水箱中符合渐变流条件的过水断面 1-1 和管嘴出口断面 b-b 列能量方程，即：

$$H+\frac{\alpha_0 v_0^2}{2g}=\frac{\alpha v^2}{2g}+h_w$$

式中，h_w 为管嘴的水头损失，等于进口损失与收缩断面后的扩大损失之和（忽略管嘴沿程水头损失），相当于管道锐缘进口的损失情况，即：

$$h_w=\zeta_n\frac{v^2}{2g}$$

令

$$H_0=H+\frac{\alpha_0 v_0^2}{2g}$$

将上述两式代入原方程，并解 v，得：

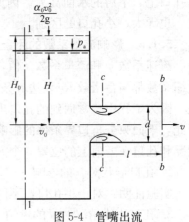

图 5-4　管嘴出流

管嘴出口速度为：$v = \dfrac{1}{\sqrt{\alpha+\zeta_n}}\sqrt{2gH_0} = \varphi_n\sqrt{2gH_0}$ (5-5)

管嘴流量：$Q = \varphi_n A\sqrt{2gH_0} = \mu_n A\sqrt{2gH_0}$ (5-6)

式中　ξ_n——管嘴阻力系数，即管道锐缘进口局部阻力系数，$\xi_n = 0.5$；

　　　φ_n——管嘴流速系数，$\varphi_n = \dfrac{1}{\sqrt{\alpha+\zeta_n}} \approx \dfrac{1}{\sqrt{1+0.5}} = 0.82$；

　　　μ_n——管嘴流量系数，因出口无收缩 $\mu_n = \varphi_n = 0.82$。

比较式（5-4）与式（5-6），两式形式完全相同，然而 $\mu_n = 1.32\mu$。可见在相同条件下，管嘴的过流能力是孔口的 1.32 倍。因此，管嘴常用作泄水管。

【例 5-1】 一隔板将水箱分为 A、B 两格，隔板上有直径 $d_1 = 40\text{mm}$ 的薄壁孔口，如图 5-5 所示，B 箱底部有一直径的圆柱形管嘴，管嘴长 $l = 0.1\text{m}$，A 箱水深 $H_1 = 3\text{m}$ 恒定不变。

(1) 分析出流恒定条件（H_2 不变的条件）。(2) 在恒定出流时，B 箱中水深 H_2 等于多少？(3) 水箱流量 Q_1 为何值？

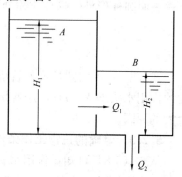

图 5-5　例 5-1 图

【解】 (1) $Q_1 = Q_2$ 时，H_2 恒定不变。

(2) $l = 0.1\text{m} = (3 \sim 4)d_2$，为管嘴出流，$d_1$ 为孔口出流。取 $\mu_1 = 0.6$

$$\mu_1 A_1 \sqrt{2g(H_1 - H_2)} = \mu_2 A_2 \cdot \sqrt{2g(H_2 + l)}$$

$$0.6^2 \cdot A_1^2 \cdot [2g(3 - H_2)] = 0.82^2 A_2^2 [2g(H_2 + 0.1)]$$

$$3 - H_2 = \dfrac{0.82^2 \times A_2^2}{0.6^2 \times A_1^2}(H_2 + 0.1) = \dfrac{0.82^2 \times 0.3^4}{0.6^2 \times 0.4^4}(H_2 + 0.1) = 0.59 \times (H_2 + 0.1)$$

$$3 - 0.059 = H_2(1 + 0.59) = 1.59 H_2$$

所以，$H_2 = 2.941/1.59 = 1.85\text{m}$

(3) $Q_1 = \mu A\sqrt{2g(H_1 - H_2)} = 0.6 \times \dfrac{\pi}{4} \times 0.04^2 \times \sqrt{2g \times 1.15} = 0.358 \times 10^{-2} \text{m}^3/\text{s}$。

5.2.2　管嘴收缩断面的真空

孔口外面加管嘴后，增加了阻力，但是流量反而增加，这是由于收缩断面处真空的作用。参见图 5-4，对收缩断面 c-c 和出口断面 b-b 列能量方程：

$$\dfrac{p_c}{\gamma} + \dfrac{\alpha v_c^2}{2g} = \dfrac{\alpha v^2}{2g} + h_j$$

因

$$v_c = \dfrac{A}{A_c}v = \dfrac{1}{\varepsilon}v$$

局部损失发生在水流扩大上，$h_j = \zeta_{se}\dfrac{v^2}{2g}$。代入上式，得：

$$\dfrac{p_c}{\gamma} = -\dfrac{\alpha v^2}{\varepsilon^2 2g} + \dfrac{\alpha v^2}{2g} + \zeta_{se}\dfrac{v^2}{2g}$$

由于 $v=\varphi\sqrt{2gH_0}$，即 $\dfrac{v^2}{2g}=\varphi^2 H_0$；引用式 $\zeta_{se}=\left(\dfrac{1}{\varepsilon}-1\right)^2$ 后，得：

$$\frac{p_c}{\gamma}=-\left[\frac{\alpha}{\varepsilon^2}-\alpha-\left(\frac{1}{\varepsilon}-1\right)^2\right]\varphi^2 H_0 \tag{5-7}$$

对圆柱形外管嘴：

$$\alpha=1,\varepsilon=0.64,\varphi=0.82$$

代入式（5-7）得：

$$\frac{p_c}{\gamma}=-0.75H_0$$

上式表明圆柱形外管嘴在收缩断面处出现了真空，其真空度为：

$$\frac{p_v}{\gamma}=\frac{-p_c}{\gamma}=0.75H_0 \tag{5-8}$$

式（5-8）说明圆柱形外管嘴收缩断面处真空度可达作用水头的 0.75 倍，相当于把管嘴的作用水头增大 75%，这就是相同直径、相同作用水头下的圆柱形外管嘴的流量比孔口大的原因。

5.2.3 管嘴的正常工作条件

从式（5-8）可知：作用水头 H_0 愈大，收缩断面处的真空度亦愈大。但收缩断面的真空是有限制的，当真空度达 $7mH_2O$ 以上时，由于液体在低于饱和蒸汽压力时会发生汽化，以及空气将会自管嘴出口处吸入，从而收缩断面处的真空被破坏，管嘴不能保持满管出流。因此，对收缩断面真空度的限制，决定了管嘴的作用水头 H_0 有一个极限值，一般取 $H_0=\dfrac{7}{0.75}\approx 9m$。

其次，管嘴的长度也有一定限制。长度过短，水流收缩后来不及扩大到整个管断面而形成孔口出流；长度过长，沿程损失增大，管嘴出流变为短管流动。所以，圆柱形外管嘴的正常工作条件是：

(1) 作用水头 $H_0 \leqslant 9m$；
(2) 管嘴长度 $l=(3\sim 4)d$。

5.2.4 管嘴形式

除圆柱形外管嘴之外，工程上为了增加孔口的泄水能力或为了增加（减少）出口的速度，常采用不同的管嘴形式，如图 5-6 所示。各种管嘴出流的基本公式都和圆柱形外管嘴公式相同。

圆锥形扩张管嘴，如图 5-6（a）所示，可以在收缩断面处形成真空，具有较大的过流能力且出口流速较小。常用于各类引射器和农业灌溉用的人工降雨喷嘴等设备。但扩张角 θ 不能太大，否则形成孔口出流，一般 $\theta=5°\sim 7°$。

圆锥形收缩管嘴，如图 5-6（b）所示，可以产生较大的出口流速。常用于水力挖土等水力机械施工、管道设备清洗、消防水枪的射流灭火等工程。

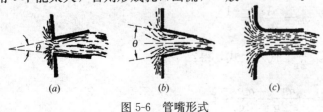

图 5-6 管嘴形式

流线形管嘴，如图 5-6（c）所示，水流在管嘴内无收缩和扩大，局部阻力系数最小，流量系数最大。用于道路工程中的有压涵管、水坝的泄水管、水轮机引水管等。

特殊的专用管嘴，用于满足不同的工程要求。如冷却设备用螺旋形管嘴，在离心作用下使水流在空气中扩散，以加速水的冷却，喷泉的喷嘴做成圆形、矩形、十字形、内空形等，形成不同形状的射流以供观赏。

5.3 有压管道恒定流计算

5.3.1 管流的相关知识

管流是指液体质点完全充满管道横断面的流动，没有自由面存在。管流的特点：（1）断面周界就是湿周，过水断面面积等于横断面面积；（2）断面上各点的压强一般不等于大气压强，故称为有压管道；（3）一般在压力作用下流动。

有压管道是指管道周界上的各点均受到液体压强的作用（均为固体边界）。有压管道恒定流是指有压管中液体的运动要素不随时间而变。

1. 根据出流情况分自由出流和淹没出流

管道出口水流流入大气，水股四周都受大气压强作用，称为自由出流管道。管道出口淹没在水面以下，则称为淹没出流。

2. 根据局部水头损失占沿程水头损失比重的大小，可将管道分为短管和长管

所谓"短管"，是指局部水头损失与流速水头之和所占的比重较大，计算中不能忽略的管路。如果局部水头损失与流速水头之和所占的比重较小，在计算时常常将其按沿程水头损失的某一百分数估算或完全忽略不计的管称为长管。

必须注意，长管和短管不是简单地从管道长度来区分的，而是按局部水头损失和流速水头所占比重大小来划分的。实际计算中，如抽水机的吸水管、虹吸管和穿过路基的倒虹吸管、坝内泄水管等均属短管，短管的水力计算可分为自由出流与淹没出流两种。一般的复杂管道，如给水工程中的给水管，可以按长管计算。根据长管的组合情况，长管水力计算可以分为简单管路、串联管路和并联管路等。短、长管水力计算的基本依据是连续性方程和能量方程。

3. 根据管道的平面布置情况，可将管道系统分为简单管道和复杂管道两大类

简单管道是指管径不变且无分支的管道，水泵的吸水管、虹吸管等都是简单管道的例子。由两根以上管道组成的管道系统称为复杂管道。各种不同直径管道组成的串联管道、并联管道、枝状和环状管网等都是复杂管道的例子。

工程实践中为了输送流体，常常要设置各种有压管道。例如，水电站的压力引水隧洞和压力钢管，水库的有压泄洪洞和泄洪管，供给城镇工业和居民生活用水的各种输水管网系统，灌溉工程中的喷灌、滴灌管道系统，供热、供燃气及通风工程中输送流体的管道等都是有压管道。研究有压管道的问题具有重要的工程实际意义。

有压管道水力计算的主要内容包括：（1）确定管道的输水能力；（2）确定管道直径；（3）确定管道系统所需的总水头；（4）计算沿管线各断面的压强。

5.3.2 短管的水力计算

1. 短管自由出流

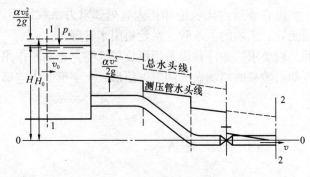

图 5-7 短管自由出流

管路出口水流流入大气，水股四周受大气压作用的情况为自由出流。如图 5-7 所示，设管路长度为 l，管径为 d，另外在管路中还装有两个相同的弯头和一个闸门。以管路出口断面 2-2 的形心所在水平面为基准面，在水池中离管路进口某一距离处取断面 1-1，该处应符合渐变流条件，然后对断面 1-1 和断面 2-2 建立能量方程：

$$H + \frac{\alpha_0 v_0^2}{2g} = 0 + \frac{\alpha v^2}{2g} + h_w \tag{5-9}$$

令

$$H_0 = H + \frac{\alpha_0 v_0^2}{2g}, \quad h_w = h_f + \sum h_j = \lambda \frac{l}{d} \frac{v^2}{2g} + \sum \zeta \frac{v^2}{2g}$$

可得

$$H_0 = \left(\alpha + \lambda \frac{l}{d} + \sum \zeta\right) \frac{v^2}{2g} \tag{5-10}$$

式中　v_0——水池中流速，称为行近流速；

　　　$\sum \zeta$——为管中各局部阻力系数的总和；

　　　H_0——包括行近流速水头在内的水头，亦称作用水头。

式 (5-9) 说明短管水流在自由出流的情况下，它的作用水头 H_0 除了用作克服水流阻力（包括局部和沿程两种水头损失）外，还有一部分变成动能 $\frac{\alpha v^2}{2g}$ 进入大气。

取 $\alpha \approx 1$，得：

$$v = \frac{1}{\sqrt{1 + \sum \lambda \frac{l}{d} + \sum \zeta}} \sqrt{2gH_0} \tag{5-11}$$

和

$$Q = vA = \frac{A}{\sqrt{1 + \lambda \frac{l}{d} + \sum \zeta}} \sqrt{2gH_0} = \mu_c A \sqrt{2gH_0} \tag{5-12}$$

式中　$\mu_c = \dfrac{1}{\sqrt{1 + \sum \lambda \dfrac{l}{d} + \sum \zeta}}$ 是短管自由出流管系的流量系数。如不计行近流速水头，

则：$Q = \mu_c A \sqrt{2gH}$。

2. 短管淹没出流

如果出口水流淹没在水下，称为淹没出流，如图 5-8 所示。

取下游水池水面作为基准面，并在上、下游水池符合渐变流条件处取断面 1-1 和断面 2-2，建立能量方程：

$$H + \frac{\alpha_0 v_0^2}{2g} = 0 + \frac{\alpha v_2^2}{2g} + h_w \tag{5-13}$$

考虑到下游水池的流速比管中流速小很多，通常认为 $v_2 \approx 0$。若令 $H + \dfrac{\alpha_0 v_0^2}{2g} = H_0$ 和

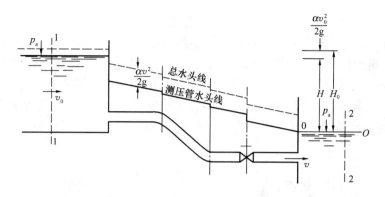

图 5-8 短管淹没出流

$h_w = h_f + \Sigma h_j = \lambda \dfrac{l}{d} \dfrac{v^2}{2g} + \Sigma \zeta \dfrac{v^2}{2g}$,则整理上式得：

$$H_0 = \left(\lambda \dfrac{l}{d} + \Sigma \zeta\right)\dfrac{v^2}{2g} \tag{5-14}$$

式（5-14）说明短管水流在淹没出流的情况下，作用水头 H_0 完全消耗在克服沿程阻力和局部阻力上。

进一步整理得到流速和流量：

$$v = \dfrac{1}{\sqrt{\zeta_c}}\sqrt{2gH_0} \tag{5-15}$$

$$Q = Av = \dfrac{A}{\sqrt{\zeta_c}}\sqrt{2gH_0} = \mu_c A\sqrt{2gH_0} \tag{5-16}$$

式中，$\mu_c = \dfrac{1}{\sqrt{\Sigma \lambda \dfrac{l}{d} + \Sigma \zeta}}$ 是短管淹没出流管系的流量系数。

如不计行近流速水头，则：$Q = \mu_c A \sqrt{2gH}$。

由式（5-12）和式（5-16）可见，短管在自由出流和淹没出流的情况下，其流量计算公式的形式及流量系数 μ_c 的数值均是相同的，但作用水头 H_0 的计算式不同，淹没出流时的作用水头是上下游水位差，自由出流时是出口中心以上的水头。

3. 典型短管的水力计算

短管水力计算主要有以下三类问题：

(1) 已知流量 Q、管径 d 和局部阻力的组成，计算作用水头 H_0，以确定水箱或水塔水位标高或水泵扬程 H 等；

(2) 已知水头 H_0、管径 d 和局部阻力的组成，计算通过流量 Q；

(3) 已知通过管路的流量 Q、水头 H_0 和局部阻力的组成，设计管径 d。

下面结合具体问题进一步说明。

(1) 虹吸管的水力计算

用虹吸管输水，可以跨越高地，减少挖方，避免埋设管路工程，便于自动操作，在给水排水工程及其他各种工程中应用普遍。由于虹吸管一部分管段高出上游水面，必然存在真空段。真空的存在将使溶解在水中的空气分离出来。随着真空度的增大，分离出来的空气量会急骤增加。工程上，为保证虹吸管能通过设计流量，必须限制管中最大真空度不超

过允许值 $[h_v]$，其值一般取 $7\sim 8\mathrm{mH_2O}$，以避免气蚀破坏。

【例 5-2】 如图 5-9 (a) 所示，有一渠道用两根直径为 1.0m 的混凝土虹吸管来跨越山丘，渠道上游水位为 $\nabla_1=100.0\mathrm{m}$，下游水位为 $\nabla_2=99.0\mathrm{m}$，虹吸管长度 $l_1=8\mathrm{m}$，$l_2=15\mathrm{m}$，$l_3=15\mathrm{m}$，中间有 60° 的折弯两个，每个弯头的局部水头损失系数为 0.365，若进口局部水头损失系数为 0.5；出口局部水头损失系数为 1.0。(1) 试求其输水流量。(2) 当虹吸管中的最大允许真空度 $[h_v]$ 为 $7\mathrm{mH_2O}$ 时，试确定虹吸管的最高安装高程 z_s 为多少？

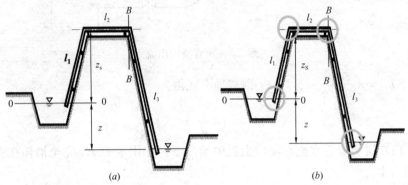

图 5-9 例 5-2 图

【解】 1) 虹吸管为淹没出流，求流量：

$$Q=vA=\mu_c A\sqrt{2gz}$$

$$z=\nabla_1-\nabla_2=100.00-99.00=1.0\mathrm{m}$$

$$C=\frac{1}{n}R^{\frac{1}{6}}=\frac{1}{0.014}\times\left(\frac{1}{4}\right)^{\frac{1}{6}}=56.7$$

$$\lambda=\frac{8g}{C^2}=\frac{8\times 9.8}{56.7^2}=0.024$$

$$\mu_c=\frac{1}{\sqrt{\left(\lambda\frac{l}{d}+\Sigma\zeta_i\right)}}=\frac{1}{\sqrt{0.024\times\frac{35}{1}+0.5+2\times 0.365+1}}=0.571$$

$$Q=\mu_c A\sqrt{2gz}=0.571\times 0.25\times 3.14\times 1^2\sqrt{19.6\times 1}=1.985\mathrm{m^3/s}$$

2) 求虹吸管的最高安装高程 z_s。

虹吸管中最大真空一般发生在管道最高位置。本题最大的真空发生在第二个弯头前的 B-B 断面。考虑 1-1 断面和 B-B 断面的能量方程，则有：

$$0+0+\frac{\alpha_0 v_0^2}{2g}=z_s+\frac{p_B}{\gamma}+\frac{\alpha v^2}{2g}+h_w=z_s+\frac{p_B}{\gamma}+\frac{\alpha v^2}{2g}+\left(\lambda\frac{l_B}{d}+\zeta_1+\zeta_2\right)\frac{v^2}{2g}$$

$$-\frac{p_B}{\gamma}=z_s+\left(\alpha+\lambda\frac{l_B}{d}+\zeta_1+\zeta_2\right)\frac{v^2}{2g}\leqslant h_v$$

$$z_s\leqslant h_v-\left(\alpha+\lambda\frac{l_1+l_2}{d}+\zeta_1+\zeta_2\right)\frac{v^2}{2g}=6.24\mathrm{m}$$

(2) 水泵（Pump）的水力计算

水泵的工作原理是通过水泵转轮旋转，在泵体进口造成真空，水体在大气压作用下经吸水管进入泵体，水流在泵体内旋转加速，获得能量，再经压水管进入水塔。水泵吸水管属短管，吸水管的计算任务是确定水泵的最大允许安装高度及管径。

1）管径的确定

吸水管的管径一般是根据允许流速确定的。根据有关规定，通常吸水管的允许流速为 0.8～1.25m/s。流速确定后则管径 d 为：

$$d = \sqrt{\frac{4Q}{\pi v}} = 1.13\sqrt{\frac{Q}{v}} \quad (5-17)$$

2）安装高度的确定

离心泵的安装高度是指水泵的叶轮轴线与水池水面的高差，以 H_s 表示。如图 5-10 所示，以水池水面为基准面，写出 1-1 断面和 2-2 断面的能量方程：

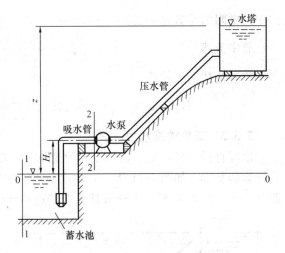

图 5-10 水泵装置系统

$$H_s = \frac{-P_2}{\gamma} - \frac{\alpha v^2}{2g} - h_{w1-2} = h_v - \left(\alpha + \lambda\frac{l}{d} + \Sigma\zeta\right)\frac{v^2}{2g} \quad (5-18)$$

式中，h_v 为水泵进口的真空度。上式表明，水泵的安装高度主要与泵进口的真空度有关，还与管径、管长和流量有关。如果水泵进口的真空度过大，如超过该产品的允许值时，管内液体将迅速汽化，并将导致气蚀，严重的会影响水泵的正常工作。

水泵允许真空度通常为 $[h_v] = 6\sim 7$m，当水泵进口断面真空度等于允许真空度 $[h_v]$ 时，就可根据抽水量和吸水管道情况，按式（5-18）确定水泵的允许安装高度和流量，即：

$$H_s = [h_v] - \left(\alpha + \lambda\frac{l}{d} + \Sigma\zeta\right)\frac{v^2}{2g} \quad (5-19)$$

$$Q = \frac{1}{\sqrt{\alpha + \lambda\frac{l}{d} + \Sigma\zeta}} A\sqrt{2g(h_v - H_s)} \quad (5-20)$$

3）水泵的扬程

水泵的扬程：

$$H = z + h_{w吸} + h_{w压} \quad (5-21)$$

式中　z——水泵系统上下游水面高差，称提水高度；

　　　$h_{w吸}$——吸水管的全部水头损失；

　　　$h_{w压}$——压水管的全部水头损失。

【例 5-3】 图 5-10 所示离心泵实际抽水量 $Q=8.1$L/s，吸水管长度 $l=7.5$m，直径 $d=100$mm，沿程阻力系数 $\lambda=0.045$，局部阻力系数包括带底阀的滤水管 $\zeta_1=7.0$，弯管 $\zeta_2=0.25$。如允许真空度 $[h_v]=6.3$m，试计算泵的允许安装高度 H_s。

【解】 由式（5-19）得：

$$H_s = [h_v] - \left(\alpha + \lambda\frac{l}{d} + \Sigma\zeta\right)\frac{v^2}{2g}$$

式中局部阻力系数总和 $\Sigma\zeta=7+0.25=7.25$

管中流速 $v=\dfrac{4Q}{\pi d^2}=\dfrac{4\times 0.0081}{\pi\times 0.1^2}=1.03\text{m/s}$

将各值代入上式得：

$$H_s=6.3-\left(1+0.045\times\dfrac{7.5}{0.1}+7.25\right)\times\dfrac{1.03^2}{2\times 9.8}=5.67\text{m}$$

5.3.3 简单管路水力计算

沿程直径不变，流量也不变的管道称为简单管路。简单管路的计算是一切复杂管路水力计算的基础。如图5-11所示，由水池引出的简单管路，长度为 l，直径为 d，水箱水面距管道出口高度为 H。先分析其水力特点和计算方法。

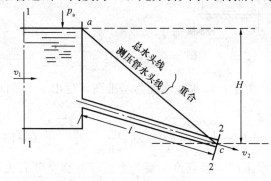

图5-11 简单管路

以通过管路出口断面2-2形心的水平面为基准面，水池中取符合渐变流条件处为断面1-1。对断面1-1和断面2-2建立能量方程式：

$$H+\dfrac{\alpha_1 v_1^2}{2g}=0+\dfrac{\alpha_2 v_2^2}{2g}+h_w$$

由于简单管路归属于长管，故 h_j 与 $\dfrac{\alpha_2 v_2^2}{2g}$ 忽略不计，上述方程就简化为：

$$H=h_w=h_f \tag{5-22}$$

式（5-22）表明：长管全部作用水头都消耗于沿程水头损失。从水池的自由表面与管路进口断面的铅直线交点 a 到断面2-2形心 c 作一条倾斜直线，便得到简单管路的测压管水头线，如图5-11所示。因为长管的流速水头可以忽略，所以它的总水头线与测压管水头线重合。

根据式（5-22），简单管路具体的计算方法如下：

1. 按比阻计算

由式（5-22）得：
$$H=h_f=\lambda\dfrac{l}{d}\dfrac{v^2}{2g} \tag{5-22}$$

将 $v=\dfrac{4Q}{\pi d^2}$ 代入上式得：

$$H=\dfrac{8\lambda}{g\pi^2 d^5}lQ^2$$

令
$$S_0=\dfrac{8\lambda}{g\pi^2 d^5} \tag{5-23}$$

则 S_0 称为比阻。

$$H=S_0 lQ^2 \tag{5-24}$$

式（5-24）就是简单管路按比阻计算的关系式。比阻 S_0 是单位流量通过单位长度管道所需水头，它取决于沿程阻力系数 λ 和管径 d。由于计算 λ 的公式繁多，这里只引用土建工程所常用的两种。

1）对于旧钢管、旧铸铁管采用舍维列夫公式，将其分别代入式（5-23），得阻力平方区和过渡区的比阻：

$$S_0 = \frac{0.001736}{d^{5.3}} (v \geqslant 1.2\text{m/s})$$
$$S'_0 = 0.852 \times \left(1 + \frac{0.867}{v}\right)^{0.3} \left(\frac{0.001736}{d^{5.3}}\right) = kS_0 (v < 1.2\text{m/s})$$
(5-25)

式中，修正系数 $k = 0.852 \times \left(1 + \frac{0.867}{v}\right)^{0.3}$。

2) 工程上一般选用曼宁公式，将曼宁公式 $v = \frac{1}{n} R^{\frac{1}{6}} \sqrt{RJ}$ 代入式（5-25），得：

$$S_0 = \frac{10.3n^2}{d^{5.53}} \qquad (5-26)$$

2. 按水力坡度计算

式（5-22）可写成：

$$J = H/l = h_f/l = \lambda \frac{1}{d} \frac{v^2}{2g} \qquad (5-27)$$

式（5-27）就是简单管路按水力坡度计算的关系式。水力坡度 J 是一定流量 Q 通过单位长度管道所需要的作用水头。对于钢管、铸铁管将专用公式代入式（5-27）得：

$$J = 0.00107 \cdot \frac{v^2}{d^{1.3}} (v \geqslant 1.2\text{m/s})$$
$$J = 0.000912 \cdot \frac{v^2}{d^{1.3}} \left(1 + \frac{0.867}{v}\right)^{0.3} (1.2\text{m/s})$$
(5-28)

对于钢筋混凝土管，通常采用谢才公式和曼宁公式计算水力坡度：

$$J = \frac{v^2}{C^2 R}, \text{其中} C = \frac{1}{n} R^{1/6} \qquad (5-29)$$

以上各式中，R 为水力半径，对于圆管 $R = d/4$；n 为粗糙系数。下面举例说明简单长管的水力计算问题。

【**例 5-4**】 由水塔向工厂供水（见图 5-12），采用铸铁管。管长为 3500m，管径为 300mm。水塔处地面标高 ∇_1 为 130m，地面距水塔水面的距离 $H_t = 17$m，工厂地面标高 ∇_2 为 110m，管路末端需要的自由水头 $H_z = 15$m，求通过管路的流量 Q。

【**解**】 以海拔水平面为基准面，在水塔水面与管路末端间列长管的能量方程：

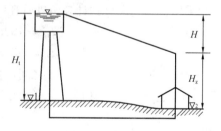

图 5-12 例 5-4 图

$$(H_t + \nabla_1) + 0 + 0 = \nabla_2 + H_z + 0 + h$$

故
$$h_f = (H_t + \nabla_1) - (H_z + \nabla_2)$$

则管路末端的作用水头 H 便为：$H = h_f$

$$H = (H_t + \nabla_1) - (H_z + \nabla_2) = (130 + 17) - (15 + 110) = 22\text{m}$$

采用舍维列夫公式计算铸铁管比阻 S_0 为 $1.025 \times 10^{-6} \text{s}^2/\text{L}^2$，于是得：

$$Q = \sqrt{\frac{H}{S_0 l}} = \sqrt{\frac{9}{1.025 \times 10^{-6} \times 3500}} = 78.3\text{L/s}$$

验算阻力区：

$$v = \frac{4Q}{\pi d^2} = \frac{4 \times 0.0783}{\pi \times 0.4^2} = 0.62\text{m/s} < 1.2\text{m/s}$$

属于过渡区，比阻需要修正，计算得 $k=1.014$。修正后流量为：

$$Q=\sqrt{\frac{H}{kS_0l}}=\sqrt{\frac{22}{1.014\times1.025\times10^{-6}\times3500}}=77.7\text{L/s}$$

【例 5-5】 由水塔向工厂供水（见图 5-12），采用铸铁管。管长为 3500m，管径为 300mm。水塔处地面标高 ∇_1 为 130m，工厂地面标高 ∇_2 为 110m，管路末端需要的自由水头 $H_z=15$m，如工厂需水量为 $0.152\text{m}^3/\text{s}$，试设计水塔高度 H_t。

【解】 按比阻计算，首先验算阻力区：

$$v=\frac{4\times0.152}{\pi\times0.3^2}=2.15\text{m/s}$$

$v>1.2\text{m/s}$，比阻不需修正。

采用舍维列夫公式计算铸铁管比阻 S_0 为 $1.025\text{s}^2/\text{m}^6$，于是得：

$$H=h_f=S_0lQ^2=1.025\times3500\times(0.152)^2=82.89\text{m}$$

水塔高度

$$H_t=(\nabla_2+H_z)+H-\nabla_1=45+25+82.89-61=22.89\text{m}$$

【例 5-6】 由水塔向工厂供水（见图 5-12），采用铸铁管，长度 $l=3500$m，水塔处地面标高 ∇_1 为 130m，地面距水塔水面的距离 $H_t=17$m，工厂地面标高 ∇_2 为 110m，要求供水量 $Q=0.152\text{m}^3/\text{s}$，自由水头 $H_z=15$m，计算所需管径。

【解】 计算作用水头：

$$H=(\nabla_1+H_t)-(\nabla_2+H_z)=(130+17)-(110+15)=22\text{m}$$

所需要的比阻：

$$S_0=\frac{H}{lQ^2}=\frac{22}{3500\times0.152^2}=0.272\text{s}^2/\text{m}^6$$

采用舍维列夫公式计算铸铁管比阻：

$$d_1=400\text{mm}\quad S_0=0.2232\text{s}^2/\text{m}^6$$
$$d_2=350\text{mm}\quad S_0=0.4529\text{s}^2/\text{m}^6$$

可见合适的管径应在二者之间，但无此种规格产品。因而只能采用较大的管径 $d=450$mm。这样将浪费管材。合理的办法是用两段不同直径的管道 400mm 和 350mm 串联。

5.3.4 串联管路水力计算

由直径不同的几段管道顺序连接的管路称为串联管路，如图 5-13 所示。串联管路与简单管路的计算没有实质区别，计算方法相同。

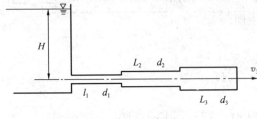

图 5-13 串联管路

串联管路有以下两个特点：

（1）串联管路的总能量损失等于各简单管路的能量损失之和，即：

$$h_w=h_{w1}+h_{w2}+\cdots$$
$$=\left(\lambda_1\frac{l_1}{d_1}+\Sigma\zeta_1\right)\frac{v_1^2}{2g}+\left(\lambda_2\frac{l_2}{d_2}+\Sigma\zeta_2\right)\frac{v_2^2}{2g}+\cdots \quad(5\text{-}30)$$

(2) 串联管路的总流量沿流程不变。

即：
$$Q = Q_1 = Q_2 = Q_n = \text{const} \\ v_1 A_1 = v_2 A_2 = v_n A_n = \text{const}$$ (5-31)

因串联管路各管段流量相等，于是得

$$S = S_1 + S_2 + S_3 + \cdots$$ (5-32)

式（5-30）和式（5-31）是串联管路水力计算的基本公式，可用以解算 Q、H、d 三类问题。

【例 5-7】 在例 5-6 中，为了充分利用水头和节省管材，采用 400mm 和 350mm 两种管径的管路串联，求每段管路的长度。

【解】 设直径 400mm 的管段长 l_1，350mm 的管段长 l_2。直径 400mm 管段的流速 $v_1=1.21$m/s，比阻不需修正，$S_{01}=0.2232 \text{s}^2/\text{m}^6$；350mm 管段的流速 $v_2=1.60$m/s＞1.2m/s，比阻 $S_{01}=0.2232\text{s}^2/\text{m}^6$ 也不需要修正。

所需要的比阻为：
$$S_0 = \frac{H}{lQ^2} = \frac{22}{3500 \times 0.15^2} = 0.272 \text{s}^2/\text{m}^6$$

根据
$$H = S_0 l Q^2 = (S_{01}l_1 + S_{02}l_2)Q^2$$

得：
$$S_0 l = S_{01}l_1 + S_{02}l_2$$

将各值代入上式，得：
$$0.272 \times 3500 = 0.2232 l_1 + 0.4529 l_2$$

即
$$952 = 0.2232 l_1 + 0.4529 l_2$$

而且
$$l_1 + l_2 = 3500$$

联立求解上两式，得：
$$l_1 = 2756.4\text{m}$$
$$l_2 = 3500 - 2756.4 = 743.6\text{m}$$

5.3.5 并联管路水力计算

为了提高供水的可靠性，在两节点之间并设两条以上管路称为并联管路，如图 5-14 中 AB 段就是由三条管段组成的并联管路。

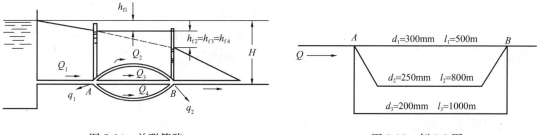

图 5-14 并联管路　　　　　　图 5-15 例 5-8 图

并联管段一般按长管计算。并联管路的水流特点在于液体通过所并联的任何管段时其水头损失皆相等。在并联管段 AB 间，A 点与 B 点是各管段所共有的，如果在 A、B 两点安置测压管，每一点都只可能出现一个测压管水头，其测压管水头差就是 AB 间的水头损失，即：
$$h_{f2} = h_{f3} = h_{f4} = h_{fAB}$$
每个单独管段都是简单管路，用比阻表示可写成：
$$S_{02}l_2Q_2^2 = S_{03}l_3Q_3^2 = S_{04}l_4Q_4^2 \tag{5-33}$$
另外，并联管路的各管段直径、长度、粗糙度可能不同，因而流量也会不同。但各管段流量分配也应满足节点流量平衡条件，即流向节点的流量等于由节点流出的流量。

对节点 A $\qquad Q_1 = q_1 + Q_2 + Q_3 + Q_4$

对节点 B $\qquad Q_2 + Q_3 + Q_4 = Q_5 + q_2 \tag{5-34}$

以上说明：通过各并联管段的流量 Q_2、Q_3、Q_4 的分配必须满足式（5-33）和式（5-34）的条件。实质上这是并联管路水力计算中的能量方程与连续性方程。如果已知 Q_1 及各并联管段的直径及长度，由上述两式便可求得 Q_2、Q_3、Q_4 及 Q_5。

【**例 5-8**】 3 根并联铸铁管路（见图 5-15），由节点 A 分出，并在节点 B 重新会合。已知总流量 $Q = 0.28 \text{m}^3/\text{s}$，

$$l_1 = 500\text{m}, \qquad d_1 = 300\text{m}$$
$$l_2 = 800\text{m}, \qquad d_2 = 250\text{mm}$$
$$l_3 = 1000\text{m}, \qquad d_3 = 200\text{mm}$$

求并联管路中每一管段的流量及水头损失。

【**解**】 并联各管段的比阻采用舍维列夫公式计算得：

$$d_1 = 300\text{m} \qquad S_{01} = 1.025$$
$$d_2 = 250\text{mm} \qquad S_{02} = 2.752$$
$$d_3 = 200\text{mm} \qquad S_{03} = 9.029$$

由能量方程得：
$$S_{01}l_1Q_1^2 = S_{02}l_2Q_2^2 = S_{03}l_3Q_3^2$$

将各 S_0，l 值代入上式，得

$$1.025 \times 500 Q_1^2 = 2.752 \times 800 Q_2^2 = 9.029 \times 1000 Q_3^2$$
$$5.125 Q_1^2 = 22.02 Q_2^2 = 90.29 Q_3^2$$

则 $\qquad Q_1 = 4.197 Q_3, \quad Q_2 = 2.025 Q_3$

由连续性方程得：
$$Q = Q_1 + Q_2 + Q_3$$
$$0.28 \text{m}^3/\text{s} = (4.197 + 2.025 + 1)Q_3$$

所以 $\qquad Q_3 = 0.03877 \text{m}^3/\text{s} = 38.77 \text{L/s}$

$\qquad\qquad Q_2 = 78.51 \text{L/s}$

$\qquad\qquad Q_1 = 162.72 \text{L/s}$

各段流速分别为：
$$v_1 = \frac{4Q_1}{\pi d_1^2} = \frac{4 \times 0.16272}{\pi \times 0.3^2} = 2.30 \text{m/s} > 1.2 \text{m/s}$$

$$v_2 = \frac{4Q_2}{\pi d_2^2} = \frac{4 \times 0.7851}{\pi \times 0.25^2} = 1.60 \text{m/s} > 1.2 \text{m/s}$$

$$v_3 = \frac{4Q_3}{\pi d_3^2} = \frac{4 \times 0.03877}{\pi \times 0.2^2} = 1.23 \text{m/s} > 1.2 \text{m/s}$$

各管段流动均属于阻力平方区，比阻 S_0 值不需修正。

AB 间水头损失为：

$$h_{fAB} = S_{03} l_3 Q_3^2 = 9.029 \times 1000 \times 0.038772 = 13.57 \text{m}$$

5.4 管网流动计算基础

给水工程中往往将许多管路组合成为管网。管网的布置形式有：枝状管网如图 5-16 (a) 所示，环状管网如图 5-16 (b) 所示，以及综合型管网。

枝状管网： 从泵站到用户的管线呈树枝状，水流沿一个方向流向用户。若管网任意节点或管段损坏，则其后所有管线断水。枝状管网虽然管线短、投资省，但供水安全性较差。

环状管网： 管段互相连接成闭合环状，水流可沿两个或两个以上的方向流向用户。若管网任意节点或管段损坏，均可关闭损坏两端的阀门检修，断水面积较小，一般较枝状管网管线长、造价高。

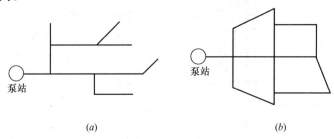

图 5-16 管网布置形式
(a) 枝状管网；(b) 环状管网

设计时，管网内各管段的管径是根据流量 Q 及速度 v 来确定的。在流量 Q 一定的条件下，管径随速度 v 的大小而不同。如果流速大，则管径小，管路造价低。然而流速大，导致水头损失大，又会增加水塔高度及抽水的运营费用。反之，如果流速小，管径便大，管内流速的降低会减少水头损失，从而减少了抽水运营费用，但另一方面又提高了管路造价。所以在确定管径时，应作经济比较。选择的流速应使供水的总成本（包括管道及铺筑水管的建筑费、抽水机站建筑费、水塔建筑费、抽水经常运营费之总和）最低，这种流速称为经济流速 v_e。

经济流速涉及的因素很多，综合实际的设计经验及技术经济资料，对于中小直径的给水管路有：

当直径 $D = 100 \sim 400$ mm 时，$v_e = 0.6 \sim 1.0$ m/s；

当直径 $D > 400$ mm 时，$v_e = 1.0 \sim 1.4$ m/s。

但这也要因地因时而略有不同。

5.4.1 枝状管网水力计算

枝状管网的水力计算可分为新建给水系统的设计和扩建已有的给水系统的设计两种情

形（见图 5-17）。

1. 新建给水系统的设计

这种情况下往往是已知管路沿线地形，各管段长度 l 及通过的流量 Q 和端点要求的自由水头 H_z，确定管路的各段直径 d 及水塔的高度 H_t。计算时，首先按经济流速在已知流量下选择管径。然后在已知流量 Q、直径 d 及管长 l 的条件下计算出各段的水头损失。最后按串联管路计算干线中从水塔到管网控制点的总水头损失（管网的控制点是指在管网中水塔至该点的水头损失，地形标高和要求自由水头三项之和最大值的点）。于是水塔高度 H_t 可按下式求得：

$$H_t = \Sigma h_f + H_z + z_0 - z_t = \Sigma S_{0i} l_i Q_i^2 + H_z + z_0 - z_t \tag{5-35}$$

式中 H_z——控制点的自由水头；
z_0——控制点的地形标高；
z_t——水塔处的地形标高；
Σh_f——从水塔到管网控制点的总水头损失。

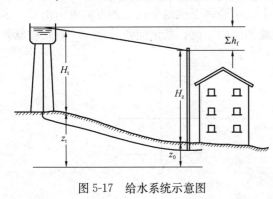

图 5-17 给水系统示意图

2. 扩建已有给水系统的设计

已知管路沿线地形，水塔高度 H_t，管路长度 l，用水点的自由水头 H_z 及通过的流量，要求确定管径。因水塔已建成，用前述经济流速计算管径，不能保证供水的技术经济要求时，根据枝状管网各干线的已知条件，算出它们各自的平均水力坡度 $J = \dfrac{H_t + (z_t - z_0) - H_z}{\Sigma l_i}$。然后选择其中平均水力坡度最小（$J_{min}$）的那根干线作为控制干线进行设计。

控制干线上按水头损失均匀分配，即各管段水力坡度相等的条件，计算各管段比阻：

$$S_{0i} = \frac{J}{Q_i^2} \tag{5-36}$$

式中 Q_i——各管段通过的流量。

按照求得的 S_{0i} 值就可选择各管段的直径。实际选用时，可取部分管段比阻 S_{0i} 大于计算值 S_{0i}，部分却小于计算值，使得这些管段比阻的组合，正好满足在给定水头下通过需要的流量。当控制干线确定后应算出各节点之水头。并以此为准，继续设计各支线管径。

5.4.2 环状管网水力计算

根据连续性原理和能量损失理论，环状管网中的水流必须满足以下两个条件：

(1) 节点流量平衡条件：流出任一结点的流量之和（包括结点供水流量）等于流入该结点的流量之和；

(2) 环路闭合条件：对于任一闭合环路，沿顺时针流动的水头损失之和等于沿逆时针流动的水头损失之和。

环状管网计算时，节点流量、管段长度、管径和阻力系数等均已知，需要求解的是管网各管段的流量和水头损失（或节点水压）。求解时可采用解环方程组、解节点方程组和解管段方程组等3种方法。

应用最早和应用最广泛的管网分析方法有哈代-克罗斯法和洛巴切夫法,即每环中各管段的流量用 Δq 修正的方法。现以图5-18为例加以说明,各参数的符号仍规定:顺时针方向为正,逆时针方向为负。

环状管网初步分配流量后,管段流量 $q_{ij}^{(0)}$ 为已知,并满足节点流量平衡条件,由 $q_{ij}^{(0)}$ 选出管径,计算出各管段的水头损失

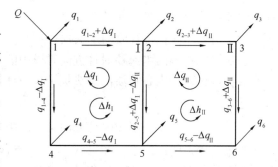

图 5-18 两环管网的流量调整

h_{ij} 和各环的水头损失代数和 Σh_{ij},一般 $\Sigma h_{ij} = \Delta h \neq 0$,不满足水头损失平衡条件,需引入校正流量 Δq 以减小闭合差。校正流量可按下式估算确定:

$$\Delta q_k = -\frac{\Delta h_k}{2\Sigma S_{ij} |q_{ij}|} = -\frac{\Delta h_k}{2\Sigma \dfrac{S_{ij} |q_{ij}|^2}{|q_{ij}|}} = -\frac{\Delta h_k}{2\Sigma \left|\dfrac{h_{ij}}{q_{ij}}\right|} \tag{5-37}$$

式中 Δq_k ——环路 k 的校正流量,L/s;

Δh_k ——环路 k 的闭合差,等于该环内各管段水头损失的代数和,m;

$\Sigma s_{ij} |q_{ij}|$ ——环路 k 内各管段的摩阻 $S = \alpha_{ij} l_{ij}$ 与相应管段流量 q_{ij} 的绝对值乘积之总和;

$\Sigma \left|\dfrac{h_{ij}}{q_{ij}}\right|$ ——环路 k 的各管段的水头损失 h_{ij} 与相应管段流量 q_{ij} 之比的绝对值乘积之总和。

应该注意,上式中 Δq_k 和 Δh_k 符号相反,即闭合差 Δh_k 为正,校正流量 Δq_k 就为负,反之则为正;闭合差 Δh_k 的大小及符号,反映了与 $\Delta h = 0$ 时的管段流量和水头损失的偏离程度和偏离方向。显然,闭合差 Δh_k 的绝对值越大,为使闭合差 $\Delta h_k = 0$ 所需的校正流量 Δq_k 的绝对值也越大。各环校正流量 Δq_k 用弧形箭头标注在相应的环内,如图5-18所示,然后在相应环路的各管段中引入校正流量 Δq_k,即可得到各管段第一次修正后的流量 $q_{ij}^{(1)}$,即:

$$q_{ij}^{(1)} = q_{ij}^{(0)} + \Delta q_s^{(0)} + \Delta q_n^{(0)} \tag{5-38}$$

式中 $q_{ij}^{(0)}$ ——本环路内初步分配的各管段流量,L/s;

$\Delta q_s^{(0)}$ ——本环路内初次校正的流量,L/s;

$\Delta q_n^{(0)}$ ——邻环路初次校正的流量,L/s。

如图5-18中,环Ⅰ和环Ⅱ:

环Ⅰ:$q_{1-2}^{(1)} = q_{1-2}^{(0)} + \Delta q_Ⅰ^{(0)}$　　$q_{4-5}^{(1)} = q_{4-5}^{(0)} - \Delta q_Ⅰ^{(0)}$　　$q_{2-5}^{(1)} = q_{2-5}^{(0)} + \Delta q_Ⅰ^{(0)} - \Delta q_Ⅱ^{(0)}$

环Ⅱ:$q_{2-3}^{(1)} = q_{2-3}^{(0)} + \Delta q_Ⅱ^{(0)}$　　$q_{5-6}^{(1)} = q_{5-6}^{(0)} - \Delta q_Ⅱ^{(0)}$　　$q_{2-5}^{(1)} = -q_{2-5}^{(0)} - \Delta q_Ⅰ^{(0)} + \Delta q_Ⅱ^{(0)}$

由于初步分配流量时,已经符合节点流量平衡条件,即满足了连续性方程,所以每次调整流量时能自动满足此条件。

采用哈代-克罗斯法进行管网平差的步骤:

(1) 根据城镇的供水情况,拟定环状网各管段的水流方向,按每一节点满足连续性方

程的条件,并考虑供水可靠性要求分配流量,得初步分配的管段流量 $q_{ij}^{(1)}$。

(2) 由 $q_{ij}^{(1)}$ 计算各管段的水头损失 $h_{ij}^{(0)}$。

(3) 假定各环内水流顺时针方向管段中的水头损失为正,逆时针方向管段中的水头损失为负,计算该环内各管段的水头损失代数和 $\Sigma h_{ij}^{(0)}$,如果 $\Sigma h_{ij}^{(0)} \neq 0$,其差值即为第一次闭合差 $\Delta h_k^{(0)}$。

如果 $\Delta h_k^{(0)} > 0$,说明顺时针方向各管段中初步分配的流量多了些;逆时针方向管段中分配的流量少了些;反之,如果 $\Delta h_k^{(0)} < 0$,说明顺时针方向各管段中初步分配的流量少了些,逆时针方向管段中分配的流量多了些。

(4) 计算每环内各管段的 $\Sigma \left| \dfrac{h_{ij}}{q_{ij}} \right|$,求出校正流量。如闭合差为正,校正流量为负;反之,则校正流量为正。

(5) 设图中的校正流量 Δq_k 符号以顺时针方向为正,逆时针方向为负,凡是流向和校正流量 Δq_k 方向相同的管段,则加上校正流量,否则减去校正流量,据此调整各管段的流量,得到第一次校正的管段流量。对于两环的公共管段,应按相邻两环的校正流量符号,考虑邻环校正流量的影响。

按此流量再计算,如闭合差尚未达到允许的精度,再从第(2)步按每次调整后的流量反复计算,直到每环的闭合差达到要求。

5.5 有压管中的水击

前面章节研究水流运动的规律,大多为恒定流,而且流体可看作不可压缩的。本节讨论的有压管道中的非恒定流问题,而且还要考虑液体的可压缩性以及管壁材料的弹性。

在有压管道中流动的水流,由于某种原因,如阀门或水泵机组突然启闭,换向阀突然变换工位,使得流速发生突然变化,从而引起压强急剧升高和降低的交替变化,这种水力现象称为水击。由于水击对管壁和阀门的作用如同锤击一样,故又称为水锤现象。水击引起的压强升高,可达管道正常工作压强的几十倍甚至几百倍,这种大幅度的压强波动,往往引起管道强烈振动,阀门破坏,管道接头断开,甚至管道爆裂或严重变形等重大事故。

5.5.1 阀门突然关闭时的水击

现以简单管道阀门突然完全关闭为例说明水击发生的原因。设简单管道长度为 l,直径为 d,阀门关闭前流速为 v_0,压强为 p_0,如图 5-19 所示。如果阀门突然完全关闭,则紧靠阀门的一层水突然停止流动,速度由 v_0 骤变为零。根据动量定律,物体动量的变化等于作用在该物体上外力的冲量。这里外力是阀门对水的作用力。因外力作用,紧靠阀门这一层水的应力(压强)突

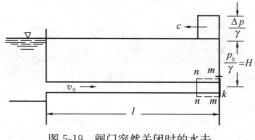

图 5-19 阀门突然关闭时的水击

然升至 $p_0+\Delta p$，升高的压强 Δp 称为水击压强。

由于水和管道都不是刚体，而是弹性体，因此在很大的水击压强作用下该层管流 $n-m$ 段产生两种形变，即水的压缩及管壁的膨胀。由于产生上述变形，阀门突然关闭时，管道内的水就不是在同一时刻全部停止流动，压强也不是在同一时刻同时升高。而是，当靠近阀门的第一层水停止流动后，与之相邻的第二层及其后续各层水相继逐层停止流动，同时压强逐层升高，并以弹性波的形式由阀门迅速传向管道进口。这种由于水击而产生的弹性波，称水击波。从以上分析不难看出，引起管道水流速度突然变化的因素（如阀门突然关闭）是发生水击的条件，水流本身具有惯性和压缩性则是发生水击的内在原因。

典型水击波的传播过程如图5-20所示，设有压管道上游为恒水位水池，下游末端有阀门 K，阀门全部开启时管内流速为 v_0。当阀门突然完全关闭时，分析发生水击时的压强变化及水击波的传播过程。

第一阶段：增压波从阀门向管路进口传播阶段，紧靠阀门的 $m-n$ 段水体，由于阀门 K 突然完全关闭，速度由 v_0 立即变为零，相应压强升高 Δp，水密度增加 $\Delta \rho$，管道断面积增加 ΔA。然而 $m-n$ 段上游水流仍然以速度 v_0 向下游流动，于是在 $m-n$ 段产生两种形变：水的压缩及管壁的膨胀（以容纳因为上、下游流速不同而积存的水量）。之后，紧靠 $m-n$ 段的另一层的水也停止流动，这样其后的水体都相继停止下来，同时压强升高，水体受压，管壁膨胀。这种减速增压的过程是以波速 c 自阀门向上游传播的。经过 $t=l/c$ 后，水击波到达水池。这时，全管液体处于被压缩状态。

第二阶段：减压波从管道进口向阀门传播阶段。$t=l/c$ 时刻（第一阶段末，第二阶段开始），全管流动停止，压强增高，但这种状态只是瞬时的。由于管路上游水池体积很大，水池水位不受管路流动变化的影响。管路进口的水体，便在管中水击压强（$p_0+\Delta p$）与水池静压强（p_0）差作用下，立即以和 Δp 相应的速度 $-v_0$ 向水池方向流去。与此同时，被压缩的水体和膨胀了的管壁也就恢复原状。管内水体受压状态的解除便自进口 J 处开始以水击波速 c 向下游方向传播，这就是从水池反射回来的减压弹性波。至 $t=2l/c$ 时刻，整个管中水流恢复正

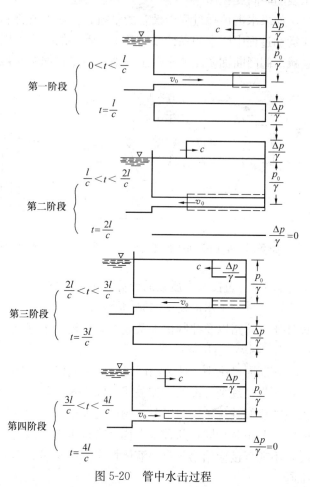

图 5-20 管中水击过程

常压强 p_0，并且都具有向水池方向的运动速度 $-v_0$。

第三阶段：减压波从阀门向管道进口传播阶段。继 $t=2l/c$ 之后，由于水流的惯性，管中的水仍然向水池倒流，而阀门全部关闭无水补充，以致阀门端的水体首先停止运动，速度由 $-v_0$ 变为零，引起压强降低、密度减小与管壁收缩。这个增速减压波由阀门向上游传播，在 $t=3l/c$ 时刻传至管道进口，全管处于瞬时低压状态。

第四阶段：增压波从管道进口向阀门传播阶段。$t=3l/c$ 时刻，因管道进口压强比水池的静水压强低 Δp，在压强差 Δp 作用下，水又以速度 v_0 向阀门方向流动。管道中的水又逐层获得向阀门方向的流速，从而密度和管壁也相继应恢复正常。至 $t=4l/c$ 时刻增压波传至阀门断面，全管恢复至起始状态。

由于惯性作用，水仍具有一向下游的流速 v_0，但阀门关闭，流动被阻止，于是和第一阶段开始时阀门突然关闭的情况完全一样，水击现象将重复上述四个阶段。周期性地循环下去（以上分析均未计及损失）。

水击波在全管段来回传递一次所需的时间 $t=2l/c$ 为一个相（或半周期）T_r。两个相长的时间 $4l/c$ 为水击波传递的一个周期 T。在水击的传播过程中，管道各断面的流速和压强皆随时间周期性地升高、降低，所以水击过程是非恒定流。图 5-21 所示是阀门断面压强随时间变化图。

如果水击传播过程中没有能量损失，水击波将一直周期性地传播下去。但实际上，水在运动过程中因水的黏性摩擦及水和管壁的形变作用，能量不断损失，因而水击压强迅速衰减。阀门断面实测的水击压强随时间变化如图 5-22 所示。

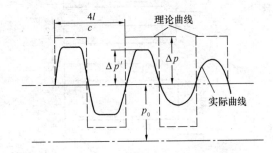

图 5-21　阀门断面压强随时间变化图

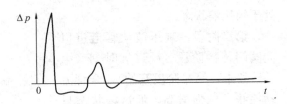

图 5-22　阀门断面实测的水击压强随时间变化图

5.5.2　直接水击压强的计算与水击波速

前面讨论了水击发生的原因及传播过程。在此基础上，进行水击压强 Δp 的计算，为设计压力管路以及控制供水系统的运行提供依据。

1. 直接水击压强计算

在前面讨论中，认为阀门是瞬时关闭的，实际上关闭阀门总有一个过程，即阀门处的水击压强是逐渐升高的。如关闭时间小于或等于一个相长（$T_z \leqslant 2l/c$），那么最早发出的水击波的反射波达到阀门以前，阀门已经全部关闭。这时阀门处的最大水击压强和阀门在瞬时完全关闭时相同，这种水击称为直接水击。因为水击是非恒定流，在推导水击压强公式时，不能直接应用第 3 章中液体恒定流的动量方程，而应采用理论力学中的动量定律进行推导。

设有压管流因在断面 m-m 上突然关闭阀门造成水击，如水击波的传播速度为 c，经 Δt 时间水击波传至断面 n-n（见图 5-23）。m-n 段水体流速由 v_0 变为 v，其密度由 ρ 变至 $\rho+\Delta\rho$，因管壁膨胀，过水断面由 A 变至 $A+\Delta A$，m-n 段的长度为 $c\Delta t$，于是在 Δt 时段内，在管轴方向的动量变化为：

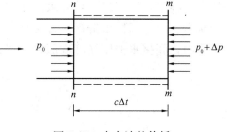

图 5-23 水击波的传播

$$m(v-v_0) = (\rho+\Delta\rho)(A+\Delta A)c\Delta t \cdot (v-v_0)$$

在 Δt 时段内，外力在管轴方向的冲量为：

$$[p_0(A+\Delta A)-(p_0+\Delta p)(A+\Delta A)]\Delta t = -\Delta p(A+\Delta A)\Delta t$$

根据质点系的动量定律，质点系在 Δt 时段内动量的变化，等于该系所受外力在同一时段内的冲量，得：

$$-\Delta p(A+\Delta A)\Delta t = (\rho+\Delta\rho)(A+\Delta A)c\Delta t(v-v_0)$$
$$\Delta p = (\rho+\Delta\rho)c(v_0-v)$$

考虑到水的密度变化很小，简化上式，得直接水击压强计算公式：

$$\Delta p = \rho c(v_0-v) \tag{5-39}$$

这就是儒柯夫斯基在 1898 年得出的水击计算公式。当阀门瞬时完全关闭（即 $v=0$），得水击压强最大值计算公式：

$$\Delta p = \rho c v_0$$

或

$$\frac{\Delta p}{\gamma} = \frac{cv_0}{g} \tag{5-40}$$

2. 直接水击波的传播速度

式（5-40）表明，直接水击压强与水击波的传播速度成正比。考虑到水的压缩性和管壁的弹性变形，应用连续性方程可得水击波的传播速度。

$$c = \frac{c_0}{\sqrt{1+\frac{K}{E}\frac{D}{\delta}}} = \frac{1425}{\sqrt{1+\frac{K}{E}\frac{D}{\delta}}} (\text{m/s}) \tag{5-41}$$

式中 c_0——水中声波的传播速度，$c_0=1425\text{m/s}$；

K——水的弹性模量，$K=2.04\times 10^5 \text{N/m}^2$；

E——管壁的弹性模量，如表 5-2 所示；

D——管道直径，mm；

δ——管壁厚度，mm。

管壁的弹性模量 表 5-2

管 材	铸铁管	钢 管	钢筋混凝土管	石棉水泥管	木 管
E（N/cm^2）	87.3×10^5	2.06×10^7	206×10^5	32.4×10^5	6.86×10^5

对于一般钢管 $D/\delta \approx 100$，$E/K \approx 0.01$，代入式（5-41），得 c 近似于 1000m/s。如阀门关闭前流速 v_0 为 1m/s，则阀门突然关闭引起的直接水击由式（5-36）计算得近似于 $100\text{mH}_2\text{O}$，可见水击压强是很大的。

5.5.3 间接水击压强的计算

如阀门关闭时间 $T_z > 2l/c$，则阀门开始关闭时发出的水击波的反射波，在阀门尚未完全关闭前，已返回阀门断面，由于返回水击波的负水击压强和阀门继续关闭产生的正水击压强相叠加，使阀门处最大水击压强小于按直接水击计算的数值。这种情况的水击称为间接水击。由于间接水击存在直接水击波与反射波的相互叠加，计算比较复杂。在一般给水工程中，间接水击压强可近似由下式计算：

$$\Delta p = \alpha v_0 \frac{T_r}{T_z}$$

或

$$\frac{\Delta p}{\gamma} = \frac{cv_0}{g} \cdot \frac{T_r}{T_z} = \frac{v_0}{g} \cdot \frac{2l}{T_z} \tag{5-42}$$

式中　v_0——水击前管中平均流速；
　　　$T_r = 2l/c$——水击波相长；
　　　T_z——阀门关闭时间。

5.5.4　停泵水击

因水泵突然停机而引起的水击称为停泵水击。离心泵正常运行时均匀供水，需要停泵之前，按操作规程应该先关闭出口阀门。因此离心泵正常运行和正常停泵时，系统中都不会发生水击。但是，如因突然断电，水泵机组突然停机，往往会引起停泵水击，成为输水系统发生事故的重要原因。

水泵停机的最初瞬间，压水管内的水流由于惯性作用，继续以逐渐减慢的速度流动。而水泵在此时失去动力，转速突降，供水量骤减。于是压水管在靠近水泵处出现压强降低或真空。当压水管中水流速度减至零时，由于压差和重力作用，水自压水池向水泵倒流，并冲动逆止阀突然关闭，导致压强升高发生水击。这种情况对于提水高度大的压水管尤为严重。突然停泵后，首先出现压强降低，然后，因逆止阀突然关闭引起压强升高，这便是停泵水击的特点。停泵水击实测压强随时间变化曲线如图5-24所示。

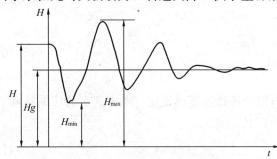

图5-24　停泵水击实测压强随时间变化曲线

如水泵无止回阀，倒冲水流将冲动水泵带动电机反转。此时虽管路内压强升高很小，有利于防止水击危害。但是，如水泵反转的速度过高，可能引起机组振动，甚至造成机组部件的损坏。

5.5.5　水击危害的预防

从上面关于水击的讨论中可以看到，水击压强是巨大的。这一巨大的压强可使管路发生很大的变形甚至爆裂。为了预防水击的危害，可在管路上设置空气室，或安装具有安全阀性质的水击消除阀。这种阀能在压强升高时自动开启，将部分水从管中放出以降低管中流速的变化，从而降低水击的增压，而当增高的压强消除以后，又自动关闭。在水电站的有压输水道上常设有调压塔，如图5-25所示。这种调压塔可减小水击压强及缩小水击的影响范围。当闸

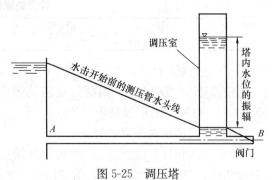

图5-25　调压塔

门关闭时，由于惯性作用，沿管路流动的水流，有一部分会流到调压塔。这样，水击危害可大大减少。此外，延长阀门的关闭时间，缩短有压管路的长度（如用明渠代替或设调压塔），减少管内流速（如管径加大）等都是预防水击危害的有效方法。

本 章 小 结

本章的主要内容：薄壁小孔口恒定自由出流、淹没出流，管嘴出流的过流能力、真空和正常工作条件，管流的基本知识，短管、简单管路、串联管路和并联管路的概念及水力计算，枝状管网、环状管网的水力计算，有压管路的水击的基本知识。

本章的基本要求：理解孔口出流的分类，注意区分孔口出流的类型，掌握薄壁小孔口恒定自由出流和薄壁小孔口恒定淹没出流中作用水头的推导条件和导出结果，能应用导出结果进行计算。掌握管嘴出流的流量计算，理解管嘴比孔口过流能力的原因，理解正常管嘴的条件。区别短管自由出流和短管淹没出流，掌握短管和简单管路的水力计算问题。熟知串联管道和并联管道的特点和计算公式，熟练掌握简单串联管道和并联管道中阻抗的计算方法。熟悉枝状、环状管网的计算方法。分析水击过程产生的原因，研究直接水击、间接水击、水击波的传播速度等计算方法，理解降低水击压强的技术措施。

本章的学习重点：孔口出流、管嘴出流；简单管路、串联和并联管路的水力计算原理与方法。

本章学习的难点：孔口出流、管嘴出流，管道的综合阻力系数。

思 考 题

1. 什么叫孔口自由出流和淹没出流？
2. 什么是小孔口和大孔口，各有什么特点？
3. 小孔口自由出流与淹没出流的流量计算公式有何不同？若两孔口形状、尺寸完全相同，作用水头相同，一个为自由出流，一个为淹没出流，二者的流量是否相同？
4. 是否可用小孔口的流量计算公式来估算大孔口的出流流量？为什么？
5. 简述全部收缩的薄壁孔口中完善收缩的条件。
6. 圆柱形外管嘴正常工作的条件是什么？为什么必须要有这两个限制条件？
7. 为什么管嘴出流时，阻力增加了，泄流量反而增大？
8. 为什么外延管嘴出流比同等条件下孔口出流的流量大？
9. 水位恒定的上、下游水箱，箱内水深为 H 和 h。3个直径相等的薄壁孔口1，2，3位于隔板上的不同位置，均为完全收缩（见图5-26）。问：三孔口的流量是否相等？为什么？若下游水箱无水，情况又如何？

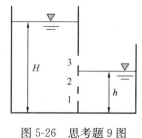

图 5-26　思考题9图

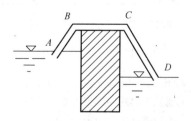

图 5-27　思考题12图

10. 何谓有压管流？其水力特征是什么？

11. 长管、短管是怎样定义的？判别标准是什么？如果某管道是短管，但想按长管公式计算，怎么办？

12. 图 5-27 所示虹吸管，试问最大真空度出现的位置。

13. 图 5-28 所示 A、B、C 为三条高程不同的坝身泄水管，其管径 d、长度 L，沿程阻力系数 λ 均相同，试问它们的泄流量是否相同？为什么？

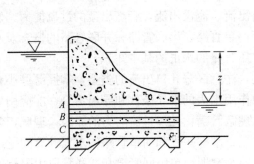

图 5-28 思考题 13 图　　　　图 5-29 思考题 14 图

14. 图 5-29 所示并联管道。已知：$\lambda_1 = \lambda_2$，$d_1 = d_2$，$3l_1 = l_2$。试求两管的流量比。

15. 写出薄壁小孔口出流的收缩系数 ε，流速系数 φ 和流量系数 μ 的表达式。

16. 什么叫水击？有压管道中的水击现象是怎样发生的？

17. 什么叫水击相、周期，水击相在水击计算中的作用是什么？

18. 什么是直接水击？什么是间接水击？各有什么特点？

习　题

5-1　有一薄壁圆形孔口，其直径 $d=10\text{mm}$，水头 $H=2\text{m}$。现测得射流收缩断面的直径 $d_c=8\text{mm}$，在 32.8s 时间内，经孔口流出的水量为 0.01m^3。试求该孔收缩系数 ε、流量系数 μ、流速系数 φ 及孔口局部阻力系数 ζ_0。

5-2　洒水车储水箱长 $l=3\text{m}$，直径 $D=1.5\text{m}$，底部设有泄水孔，孔口面积 $A=100\text{cm}^2$，流量系数 $\mu=0.62$（见图 5-30），试求泄空一箱水所需时间。

5-3　水池的隔墙上开有两个相同的小孔 A 和 B，小孔面积为 3cm^2，流量系数 $\mu=0.62$（水面都不变，见图 5-31），试求小孔的流量之和。

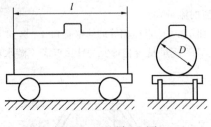　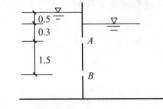

图 5-30 习题 5-2 图　　　　图 5-31 习题 5-3 图

5-4　若管路的锐缘进口也发生水流收缩现象，$\varepsilon=0.62\sim0.64$，水池至收缩断面的局部阻力系数 $\zeta'=0.06$，试证明锐缘进口的局部阻力系数约为 0.5。

5-5　水从 A 水箱通过直径为 10cm 的孔口流入 B 水箱，流量系数为 0.62（见图 5-32）。设上游水箱的水面高程 $H_1=3\text{m}$ 保持不变。

(1) B 水箱中无水时,求通过孔口的流量。

(2) B 水箱水面高程 $H_2 = 2m$ 时,求通过孔口的流量。

(3) A 箱水面压力为 2000Pa,$H_1 = 3m$ 时,而 B 水箱水面压力为 0,$H_2 = 2m$ 时,求通过孔口的流量。

5-6 图 5-33 所示水箱侧壁同一竖直线上开两个孔口,上孔口距离地面为 a,下孔距离地面 c($c = a$),两孔口流速系数相同,请证明两股水相遇于地面上同一点。

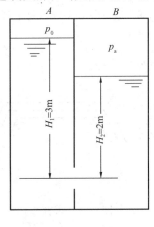

图 5-32 习题 5-5 图

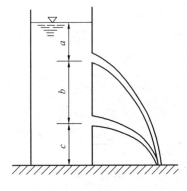

图 5-33 习题 5-6 图

5-7 以铸铁管供水,已知管长 $l = 300m$,$d = 200mm$,水头损失 $h_f = 5.5m$,试求其通过流量 Q_1,又如水头损失 $h_f = 1.25m$,求所通过的流量 Q_2。

5-8 已知短管 $l = 200m$,$d = 400mm$,$H = 10m$,相同的两个弯头局部水头损失系数为 0.25,闸门全开的局部水头损失系数为 0.12,沿程阻力系数 $\lambda = 0.03$,求闸门全开时通过管道的流量 Q。

5-9 用虹吸管自钻井输水至集水池如图 5-34 所示。虹吸管长 $l = l_{AB} + l_{BC} = 30m + 40m = 70m$,直径 $d = 200mm$。钻井至集水池间的恒定水位高差 $H = 1.60m$。又已知沿程阻力系数 $\lambda = 0.03$,管路进口、120°弯头、90°弯头及出口处的局部阻力系数分别为 $\zeta_1 = 0.5$,$\zeta_2 = 0.2$,$\zeta_3 = 0.5$,$\zeta_4 = 1$。(见图 5-34)。

试求:

(1) 虹吸管的流量 Q;

(2) 若虹吸管顶部 B 点安装高度 $h_B = 4.5m$,校核其真空度是否满足 $[h_v] = 7 \sim 8m$。

5-10 如图 5-35 所示,虹吸管越过山丘输水。虹吸管 $l = l_{AB} + l_{BC} = 20 + 30 = 50m$,$d = 200mm$。两水池水位差 $H = 1.2m$,已知沿程阻力系数 $\lambda = 0.03$,局部水头损失系数:进口 $\zeta_e = 0.5$,出口 $\zeta_s = 1.0$,弯头 1 的 $\zeta_1 = 0.2$。弯头 2、3 的 $\zeta_2 = \zeta_3 = 0.4$,弯头 4 的 $\zeta_4 = 0.3$,B 点高出上游水面 4.5m。试求流经虹吸管的流量 Q 和虹吸管顶点 B 的真空度。

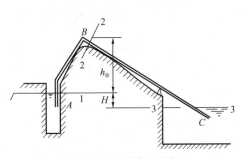

图 5-34 习题 5-9 图

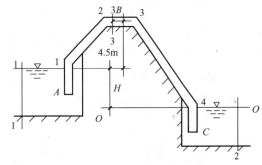

图 5-35 习题 5-10 图

5-11 圆形有压涵管（见图5-36），管长 $l=50$m，上下游水位差 $H=3$m，各项阻力系数：沿程 $\lambda=0.03$，进口 $\zeta_e=0.5$、转弯 $\zeta_b=0.65$、出口 $\zeta_0=1$，如要求涵管通过流量 $Q=3\text{m}^3/\text{s}$，确定管径。

5-12 上题中，圆形有压涵管穿过路基，管长 $l=50$m，管径 $d=1$m，上下游水位差 $H=3$m，管路沿程阻力系数 $\lambda=0.03$，局部阻力系数：进口 $\zeta_e=0.5$，两个弯管均是 $\zeta_2=\zeta_3=0.65$，水下出口 $\zeta_4=1.0$，求通过流量。

5-13 两水池用虹吸管连通（见图5-37），上下游水位差 $H=2$m，管长 $l_1=3$m，$l_2=5$m，$l_3=4$m，直径 $d=200$mm，上游水面至管顶高度 $h=1$m。已知 $\lambda=0.026$，进口网 $\zeta=1.5$（每个弯头），出口 $\zeta=1.0$，求：

(1) 虹吸管中的流量；
(2) 管中压强最低点的位置及其最大负压值。

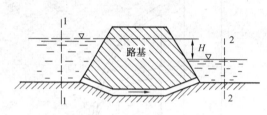

图5-36 习题5-11图　　　　图5-37 习题5-13图

5-14 水泵管路如图5-38所示，铸铁管直径 $d=150$mm，长度 $l=180$mm，管路上装有滤水网一个 $\xi=6$，全开截止阀一个，管半径与曲率半径之比为 $\dfrac{r}{R}=0.5$ 的弯头三个，高程 $h=100$m，流量 $Q=225\text{m}^3/\text{h}$，水温20℃。试求水泵输出功率。

5-15 如图5-39所示，水泵向水池抽水，两池中液面高差 $z=45$m，吸水管和压水管的直径均为500mm，泵轴离吸水池液面高度 $h=2$m。吸水管长10m，压水管长90m，沿程阻力系数均为0.03。局部水头损失系数：吸水口 $\zeta_1=3.0$，出口 $\zeta_s=1.0$，两个90°弯头 $\zeta_2=\zeta_3=0.3$，水泵吸水段 $\zeta_4=0.1$，压水管至水池进口 $\zeta_5=1.0$。流量为 $0.4\text{m}^3/\text{s}$。试求水泵扬程 H_p。

5-16 如图5-40所示，水箱供水，$l=20$m，$d=40$mm，$\lambda=0.03$，总局部水头损失系数为15。求流量 $Q=2.75$L/s 时的作用水头 H。

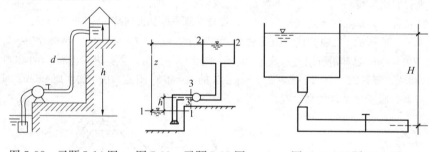

图5-38 习题5-14图　　图5-39 习题5-15图　　图5-40 习题5-16图

5-17 某供热系统，原流量为 $0.005\text{m}^3/\text{s}$，总水头损失 $h_w=5\text{mH}_2\text{O}$，现在要把流量增加到 $0.0085\text{m}^3/\text{s}$，试问水泵应供给多大压头。

第6章 明渠恒定流动

6.1 明渠的分类

明渠水流是一种具有自由液面的水流,水流的表面压强为大气压,即相对压强为零。故明渠水流也称为无压流。天然河道和人工渠道中的流动都是典型的明渠流。交通土建工程中的无压涵管、市政工程中的污水管道以及建筑物雨水管道中的流动也属于明渠流。

由于渠道的过流断面形状、尺寸和底坡对明渠水流有重要影响,故在工程流体力学中通常根据上述因素对明渠进行分类。

(1) 根据渠道的断面形状、尺寸是否沿流程变化,将渠道分为棱柱形渠道与非棱柱形渠道。凡是断面形状与尺寸沿流程不变的长直渠道,称为棱柱形渠道,否则称为非棱柱形渠道。棱柱形渠道的过流断面面积仅是水深的函数。非棱柱形渠道的过流断面面积不仅是水深的函数,还随着断面沿程位置的变化而改变。天然渠道一般是非棱柱形渠道。而长直的人工渠道和涵洞则通常是典型的棱柱形渠道。

(2) 如图 6-1 所示,根据渠道断面形状的不同,可分为梯形渠道、矩形渠道、圆形渠道等多种。

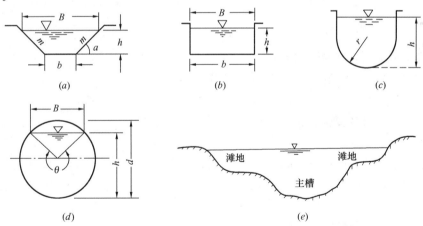

图 6-1 明渠的断面形状
(a) 梯形;(b) 矩形;(c) 半圆形;(d) 圆形;(e) 不规则断面形状

(3) 根据渠道底坡的不同,可分为顺坡渠道、平坡渠道和逆坡渠道。明渠渠底平面倾斜的程度称为底坡,以符号 i 表示。如图 6-2 所示,i 等于渠底线与水平线之间的夹角 θ 的正弦值,即 $i=\sin\theta$。

通常规定,渠底沿流程降低的渠道为顺坡渠道(或正坡渠道),如图 6-3 (a) 所示,$i>0$;渠底沿流程保持水平的渠道为平坡渠道,如图 6-3 (b) 所示,$i=0$;渠底沿流程上升的渠道为逆坡渠道,如图 6-3 (c) 所示,$i<0$。

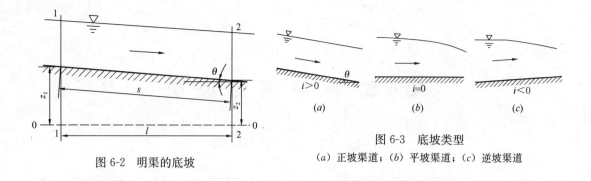

图 6-2 明渠的底坡

图 6-3 底坡类型
(a) 正坡渠道；(b) 平坡渠道；(c) 逆坡渠道

6.2 明渠均匀流

6.2.1 明渠均匀流的水力特征

均匀流是指流线为平行直线的流动。根据均匀流的性质，不难得出明渠均匀流具有如下水力特征：

(1) 明渠均匀流过流断面上的流速分布、断面平均流速以及水深沿流程不变，这个水深称为正常水深，用 h_0 表示。

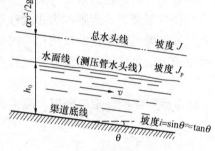

图 6-4 明渠均匀流

(2) 如图 6-4 所示，明渠均匀流的总水头线、测压管水头线（水面线）与渠底线互相平行。即其水力坡度 J，测压管坡度 J_p 和底坡 i 相等，即

$$J = J_p = i \tag{6-1}$$

6.2.2 明渠均匀流的形成条件

根据明渠均匀流的上述特征，其形成必须具备如下条件：

(1) 顺坡（$i>0$）且底坡和粗糙系数沿流程不变的棱柱形渠道；
(2) 渠道中没有建筑物或障碍物；
(3) 沿流程流量不变。

由上述条件可知，只有在顺坡渠道中才可能形成明渠均匀流。因为只有在顺坡渠道中重力在水流方向的分力恰好与水流阻力方向相反，二者相互平衡，从而使水流保持匀速流动。

6.2.3 明渠均匀流的基本计算

明渠均匀流动基本上都处于阻力平方区，其流速与水头损失的关系一般采用谢才公式 $v = C\sqrt{RJ}$。对于明渠均匀流，$J=i$，谢才公式可变形为：

$$v = C\sqrt{Ri} \tag{6-2}$$

或

$$Q = AC\sqrt{Ri} = K\sqrt{i} \tag{6-3}$$

$$K = AC\sqrt{R} \tag{6-4}$$

式中，K 的单位与流量 Q 相同，称为流量模数，其物理意义表示在一定断面形状和尺寸的棱柱形渠道中，当 $i=1$ 时渠道所通过的流量。以上三式为明渠均匀流的基本公式。

谢才系数C是反映渠道的断面形状、尺寸和粗糙程度的一个综合系数,它与水力半径R和粗糙系数n有关,可用曼宁公式$C=\frac{1}{n}R^{\frac{1}{6}}$或巴甫洛夫斯基公式$C=\frac{1}{n}R^y$计算。

粗糙系数n的大小综合反映了明渠壁面(包括渠底)的粗糙程度和其他因素对水流阻力的影响。它不仅与渠道壁面的材料有关,而且与水位高低(即流量大小)、施工质量以及渠道修成以后的运行管理情况等因素有关。分析表明,n对C的影响要远大于R对C的影响。某水利工程在规划时选用的n值为0.02,竣工后实测的n值为0.0225,河道的实际过水能力比原设计值减小了6%。为了保证能通过设计流量,需要重新加高堤岸。因而,根据实际情况正确地确定粗糙系数n,对明渠的水力计算十分重要。在设计中,如果n值选得偏大,则渠道的断面尺寸就偏大,从而增加征地面积和渠道造价,造成浪费。此时,由于实际流速大于设计流速,还可能会引起渠道冲刷。相反,如果n选得偏小,则设计的渠道断面偏小,实际过流能力不能满足设计要求,容易发生水流漫溢渠道,造成事故。而且因实际流速小于设计流速,对于携带泥沙的水流还会造成渠道淤积。一般工程的粗糙系数可选用表6-1或有关手册中的数值。对于一些重要的河渠工程,其n值要通过试验或实测来确定。

各种不同粗糙面的粗糙系数 n　　　　　　　表 6-1

等级	渠 壁 种 类	n	$1/n$
1	涂覆珐琅或釉质的表面;极精细刨光而拼合良好的木板	0.009	111.1
2	刨光的木板;纯粹水泥的粉饰面	0.010	100.0
3	水泥(含1/3细砂)粉饰面;安装和接合良好(新)的陶土、铸铁管和钢管	0.011	90.9
4	未刨而拼合良好的木板;在正常情况下内壁无明显积垢的给水管;极洁净的排水管;极好的混凝土面	0.012	83.3
5	琢石砌体;极好的砖砌体;正常情况下的排水管	0.013	76.9
6	"污染"的给水管和排水管;一般的砖砌体;一般情况的混凝土面	0.014	71.4
7	粗糙的砖砌体;未琢磨的石砌体;有洁净修饰且石块安置平整的表面;极污染的排水管	0.015	66.7
8	普通块石砌体;状况满意的旧砖砌体;较粗糙的混凝土面	0.017	58.8
9	覆有坚厚淤泥层的渠道	0.018	55.6
10	很粗糙的块石砌体;大块石的干砌体;碎石铺筑面;在岩山中开筑的渠道;用黄土、卵石和致密泥土做成而被淤泥薄层所覆盖的渠道(正常情况)	0.020	50.0
11	尖角的大块乱石铺就;用黄土、卵石和泥土做成而被非整片的(有些地方断裂)淤泥薄层所覆盖的渠道;大型渠道受到中等以上的养护	0.0225	44.4
12	大型土渠受到中等养护;小型土渠受到良好的养护;条件较好的小河和溪涧	0.025	40.0
13	中等条件以下的大渠道;中等条件的小渠道	0.0275	36.4
14	条件较坏的渠道和小河(例如有些地方有水草和乱石或显著的茂草等)	0.030	33.3
15	条件很坏的渠道和小河,断面不规则,严重受到石块和水草的阻塞等	0.035	28.6
16	条件特别坏的渠道和小河(沿河有崩塌的巨石、绵密的树根、深潭、坍岸等)	0.040	25.0

6.2.4 明渠水力最优断面

观察明渠均匀流的基本公式可知,明渠均匀流输水能力的大小取决于渠底坡度、渠壁的粗糙系数以及渠道过流断面的形状和尺寸。在明渠的设计中,一般是以地形、地质和渠道的表面材料为依据。从设计的角度考虑,希望在一定的流量下,设计出的渠道的过流断面积达到最小,或者说在过流断面面积一定时通过的流量最大。满足这些条件的断面,其工程量最小,称为水力最优断面。

将曼宁公式代入式(6-3)得:

$$Q = \frac{1}{n}AR^{2/3}i^{1/2} = \frac{i^{1/2}A^{5/3}}{nx^{2/3}} \tag{6-5}$$

由式(6-5)可知,当 n、i 和 A 一定时,湿周 x 越小(或水力半径 R 越大),则流量 Q 越大;或者在 n、i 和流量 Q 一定时,湿周 x 越小(或水力半径 R 越大),则过水断面面积 A 越小。在面积相同的各种几何图形中,圆形具有最小的周界。工业管道的断面形状通常为圆形,对于明渠则为半圆形。在天然土壤中开挖渠道时,半圆形断面施工困难,故一般采用类似于半圆形的梯形断面。

梯形过流断面如图 6-1(a)所示,其断面的几何关系为:

$$A = (b+mh)h, \quad x = b + 2h\sqrt{1+m^2} \tag{6-6}$$

式中,m 为梯形断面的边坡系数,$m=\cot\alpha$。式(6-5)与式(6-6)联立,则可得如下关系:

$$x = \frac{A}{h} - mh + 2h\sqrt{1+m^2} \tag{6-7}$$

根据水力最优断面的条件,即 n、i 和 A 一定时,湿周 x 最小,即:

$$\frac{\mathrm{d}x}{\mathrm{d}h} = -\frac{A}{h^2} - m + 2\sqrt{1+m^2} = -\frac{b}{h} - m + 2\sqrt{1+m^2} = 0 \tag{6-8}$$

从而得到水力最优的梯形断面的宽深比为:

$$\beta_\mathrm{m} = \frac{b}{h} = 2(\sqrt{1+m^2} - m) \tag{6-9}$$

矩形断面作为梯形断面的特例,$m=0$,计算得 $\beta_\mathrm{m}=2$,或 $b=2h$,所以水力最优的矩形断面的底宽为水深的 2 倍。

应当指出,上述水力最优断面的概念仅是从工程流体力学的角度提出的。实际上"水力最优"并不等同于"技术经济最优"。对于工程造价基本上取决于土方及衬砌量的小型渠道,水力最优断面接近于技术经济最优断面。而对于大型渠道,按水力最优条件得到的明渠过流断面是窄深型断面($\beta_\mathrm{m}<1$)。这种断面形状不便于施工和养护,虽然是水力最优断面却并不是最经济的断面。在实际工程中,对于梯形渠道,通常以水力最优断面为参考,同时综合考虑工程量、施工技术、运行管理等各方面因素,确定出合理的断面形式。

6.2.5 允许流速

多数渠道的边壁是土壤,有些边壁则要用建筑材料进行衬护。在渠道设计中,除了考虑水力最优条件及技术经济因素外,还应控制渠道流速,使其既不会过大而使渠床遭受冲刷,也不会小到使水中的泥沙发生淤积。即要求渠中流速在不冲、不淤的流速范围内:

$$v_{\max} > v > v_{\min} \tag{6-10}$$

式中 $v_{\max}$——渠道最大不冲允许流速,m/s,各种土质和岩石渠道及人土衬砌渠道最大不冲允许流速可参阅表 6-2 和表 6-3;

$v_{\min}$——渠道最小不淤允许流速,m/s,一般渠道中最小不淤允许流速为 0.5m/s,对于污水管,最小不淤允许流速为 0.7~0.8m/s。

不冲允许流速(m/s) 表 6-2

坚硬岩石和人工护面渠道	渠道流量(m³/s)		
	<1	1~10	>10
软质水成岩(泥灰岩、页岩、软砾岩)	2.5	3.0	3.5
中等硬质水成岩(致密砾岩、多孔石灰岩、层状石灰岩、白云石灰岩、灰质砂岩)	3.5	4.25	5.0
硬质水成岩(白云砂岩、砂质石灰岩)	5.0	6.0	7.0
结晶岩、火成岩	8.0	9.0	10.0
单层块石铺砌	2.5	3.5	4.0
双层块石铺砌	3.5	4.4	5.0
混凝土护面(水流中不含砂和卵石)	6.0	8.0	10.0

土质渠道的不冲允许流速(m/s) 表 6-3

	土 质	$R=1m$ 的渠道不冲允许流速	说 明
均质黏性土	轻壤土	0.6~0.8	(1) 均质黏性土质渠道中各种土质的干容重为 12.75~16.67kN/m³。 (2) 表中所列为水力半径 $R=1m$ 的情况,对 $R \neq 1m$ 的渠道,不冲允许流速等于表中相应数值乘以 R^{α}。对于砂、砾石、卵石、疏松的壤土和黏土,其 $\alpha = \frac{1}{4} \sim \frac{1}{3}$;对于密实的壤土和黏土,其 $\alpha = \frac{1}{5} \sim \frac{1}{4}$
	中壤土	0.65~0.85	
	重壤土	0.7~1.0	
	黏土	0.75~0.95	
	土质粒径(mm)	$R=1m$ 的渠道最大不冲允许流速	
均质无黏性土	极细砂	0.05~0.1	0.35~0.45
	细砂、中砂	0.25~0.5	0.45~0.60
	粗砂	0.5~2.0	0.60~0.75
	细砾石	2.0~5.0	0.75~0.90
	中砾石	5.0~10.0	0.90~1.10
	粗砾石	10.0~20.0	1.10~1.30
	小卵石	20.0~40.0	1.30~1.80
	中卵石	40.0~60.0	1.80~2.20

6.2.6 明渠均匀流的水力计算问题

明渠均匀流的水力计算,主要有以下四种基本问题,以最常见的梯形断面为例分述如下:

1. 验算渠道的输水能力

已知渠道断面形状、尺寸、粗糙系数 n 及底坡 i,利用公式 $Q = AC\sqrt{Ri} = K\sqrt{i}$ 求渠道

的输水能力 Q。这一类问题大多属于对已建成渠道进行输水能力的校核，有时还可用于根据洪水水位来近似估算洪峰流量。

2. 确定渠道底坡

设计新渠道时要求确定渠道的底坡。一般已知渠道断面形状、尺寸、粗糙系数 n、流量 Q 或流速 v，求所需的渠道底坡 i。

计算时，先算出流量模数 $K=AC\sqrt{R}$，再求出渠道底坡 Q^2/K^2。这类计算在工程上有重要的应用价值，如排水管或下水道为避免杂质沉积淤塞，要求有一定的"自清"速度，就必须要求有一定的坡度；对于通航的渠道，则要求由坡度来控制一定的流速。

3. 确定渠道断面尺寸

这是一类设计问题，一般已知设计流量、土壤或护坡材料，即已知 Q、n、m 和 i，求渠道断面尺寸 b 和 h_0。

这时可能有许多组 b 和 h_0 的数值能满足 $Q=AC\sqrt{Ri}$。为了使这个问题的解能够唯一地确定，必须根据具体工程的要求，先给定水深 h_0 或渠道底宽 b，或宽深比 $\beta=b/h_0$，或流速 v。一般工程中有以下四种情况：

(1) 给定水深 h_0，求相应的底宽 b

由式 (6-4) 可知，流量模数 K 与底宽 b 之间的关系 $K=f(b)$ 为一非线性超越方程，一般采用迭代法或试算—图解法求解。试算—图解法就是先假定若干个不同的 b 值，由公式 $Q=AC\sqrt{Ri}$ 求出相应的 Q 值，绘出如图 6-5 所示的 $Q-b$ 曲线。再由给定的 Q 值从图中找出对应的 b 值，即为所求。

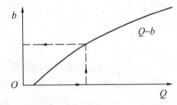

图 6-5 流量与底宽的关系曲线

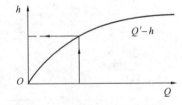

图 6-6 流量与水深的关系曲线

(2) 给定底宽 b，求正常水深 h_0

仿照已知水深 h_0 求底宽 b 的解法，假设一系列水深 h，利用公式 $Q=AC\sqrt{Ri}$ 计算出相对应的流量 Q'，绘出如图 6-6 所示的 $Q'-h$ 曲线。满足 $Q'=Q$ 的 h 值，即为所求正常水深 h_0。

(3) 给定宽深比 $\beta=b/h$，求正常水深 h_0 和底宽 b。

渠道的宽深比 β 可以根据水力最优断面条件或技术经济断面条件来确定。与前面两种情况相似，β 值给定以后，问题的解就可得到。

(4) 已知流量 Q、流速 v、底坡 i、粗糙系数 n 和边坡系数 m，求正常水深 h_0 和底宽 b。

【例 6-1】 某梯形断面渠道，底宽 $b=3\mathrm{m}$，边坡系数 $m=2.5$，粗糙系数 $n=0.028$，底坡 $i=0.002$。试求当水深 $h=0.8\mathrm{m}$ 时，该渠道的输水流量 Q。

【解】 计算当水深 $h=0.8\mathrm{m}$ 时相应的水力要素：

过流断面面积：$A=(b+mh)h=(3+2.5\times0.8)\times0.8=4\mathrm{m}^2$

湿周：$x = b + 2h\sqrt{1+m^2} = 3 + 2 \times 0.8\sqrt{1+2.5^2} = 7.308\text{m}$

水力半径：$R = \dfrac{A}{x} = \dfrac{4}{7.308} = 0.547\text{m}$

谢才系数：$C = \dfrac{1}{n}R^{1/6} = \dfrac{1}{0.028} \times 0.547^{1/6} = 32.298\text{m}^{0.5}/\text{s}$

所以该渠道的输水流量为：$Q = AC\sqrt{Ri} = 4 \times 32.298\sqrt{0.547 \times 0.002} = 4.27\text{m}^3/\text{s}$

【**例 6-2**】 有一矩形断面混凝土渠槽（$n=0.014$），底宽 $b=1.5\text{m}$，槽长 $l=116.5\text{m}$。进口处槽底高程 $\triangledown_1 = 52.06\text{m}$，当通过设计流量 $Q=7.65\text{m}^3/\text{s}$ 时，槽中均匀流水深 $h_0 = 1.7\text{m}$。试求出口槽底高程 $\triangledown_2$。

【**解**】 矩形断面混凝土渠槽的过水断面面积和水力半径分别为：

$$A = bh_0 = 1.5 \times 1.7 = 2.55\text{m}^2$$

$$R = A/x = 2.55/(1.5 + 2 \times 1.7) = 0.52\text{m}$$

谢才系数为 $\quad C = \dfrac{1}{n}R^{1/6} = \dfrac{1}{0.014} \times 0.52^{1/6} = 64.05\text{m}^{0.5}/\text{s}$

根据明渠均匀流公式 $Q = AC\sqrt{Ri}$，得：

$$i = Q^2/(A^2 C^2 R) = 7.65^2/(2.55^2 \times 64.05^2 \times 0.52) = 0.00422$$

矩形断面混凝土渡槽两端的高差为 $\quad \Delta h = l \times i = 116.5 \times 0.00422 = 0.49\text{m}$

矩形断面混凝土渡槽出口槽底的高程为 $\quad \Delta_2 = 52.06 - 0.49 = 51.57\text{m}$

【**例 6-3**】 某梯形断面的中壤土渠道，已知渠道的流量 $Q=5\text{m}^3/\text{s}$，边坡系数 $m=1.0$，底坡 $i=0.0002$，粗糙系数 $n=0.020$，试按水力最优断面设计该梯形渠道的尺寸。

【**解**】 梯形断面的过流断面面积 A 和水力半径 R 分别用断面宽深比 β 表示为：

$$A = (b+mh)h = (\beta+m)h^2$$

$$R = \dfrac{(b+mh)h}{b+2h\sqrt{1+m^2}} = \dfrac{(\beta+m)h}{\beta+2\sqrt{1+m^2}}$$

将以上两式代入明渠均匀流公式 $Q = AC\sqrt{Ri}$ 中，可得到：

$$Q = \dfrac{1}{n}AR^{2/3}i^{1/2} = \dfrac{1}{n}(\beta+m)h^2\left[(\beta+m)h/(\beta+2\sqrt{1+m^2})\right]^{2/3}i^{1/2}$$

从上式中可以导出 $\quad h = \left[\dfrac{nQ(\beta+2\sqrt{1+m^2})^{2/3}}{(\beta+m)^{5/3}i^{1/2}}\right]^{3/8}$

$$= \dfrac{1}{n}\dfrac{(\beta+m)^{5/3}h^{8/3}i^{1/2}}{(\beta+2\sqrt{1+m^2})}$$

梯形水力最优断面的宽深比为：

$$\beta_m = b_m/h_m = 2(\sqrt{1+m^2}-m) = 2(\sqrt{1+1^2}-1) = 0.83$$

将梯形水力最优断面的宽深比代入水深 h 的表达式中，即得到梯形断面的水深为：

$$h_m = 2^{1/4}\left[\frac{nQ}{(2\sqrt{1+m^2}-m)^{5/2}\sqrt{i}}\right]^{3/8}$$

$$= 1.189\left[\frac{0.020\times 5}{(2\sqrt{1+1^2}-1)^{5/2}\sqrt{0.0002}}\right]^{3/8}$$

$$= 1.406\text{m}$$

梯形断面的底宽为：$b_m = \beta_m h_m = 0.83\times 1.406 = 1.167\text{m}$

6.3 无压圆管均匀流

无压管道是指不满流的长管道，如污水管道、雨水管道、无压长涵管等。考虑水力最优条件，无压管道通常采用圆形断面，在流量较大时也可采用非圆断面形式。这里以圆形断面为例展开讨论。

6.3.1 无压圆管均匀流的水力特征及水力要素

直径不变的长直无压圆管，其水流状态与明渠均匀流相同，它的水力坡度、测压管坡度和渠道底坡三者相等，即 $J = J_p = i$。此外无压圆管均匀流还具有另外一个特点，即流速和流量分别在水流为满管流之前，达到其最大值。

如图 6-7 所示为一无压圆管均匀流过流断面。设管直径为 d，水深为 h。水深与直径的比值 $\alpha = h/d$ 称为无压圆管中水流的充满度，θ 称为充满角。无压圆管均匀流各水力要素间的关系如下：

过流面积：$A = d^2(\theta - \sin\theta)/8$

湿　周：$x = d\theta/2$

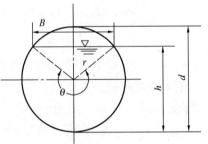

图 6-7 无压圆管均匀流过流断面

水力半径：$R = d\left(1 - \dfrac{\sin\theta}{\theta}\right)/4$

流　速：$v = C\sqrt{Ri} = \dfrac{1}{n}\left[\dfrac{d}{4}\left(1 - \dfrac{\sin\theta}{\theta}\right)\right]^{2/3}\sqrt{i}$

流量模数：$K = AC\sqrt{R} = \dfrac{d^2}{8}(\theta - \sin\theta)\dfrac{1}{n}\left[\dfrac{d}{4}\left(1 - \dfrac{\sin\theta}{\theta}\right)\right]^{2/3}$

流　量：$Q = K\sqrt{i} = \dfrac{d^2}{8}(\theta - \sin\theta)\dfrac{1}{n}\left[\dfrac{d}{4}\left(1 - \dfrac{\sin\theta}{\theta}\right)\right]^{\frac{2}{3}}\sqrt{i}$

充满度：$\alpha = h/d = \sin^2(\theta/4)$

6.3.2 无压圆管均匀流的水力计算问题

无压圆管均匀流的水力计算，主要包括以下四种类型：

(1) 验算无压管道的输水能力，即已知 d、α、i、n 求 Q；

(2) 确定无压管道坡度 i，即已知 d、α、Q、n 求 i。这类计算在工程上有应用价值，如排水管或下水道为避免沉积淤塞，要求有一定的"自清"速度，就必须要求有一定的坡度。

(3) 已知 d、Q、i、n 求 α（即求 h）；

(4) 已知 Q、a、i、n 求 d；

实际工程中在进行无压圆管水力计算时，还要遵守有关标准，如《室外排水设计规范》中的规定：

(1) 污水管道应按不满管流计算，其最大设计充满度按表 6-4 采用。

(2) 雨水管道和合流管道应按满流计算。

(3) 排水管的最大设计流速：金属管为 10m/s；非金属管为 5m/s。

最大设计充满度　　表 6-4

管径(d)或渠高(H)(mm)	最大设计充满度 ($a=h/d$ 或 h/H)
150～300	0.55
350～450	0.65
500～900	0.70
≥1000	0.75

(4) 排水管的最小设计流速：污水管道在设计充满度下为 0.6m/s，雨水管道和合流管道在满流时为 0.75m/s。

此外，对最小管径和最小设计坡度等参数也有规定，设计时可参阅有关手册与规范。

【例 6-4】 某钢筋混凝土圆形污水管，管径 $d=800$mm，管壁粗糙系数 $n=0.014$，管道坡度 $i=0.002$，最大允许流速 $v_{max}=5$m/s，最小允许流速 $v_{min}=0.8$m/s，求最大设计充满度时的流速和流量并校核管中流速。

【解】 查表 6-4 得管径 800mm 的污水管最大设计充满度 $a=0.7$，代入 $a=h/d=\sin^2(\theta/4)$，解得 $\theta=227.16°$。代入过流断面上的水力要素公式，得：

$$A=\frac{d^2(\theta-\sin\theta)}{8}=0.3758\text{m}^2$$

$$x=\frac{d\theta}{2}=1.586\text{m}$$

$$Q=K\sqrt{i}=\frac{d^2}{8}(\theta-\sin\theta)\frac{1}{n}\left[\frac{d}{4}\left(1-\frac{\sin\theta}{\theta}\right)\right]^{2/3}\sqrt{i}=0.504\text{m}^2/\text{s}$$

$$v=1.34\text{m/s}$$

由于 $v_{max}<v<v_{min}$，故所得的计算流速在允许流速范围之内。

6.4 明渠恒定非均匀流动的基本概念

明渠均匀流只能发生在断面形状、尺寸、底坡和粗糙系数等参数均沿程不变的长直棱柱形渠道中，而且要求渠道中没有修建任何水工建筑物。然而在交通土建和市政工程中常需在河渠上架桥、设涵、筑坝、建闸等。这些构筑物的存在都会引起渠道底坡的变化、或渠壁材料的改变、或渠道断面的变化等，从而破坏均匀流形成的条件，形成明渠非均匀流动。在明渠恒定非均匀流的水力计算中，常常需要对各断面的水深或水面曲线进行计算。后面的章节中将着重介绍明渠恒定非均匀流中水面曲线的变化规律及其计算方法。在深入了解明渠非均匀流的规律之前，首先介绍几个明渠非均匀流的基本概念。

6.4.1 断面单位能量

明渠渐变流的任一过流断面内，单位重量液体对基准面 0—0（见图 6-8）的总机械能 E 为：

$$E=z+\frac{p}{\gamma}+\frac{\alpha v^2}{2g}=z_1+h+\frac{\alpha v^2}{2g} \tag{6-11}$$

式中 h——断面最大水深;

$\dfrac{\alpha v^2}{2g}$——平均流速水头;

z_1——过流断面最低点的位置水头(取决于基准面,而与水流的运动状态无关)。

若将基准面抬高至过断面最低点,即以图 6-8 中的 O_1-O_1 线为基准线,则单位重量液体所具有的机械能为:

$$e=h+\frac{\alpha v^2}{2g} \tag{6-12}$$

式中 e——断面单位能量或断面比能。

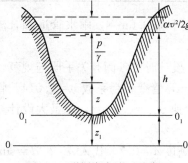

图 6-8 明渠渐变流过流断面

由图 6-8 不难看出,e 就是渠底线与总水头之间的铅直距离。E 与 e 的关系为:

$$E=e+z_1 \tag{6-13}$$

断面单位能量 e 和单位重量液体的机械能 E 是两个不同的概念。E 是相对于同一个基准面的机械能,其值必沿流程减小,即 $dE/ds<0$。而 e 的基准面沿流程不固定,并且一般非均匀流的流速与水深皆沿流程变化,导致 e 沿流程可能增大,即 $\dfrac{de}{ds}>0$;也可能减小,即 $\dfrac{de}{ds}<0$;甚至还可能沿流程不变,即 $\dfrac{de}{ds}=0$。一般称 e 沿流程增大的明渠流为储能流;而将 e 沿流程减少的明渠流称为减能流。

明渠非均匀流的水深沿流程是变化的,对于一定的流量 Q,可能以不同的水深 h 通过某一过流断面因而具有不同的断面单位能量 e。对于棱柱形渠道,流量一定时,断面单位能量 e 随水深而变化,即:

$$e=h+\frac{\alpha v^2}{2g}=h+\frac{\alpha Q^2}{2gA^2}=f(h) \tag{6-14}$$

可见,当明渠断面形状、尺寸和流量一定时,断面单位能量 e 仅随水深 h 而变化。这种变化可用图 6-9 所示的图形表示出来。当 $h\to0$ 时,$A\to0$,则 $e\approx\dfrac{\alpha Q^2}{2gA^2}\to\infty$,曲线 $e=f(h)$ 以横轴为渐近线;当 $h\to\infty$ 时,$A\to\infty$,则 $e\approx h\to\infty$,因此曲线 $e=f(h)$ 以通过坐标原点与横轴成 45°夹角的直线为渐近线。e 具有极小值 $e_{\min}$,该点将曲线分为上、下两支。在下支,断面单位能量 e 随水深的增加而减少,即 $\dfrac{de}{dh}<0$;

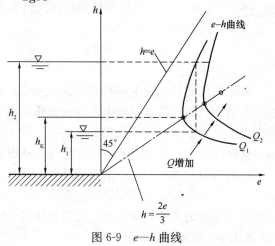

图 6-9 $e-h$ 曲线

在上支则相反,e 随 h 的增加而增加,即 $\dfrac{de}{dh}>0$。从图 6-9 可以看出,相应于任一可能的 e 值,有两个水深 h_1、h_2 与之对应,但当 $e=e_{\min}$ 时,只有一个水深与之对应,该水深称为临界水深,记作 h_K。

6.4.2 临界水深

临界水深是指在断面形状、尺寸及流量一定的条件下，相应的断面单位能量为最小值时的水深，即 $e=e_{\min}$ 时所对应的水深。临界水深 h_K 的计算式可根据其定义求出。将 e 对 h 求导，得：

$$\frac{de}{dh}=\frac{d}{dh}\left(h+\frac{\alpha Q^2}{2gA^2}\right)=1-\frac{\alpha Q^2}{gA^3}\frac{dA}{dh} \tag{6-15}$$

由图 6-10 可知

$$dA=Bdh$$

即

$$\frac{dA}{dh}=B \tag{6-16}$$

将式（6-16）代入式（6-15），得：

$$\frac{de}{dh}=1-\frac{\alpha Q^2}{g}\frac{B}{A^3}$$

令 $\dfrac{de}{dh}=0$，可得临界水深公式：

$$1-\frac{\alpha Q^2}{g}\frac{B_K}{A_K^3}=0 \quad \text{或} \quad \frac{\alpha Q^2}{g}=\frac{A_K^3}{B_K} \tag{6-17}$$

对于断面形状、尺寸给定的渠道，在通过一定流量时，可应用式（6-17）求其临界水深 h_k。对于矩形断面的渠道，其水面宽度 B 等于底宽 b，代入式（6-17），可得：

$$h_K=\sqrt[3]{\frac{\alpha Q^2}{gb^2}}=\sqrt[3]{\frac{\alpha q^2}{g}} \tag{6-18}$$

式中 q——单宽流量，$q=\dfrac{Q}{b}$。

在分析明渠流动问题时，了解哪些位置会出现临界水深，具有重要的意义。只要测得相应断面上的临界水深和该断面的尺寸，其流量即可利用式（6-17）简便地估算出来。在明渠中，若知道发生临界水深的断面位置，就相当于得到了一个已知条件（水深为临界水深），即可把该断面作为控制断面来推求上下游的水面曲线。

6.4.3 临界底坡

由明渠均匀流的基本公式 $Q=AC\sqrt{Ri}$ 可知：对于流量 Q，粗糙系数 n 以及渠道断面尺寸一定的棱柱形渠道，其正常水深 h_0 的大小仅取决于渠道的底坡 i。h_0 与 i 的关系如图 6-11 所示。当正常水深 h_0 恰好等于该流量下的临界水深时所对应的底坡称为临界底坡，以 i_K 表示。

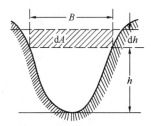

图 6-10 过流断面面积 A 随水深 h 的变化

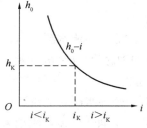

图 6-11 正常水深 h_0 与底坡 i 的关系

按照上述定义，在临界坡度时，明渠中的水深同时满足明渠均匀流基本公式和临界水深公式，即：

$$Q = A_K C_K \sqrt{R_K i_K}$$

$$\frac{\alpha Q^2}{g} = \frac{A_K^3}{B_K}$$

联立以上两式可求得临界底坡 i_K，即：

$$i_K = \frac{Q^2}{A_K^2 C_K^2 R^2} = \frac{g x_K}{\alpha C_K^2 B_K} \tag{6-19}$$

临界底坡是为了便于分析明渠流动而引入的特定坡度，并不是明渠的实际底坡。根据明渠的实际底坡 i 与某一流量下的临界底坡 i_K 的比较关系，可将渠道分为下列三种情况：(1)如果渠道的实际底坡小于临界坡底，即 $i < i_K$（则 $h_0 > h_K$），此时渠道的底坡称为缓坡，而渠道称为缓坡渠道；(2)如果 $i > i_K$（则 $h_0 < h_K$），此时渠道的底坡称为陡坡或急坡，而渠道称为陡(急)坡渠道；(3)如果 $i = i_K$（则 $h_0 = h_K$），此时渠道底坡称为临界坡。必须指出，同一个底坡 i 在不同的流量 Q（或 n 值）时可能是缓坡也可能是陡坡；但对于确定的 Q 或 n 值，i 属于哪种底坡则是一定的。

6.4.4 明渠流动的三种状态

实际观察发现，底坡平缓的渠道或处于枯水季节的平原河流中，水流缓慢。当水流受到障碍物（如河渠中的巨石、桥墩、坝等）的阻挡时，障碍物前方的水面壅高能逆流上传到较远的地方。明渠的这种流动状态称为缓流；而在山区和丘陵地区的陡槽、险滩中，则水流湍急。当水流遇到障碍物阻挡时，水面仅在障碍物附近隆起，障碍物的干扰不向上游传播。明渠的这种流动状态称为急流。

缓流与急流的判别在明渠恒定非均匀流的分析和计算中具有重要意义，实际分析中常用的判别方法有：

1. 断面比能法

(1) 缓流状态：则 $h > h_K$。此时，水流状态处在 $e = f(h)$ 曲线的上支(见图 6-9)，$\frac{de}{dh} > 0$，断面比能随着水深的增大而增大。

(2) 急流状态：$h < h_K$。此时，水流状态处在 $e = f(h)$ 曲线的下支，$\frac{de}{dh} < 0$，断面比能随着水深增大而减小。

(3) 临界流：$h = h_K$。此时，水流状态处在 $e = f(h)$ 曲线的极值点上，$\frac{de}{dh} = 0$。

2. 临界水深法

将实际渠道的非均匀流水深 h 与相应的临界水深 h_K 进行比较，若 $h > h_K$，流动为缓流；$h < h_K$，流动为急流；$h = h_K$，流动为临界流。

3. 临界流速法

明渠水深等于临界水深时的流速称为临界流速，以 v_K 表示。若明渠水流流速 v 小于相应的临界流速 v_K，即 $v < v_K$，流动为缓流；若 $v > v_K$，流动为急流；若 $v = v_K$，流动为临界流。

4. 弗劳德数法

令
$$Fr=\sqrt{\frac{\alpha Q^2}{g}\frac{B}{A^3}}=\sqrt{\frac{\alpha v^2}{gh_m}} \tag{6-20}$$

式中，$h_m=\dfrac{A}{B}$ 表示断面平均水深，则

$$\frac{de}{dh}=1-\frac{\alpha Q^2}{g}\frac{B}{A^3}=1-\frac{\alpha v^2}{gh_m}=1-Fr^2 \tag{6-21}$$

由此可得：$Fr<1$ 时，$de/dh>0$，流动为缓流；

$Fr>1$ 时，$de/dh<0$，流动为急流；

$Fr=1$ 时，$de/dh=0$，流动为临界流；

5. 波速法

明渠流动中所遇到的障碍物，均可视为一种对水流的干扰。每一微小扰动的影响将以一种微幅扰动波的形式在水流中传播。波所到之处水流的水深、流速等水力要素均发生变化。明渠流动的水面线实际上是持续产生的所有扰动子波相互叠加的结果。根据恒定总流的能量方程和连续性方程，可推导出微幅扰动波的传播速度：

$$c=\sqrt{gA/\alpha B} \tag{6-22}$$

明渠水流流速 v 与微幅扰动波的传播速度 c 之比为：

$$\frac{v}{c}=\frac{Q/A}{\sqrt{gA/\alpha B}}=\sqrt{\alpha Q^2 B/(gA^3)}=Fr \tag{6-23}$$

由此可以得出：$Fr<1$ 时，则 $v<c$，流动为缓流，此时微幅扰动波既能向下游传播，又能逆行向上游传播；$Fr>1$ 时，则 $v>c$，流动为急流，此时扰动波不能向上游传播，只能向下游传播；$Fr=1$ 时，则 $v=c$，流动为临界流，此时扰动波向上游传播的速度为零。

上述五种判别方法是等价的。设计计算时，一般采用具有综合参数意义的弗劳德数判断。但在野外勘测时，应用波速法则更简便些。应特别注意的是急坡渠道中的水流不一定是急流，缓坡渠道中的水流也不一定是缓流，只有在明渠水流为均匀流时渠道底坡的缓急才与水流的缓急是一致的。

【例 6-5】 有一梯形土渠，底宽 $b=12\text{m}$，边坡系数 $m=1.5$，粗糙系数 $n=0.025$，动能修正系数 $\alpha=1.1$，通过流量 $Q=18\text{m}^3/\text{s}$，试求临界水深及临界坡度。

【解】 （1）在临界状态下 $\dfrac{\alpha Q^2}{g}=\dfrac{A_K^3}{B_K}$

把已知数据代入，得 $\dfrac{\alpha Q^2}{g}=\dfrac{1.1\times 18^2}{9.8}=36.67$

取不同的水深 h 试算，试算过程见表 6-5。

过水断面面积：$A=(b+mh)h=(12+1.5h)h$

水面宽度：$B=b+2mh=12+3h$

$$\frac{A^3}{B}=\frac{[(12+1.5h)h]^3}{12+3h}$$

试 算 过 程　　　　　　　　　　　　　　　表 6-5

h/m	0.6	0.65	0.61	0.63	0.62	0.615
$(A^3/B)/\text{m}$	33.60	43.00	35.35	39.05	37.17	36.26

由表 6-5 可知，临界水深 $h_K = 0.615$m。

(2) 由式 (6-19)，计算临界底坡

$$A_K = (b+mh_K)h_K = (12+1.5\times0.615)\times0.615 = 7.95\text{m}$$

$$x_K = b+2h_K\sqrt{1+m^2} = 12+2\times0.615\sqrt{1+1.5^2} = 14.22\text{m}$$

$$R_K = \frac{A_K}{x_K} = \frac{7.95}{14.22} = 0.559\text{m}$$

$$C_K = \frac{1}{n}R_K^{1/6} = \frac{1}{0.025}0.559^{1/6} = 36.30\text{m}^{1/2}/\text{s}$$

$$i_K = \frac{Q^2}{A_K^2 C_K^2 R_K} = \frac{18^2}{7.95^2\times36.30^2\times0.559} = 0.00696$$

【例 6-6】 有一石砌矩形断面渠道，已知粗糙系数 $n=0.017$，宽度 $b=5$m，流量 $Q=10$m³/s，当正常水深 $h_0=1.85$m 时，试判别明渠水流的状态。

【解】 (1) 用临界水深法判别

单宽流量 $\quad q = \dfrac{Q}{b} = \dfrac{10}{5} = 2\text{m}^2/\text{s}$

由式 (6-17) $\quad h_K = \sqrt[3]{\dfrac{\alpha Q^2}{gb^2}} = \sqrt[3]{\dfrac{\alpha q^2}{g}} = \sqrt[3]{\dfrac{10\times2^2}{9.8}} = 0.742$m

因 $h_0 > h_K$，故此明渠流为缓流。

(2) 用临界流速法判别

临界流速 $\quad v_K = \dfrac{Q}{A_K} = \dfrac{Q}{bh_K} = \dfrac{10}{5\times0.742} = 2.7$m/s

明渠流动的实际流速 $\quad v = \dfrac{Q}{A} = \dfrac{Q}{bh_0} = \dfrac{10}{5\times1.85} = 1.08$m/s

因 $v < v_K$，故此明渠流为缓流。

(3) 用弗劳德数法判别

$$Fr = \sqrt{\frac{\alpha Q^2 B}{gA^3}} = \sqrt{\frac{1.0\times10^2\times5}{9.8\times(5\times1.85)^3}} = 0.254$$

因 $Fr < 1$，故此明渠流为缓流。

6.5 跌水与水跃

前面讨论了明渠水流的三种流动状态：缓流、急流和临界流。工程中往往由于明渠流动边界的突然改变，导致水流状态由急流向缓流或由缓流向急流过渡，从而发生水跃或跌水等急变流现象。明渠急变流的水力特征是：在很短的流程内水深和流速发生急剧变化；具有曲度较大的流线；过水断面的压强不符合静水压强分布规律；水面曲线穿越临界水深线。

6.5.1 跌水

跌水是明渠水流从缓流过渡到急流、水面急剧降落的局部水力现象。如图 6-12 所示，这种现象常见于明渠底坡由缓坡变成陡坡或明渠断面突然扩大或缓坡渠道的末端跌坎处。了解跌水现象对分析和计算明渠恒定非均匀流的水面曲线具有重要意义。跌水上游的水深

大于临界水深，跌水下游的水深小于临界水深，因此转折断面上的水深应等于临界水深。转折断面通常称为控制断面，其水深称为控制水深。在进行水面曲线分析和计算时控制水深可作为已知水深，给分析、计算提供一个已知条件。

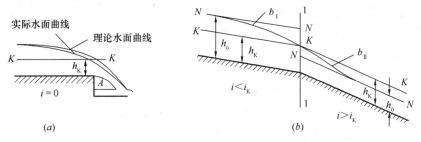

图 6-12 跌水现象

6.5.2 水跃

1. 水跃现象

水跃是明渠水流从急流状态过渡到缓流状态时水面骤然跃起的局部水力现象。水跃是一种明渠急变流，在闸、坝等泄水建筑物的下游，一般均有水跃发生。

如图 6-13 所示，水跃区的水流可分为两部分：上部区域是急流冲入缓流所激起的表面漩流，水流翻腾滚动，饱掺空气，叫作"表面水滚"；下部是主流区，流速由快变慢，水深由小变大。主流与表面水滚并没有明显的界限，二者之间不断地进行质量和动量交换。在发生水跃的突变过程中，水流内部产生强烈的摩擦掺混作用，其内部结构经历剧烈的改变和再

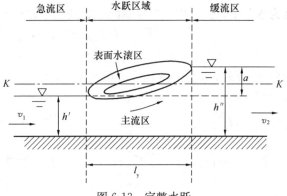

图 6-13 完整水跃

调整，消耗大量的机械能。水跃区域甚至能够消耗高达来流能量的 60%～70%，具有突出的消能效果。因次，常被用来作为泄水建筑物下游的一种有效的消能方式。

在确定水跃区域的范围时，通常将表面水滚的前端称为跃前断面，该处的水深称为跃前水深 h'；表面水滚的末端称为跃后断面，该处的水深称为跃后水深 h''。通常跃前和跃后断面的位置是沿水流方面前后摆动的，量测时取其平均位置即可。跃前与跃后水深之差称为跃高 a。跃前跃后两断面间的距离称为水跃长度 l_y。

2. 水跃基本方程

水跃的跃前水深和跃后水深之间的关系应满足水跃基本方程。这里仅讨论如图 6-14 所示的平坡（$i=0$）渠道中的完整水跃。所谓完整水跃是指发生在棱柱形渠道中，跃前与跃后水深相差显著的水跃。

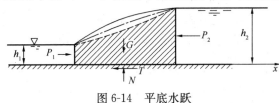

图 6-14 平底水跃

由于水跃区内部水流极为紊乱复杂，其阻力分布及能量损失规律尚未弄清，无法计算能量损失。应用能量方程推导水跃基本方程存在困难，故一般采

用动量方程进行推导。在推导过程中，根据水跃发生的实际情况，作如下假设。

(1) 水跃段长度不大，可忽略渠底的摩擦阻力；
(2) 水跃的跃前、跃后断面处水流为渐变流；
(3) 跃前、跃后断面的动量修正系数相等，即 $\beta_1=\beta_2=\beta$。

在上述假设下，列水流方向的动量方程，有：

$$P_1-P_2=\rho Q(\beta_2 v_2-\beta_1 v_1)=\rho Q(\beta v_2-\beta v_1)=\beta\rho Q^2\left(\frac{1}{A_1}-\frac{1}{A_2}\right) \quad (6\text{-}24)$$

式中，P_1、P_2 分别是作用于跃前、跃后断面上的动水压力，根据假设(2)，有：

$$P_1=\gamma h_1 A_1,\quad P_2=\gamma h_2 A_2 \quad (6\text{-}25)$$

式中，h_1、h_2 分别是跃前、跃后断面形心处的水深。把式(6-25)代入式(6-24)，整理得：

$$\frac{\beta Q^2}{gA_1}+h_1 A_1=\frac{\beta Q^2}{gA_2}+h_2 A_2 \quad (6\text{-}26)$$

式(6-26)就是平坡棱柱形渠道中完整水跃的基本方程式。

当流量和断面形状、尺寸给定时，$\frac{\beta Q^2}{gA}+hA$ 只是水深的函数。令 $J(h)=\frac{\beta Q^2}{gA}+hA$，称为水跃函数。式中，$h$ 为断面形心处的水深。则完整水跃的基本方程式(6-26)可写为：

$$J(h_1)=J(h_2) \text{ 或 } J(h')=J(h'') \quad (6\text{-}27)$$

式(6-27)表明，跃前、跃后断面的水跃函数值相等。因此同一个 J 值对应于跃前、跃后两个水深，如图 6-15 所示，分别大于和小于临界水深 h_k，因而 h' 和 h'' 被形象地称为共轭水深。

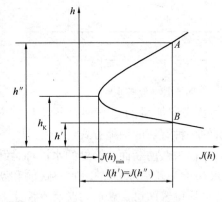

图 6-15 水跃函数曲线

3. 共轭水深的计算

对于任意断面渠道，若已知共轭水深中的一个，求解另一个，一般可采用图解法。图解法利用水跃函数曲线来直接求解共轭水深。当流量和明渠断面的形状尺寸给定时，可假设不同水深，试算出相应的水跃函数 $J(h)$。如图 6-15 所示，以水深 h 为纵轴，以水跃函数 $J(h)$ 为横轴，可绘出水跃函数曲线。下面从已知 h' 为例说明。以水深 h' 作水平线交 $J(h)-h$ 曲线于 B 点，自 B 点作平行于 h 轴的直线与 $J(h)-h$ 曲线的另一支交于 A 点，根据式(6-27)，该点所对应的水深即为所求的另一共轭水深 h''。

水跃函数曲线具有如下特性：

(1) 水跃函数曲线上与 $J(h)_{\min}$ 相应的水深即是临界水深 h_k；
(2) 当 $h>h_K$ 时(相当于曲线的上半支)；$J(h)$ 随着跃后水深的减小而减小；
(3) 当 $h<h_K$ 时(相当于曲线的下半支)；$J(h)$ 随着跃前水深的减小而增大。

对于矩形断面棱柱形渠道，将 $A_1=bh'$，$A_2=bh''$，$h_1=h'/2$，$h_2=h''/2$，$\frac{\alpha Q^2}{gb^2}=h_K^3$ 代入式(6-26)，并令 $\alpha\approx\beta$，可得：

解上式得：

$$h'^2 h'' + h''^2 h' - 2h_K^2 = 0$$

$$\left.\begin{aligned} h' &= \frac{h''}{2}\left[\sqrt{1+8(h_K/h'')^3}-1\right] \\ h'' &= \frac{h'}{2}\left[\sqrt{1+8(h_K/h')^3}-1\right] \end{aligned}\right\} \tag{6-28}$$

或

$$\left.\begin{aligned} h' &= \frac{h''}{2}\left[\sqrt{1+8Fr_2^2}-1\right] \\ h'' &= \frac{h'}{2}\left[\sqrt{1+8Fr_1^2}-1\right] \end{aligned}\right\} \tag{6-29}$$

式（6-28）或式（6-29）即为平坡矩形断面渠道中水跃共轭水深的计算公式。

4. 水跃消能计算

水跃现象在改变水流外部形态的同时，也引起了水流内部结构的剧烈变化，伴随而来的是水跃引起的大量的机械能损失。研究发现，水跃造成的机械能损失主要集中在水跃段，还有极少部分发生在跃后段。跃前断面与跃后断面间单位重量液体的机械能之差即是水跃消除的能量，以 h_w 表示。在跃前断面与跃后断面间列总流的伯努利方程，可得水跃的能量损失。对于平坡矩形断面棱柱形渠道，取 $\alpha_1 = \alpha_2 = \beta$，有：

$$h_w = h' - h'' + \frac{\alpha q^2}{2g}\left(\frac{1}{h'^2} - \frac{1}{h''^2}\right) = \frac{(h''-h')^3}{4h'h''} \tag{6-30}$$

5. 水跃长度计算

水跃长度 l 包括水跃段长度 l_y 和跃后段长度 l_c 两部分，

$$l = l_y + l_c \tag{6-31}$$

水跃长度是泄水建筑物消能设计的主要依据之一。但由于水跃现象复杂，目前水跃长度的理论研究尚不成熟，多依靠经验公式计算。下面介绍几个常用的平坡矩形断面明渠水跃长度的经验公式。

$$l_y = 4.5h'' \tag{6-32}$$

或

$$l_y = \frac{1}{2}(9.5h'' - 5h')$$

跃后段长度 l_c 可用以下公式计算：

$$l_c = (2.5 \sim 3.0)l_y \tag{6-33}$$

上述经验公式仅适用于底坡较小的矩形渠道，在工程上作为初步估算之用。若要获得准确值，需通过水流模型试验确定。

6.6 棱柱形渠道中渐变流水面曲线分析

工程中所见的大多数明渠流中，通常由若干个急变流段和均匀流段或非均匀流段组成。通常在缓坡渠道中设有闸坝，渠道末端布置跌坎。此时，闸坝上游一定范围内水位抬高，水流为渐变流，闸坝上游较远处可视作均匀流。而坝上溢流及水跃、跌水均为急变流。其他部分的流动为渐变流。

与明渠均匀流不同,明渠非均匀流的水深沿流程变化,水面线与渠底不平行。明渠水深沿程变化的情况与河渠的淹没范围、坝堤的高度、渠道内冲淤的变化等诸多工程问题密切相关。因此,明渠非均匀渐变流水面曲线的分析是明渠非均匀流研究的主要内容。明渠非均匀渐变流水面曲线的分析就是根据渠道的水深条件、来流的流量和控制断面条件来确定水面曲线的沿程变化趋势和变化范围,定性地绘出水面曲线。

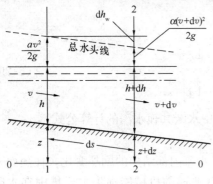

图 6-16 明渠非均匀渐变流

6.6.1 棱柱形渠道渐变流基本微分方程

下面推导棱柱形渠道渐变流的基本微分方程,为水面曲线的分析、计算提供理论基础。

图 6-16 表示一段输水流量为 Q,底坡为 i 的渠段,由于某种原因,水流作渐变流动。取两过流断面 1-1 和 2-2。两断面的间距为 ds,水深相差 dh,断面平均流速相差 dv,渠底高程相差 dz。以 0-0 为基准面列 1-1 断面和 2-2 断面间的能量方程:

$$z+h+\frac{\alpha v^2}{2g}=(z+dz)+(h+dh)+\frac{\alpha(v+dv)^2}{2g}+dh_w \tag{6-34}$$

展开 $\dfrac{\alpha(v+dv)^2}{2g}$ 并略去二阶微量,得:

$$\frac{\alpha(v+dv)^2}{2g}=\frac{\alpha v^2}{2g}+d\left(\frac{\alpha v^2}{2g}\right)$$

代入(6-34),整理得:

$$dz+dh+d\left(\frac{\alpha v^2}{2g}\right)+dh_w=0 \tag{6-35}$$

式(6-35)中各项都是流程 s(空间坐标)的连续函数,为分析各水力要素沿流程的变化,分别对 s 求导,得:

$$\frac{dz}{ds}+\frac{dh}{ds}+\frac{d}{ds}\left(\frac{\alpha v^2}{2g}\right)+\frac{dh_w}{ds}=0 \tag{6-36}$$

渠道底坡:

$$i=\sin\theta=-\frac{dz}{ds} \tag{6-37}$$

渐变流的微小流段内水头损失作均匀流处理,即:

$$\frac{dh_w}{ds}\approx J=\frac{Q^2}{K^2} \tag{6-38}$$

又

$$\frac{d\left(\frac{\alpha v^2}{2g}\right)}{ds}=\frac{d}{ds}\left(\frac{\alpha Q^2}{2gA^2}\right) \tag{6-39}$$

对于非棱柱形渠道,有:

$$A=f_1(h,\ s)\quad h=f_2(s)$$

故

$$\frac{d}{ds}\left(\frac{\alpha Q^2}{2gA^2}\right)=-\frac{\alpha Q^2}{gA^3}\frac{dA}{ds}=-\frac{\alpha Q^2}{gA^3}\left(\frac{\partial A}{\partial h}\frac{dh}{ds}+\frac{\partial A}{\partial s}\right) \tag{6-40}$$

因为

$$\frac{\partial A}{\partial h}=B$$

则
$$\frac{d}{ds}\left(\frac{\alpha Q^2}{2gA^2}\right) = -\frac{\alpha Q^2}{gA^3}\left(B\frac{dh}{ds} + \frac{\partial A}{\partial s}\right) \tag{6-41}$$

将式（6-37）、式（6-38）、式（6-41）代入式（6-36）得：

$$\frac{dh}{ds} = \frac{i - \dfrac{Q^2}{k^2}\left(1 - \dfrac{\alpha Q^2}{gA}\dfrac{\partial A}{\partial s}\right)}{1 - \dfrac{\alpha Q^2}{g}\dfrac{B}{A^3}} \tag{6-42}$$

对于棱柱形渠道，A 仅是水深的函数，故 $\dfrac{\partial A}{\partial s} = 0$。

则式（6-42）变为：

$$\frac{dh}{ds} = \frac{i - \dfrac{Q^2}{k^2}}{1 - \dfrac{\alpha Q^2 B}{gA^3}} = \frac{i - J}{1 - \dfrac{\alpha Q^2 B}{gA^3}} = \frac{i - J}{1 - Fr^2} \tag{6-43}$$

式（6-43）就是棱柱形渠道渐变流微分方程。

6.6.2 棱柱形渠道渐变流水面曲线的类型和规律

下面依据棱柱形渠道渐变流微分方程式对不同底坡上可能出现的水面曲线形状进行分析。为了便于分析水深沿流程变化的情况，一般根据实际水深与正常水深、临界水深的关系，在水面曲线的分析图上作出两条平行于渠底的直线。一条是距渠底距离为 h_0 的正常水深线 N-N；另一条是距渠底距离为 h_K 的临界水深线 K-K。利用这两条辅助线就把流动空间划分成为三个区域。其中，两条线以上的区域称为 a 区，其水深 $h > h_0$、h_K，流动为缓流；两条线之间的区域称为 b 区，其水深 h 介于 h_0 和 h_K 之间，流动可能是缓流，也可能是急流，根据具体情况而定；两条线以下的区域称为 c 区，其水深 $h < h_0$、h_K，流动为急流。

(1) 顺坡渠道（$i > 0$）　根据流量大小和渠道的形状、尺寸、粗糙程度的不同，把渠道分成缓坡（$i < i_K$）、急坡（$i > i_K$）、临界坡（$i = i_K$）三种情况。分别根据棱柱形渠道渐变流微分方程式（6-43）分析其水面曲线。

1) 缓坡渠道（$i < i_K$）　缓坡渠道上发生的均匀流一定是缓流，即 $h_0 > h_K$，N-N 线在 K-K 线之上，流动空间分成 a、b、c 三个区域。如图 6-17 所示，根据控制水深的不同，可以形成三种水面曲线。

① a 区（$h > h_0 > h_K$）　水深 h 大于临界水深 h_K，也大于正常水深 h_0，水流为缓流。式（6-43）中，由于 $h > h_0$，故 $J < i$，则分子 $i - J > 0$；而 $h > h_K$，故 $Fr < 1$，则分母 $1 - Fr^2 > 0$。所以 $\dfrac{dh}{ds} > 0$，水深沿流程增加，称为 a_1 型壅水曲线。

a_1 型水面线两端的趋势：往上游，水深减小，$h \to h_0$，$J \to i$，则 $\dfrac{dh}{ds} \to 0$，水深沿程不变，这表明 a_1 型水面线上游以 N-N 线为渐近线；往下游 $h \to \infty$，$J \to 0$，$Fr \to 0$，$\dfrac{dh}{ds} \to i$，这表示 a_1 型水面线下游以水平线为渐近线。

由以上分析可知，a_1 型水面线是上游以正常水深线为渐近线，下游以水平线为渐近线，形状下凹的壅水曲线。

在缓坡明渠上修建闸、坝挡水，如闸、坝前水深被抬高至正常水深以上，则闸、坝上

游明渠中将形成 a_1 型水面线。

②b 区（$h>h_0>h_K$）　水深 h 大于临界水深 h_K，但小于正常水深 h_0，水流为缓流。式（6-43）中，由于 $h<h_0$，故 $J>i$，则分子 $i-J<0$；而 $h>h_K$，故 $Fr<1$，则分母 $1-Fr^2>0$。所以 $\dfrac{dh}{ds}<0$，水深沿程减小，称为 b_1 型降水曲线。

b_1 型水面线两端的趋势：往上游，水深增加，$h\to h_0$，$J\to i$，则 $\dfrac{dh}{ds}\to 0$，水深沿程不变，这表明 b_1 型水面线上游以 N-N 线为渐近线；往下游 $h\to h_K$，$Fr\to 1$，流态接近于临界流，$\dfrac{dh}{ds}\to -\infty$，水面线与 K-K 线正交，形成由缓流向急流过度的跌水现象。

由上可知，b_1 型水面线是上游以 N-N 线为渐近线，下游与 K-K 线正交，水深沿流程减少，形状上凸的降水型曲线。

③c 区（$h<h_K<h_0$）　水深 h 小于临界水深 h_K，也小于正常水深 h_0，水流为急流。式（6-43）中，由于 $h<h_0$，故 $J>i$，则分子 $i-J<0$；而 $h<h_K$，故 $Fr>1$，则分母 $1-Fr^2<0$。所以 $\dfrac{dh}{ds}>0$，水深沿流程增加，称为 c_1 型壅水曲线。

c_1 型水面线两端的趋势：往下游，水深增加，$h\to h_K$，$Fr\to 1$，$1-Fr^2\to 0$，流态接近于临界流，$\dfrac{dh}{ds}\to +\infty$ 水面线与 K-K 线正交，形成由急流向缓流过渡的水跃现象。c_1 型水面线水深向上游减小，其水深取决于水工建筑物泄流情况，即 c_1 型水面线上游由边界条件确定，下游趋向铅直于 K-K 线，水深沿程增加，其形状为下凹的壅水曲线。缓坡渠道上的闸下出流，其水面线通常为 c_1 型。

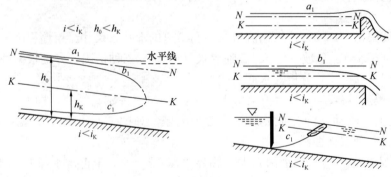

图 6-17　缓坡渠道水面曲线

2) 急坡渠道（$i>i_K$）　急坡渠道上发生的均匀流一定是急流，即 $h_0<h_K$，N-N 线在 K-K 线之下，流动空间分成 a、b、c 三个区域。如图 6-18 所示，根据控制水深的不同，可以形成三种水面曲线。

①a 区（$h>h_K>h_0$）　水深 h 大于临界水深 h_K，也大于正常水深 h_0，水流为缓流。采用与 a_1 型水面线相似的分析方法，由式（6-43）可得 $\dfrac{dh}{ds}>0$，水深沿流程增加，称为 a_2 型壅水曲线。

a_2 型水面线两端的趋势：往上游，水深减小，$h\to h_K$，$Fr\to 1$，则 $\dfrac{dh}{ds}\to +\infty$，水面线

与 K-K 线正交,形成水跃。往下游 $h \to \infty$,$J \to 0$,$Fr \to 0$,$\frac{dh}{ds} \to i$,在一定流程上水面线增加的高度恰好等于渠底降低的高度,故水面线下游以水平线为渐近线。

以上分析可知,a_2 型水面线是下游以水平线为渐近线,上游铅直穿越 K-K 线形成水跃,形状上凸的壅水曲线。

②b 区($h_0 < h < h_K$) 该区域的流动为急流。采用与 b_1 型水面线相似的分析方法,由式(6-43)可得 $\frac{dh}{ds} < 0$,水深沿程减小,形成 b_2 型降水曲线。

b_2 型水面线两端的趋势:往上游 $h \to h_K$,$Fr \to 1$,流态接近于临界流,$\frac{dh}{ds} \to -\infty$,水面线与 K-K 线正交,形成跌水现象;往下游,水深减小,$h \to h_0$,$J \to i$,则 $\frac{dh}{ds} \to 0$,水深沿程不变,形成均匀流。

综上所述,b_2 型水面线是上游发生跌水,下游以正常水深线 N-N 为渐近线,形状下凹的降水曲线。

当水流由缓坡渠道流入急坡渠道时,在变坡附近将形成由 b_1 型降水曲线和 b_2 型降水曲线相衔接的跌水现象。

③c 区($h < h_0 < h_K$) 该区域的水深 h 小于临界水深 h_K,也小于正常水深 h_0。水流为急流。由式(6-43)分析可知,该区域的水面线为上凸的壅水曲线,称为 c_2 型壅水曲线。该水面线向下游以正常水深线为渐近线,形成均匀流;水面线上游水深由边界条件确定。

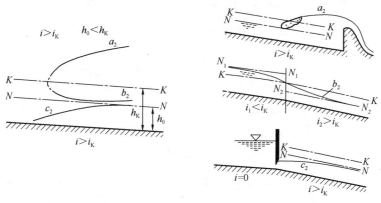

图 6-18 急坡渠道水面曲线

3)临界坡渠道($i = i_K$) 由于 $i = i_K$,则 $h_0 = h_K$,N-N 线与 K-K 线重合,故临界坡上渠道空间只能划分为 a、c 两个区域。如图 6-19 所示,根据控制水深的不同,可以形成两种水面曲线。

①a 区($h > h_0 = h_K$) 由于水深 h 大于正常水深 h_0,也大于临界 h_K,水流为缓流。由式(6-43)可得,$\frac{dh}{ds} > 0$,即水深沿程增加,为壅水曲线,称为 a_3 型壅水曲线。

②c 区($h < h_0 = h_K$) 由于水深 h 小于正常水深 h_0,也小于临界 h_K,水流为急流。由式(6-43)可得,$\frac{dh}{ds} > 0$,即水深沿程增加,为壅水曲线,称为 c_3 型壅水曲线。

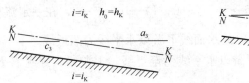
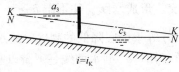

图 6-19 临界坡渠道水面曲线

a_3 型和 c_3 型壅水曲线在实际工程中都很少见。

(2) 平坡渠道（$i=0$）　在平坡渠道上不可能发生均匀流，即不存在 N-N 线，但仍有 K-K 线，所以平坡上的流动空间只能分成 b、c 两个区域，如图 6-20 所示。

平坡渠道的渐变流微分方程可写成

$$\frac{dh}{ds}=\frac{-J}{1-Fr^2} \qquad (6-44)$$

1) b 区（$h>h_K$）　此区域的水深 h 大于临界水深 h_K，水流为缓流。由式（6-44）分析可得 $\frac{dh}{ds}<0$，水深沿程减小，为降水曲线，称为 b_0 型降水曲线。当 $h \to h_K$ 时，$Fr \to 1$，$\frac{dh}{ds} \to -\infty$，水面曲线与 K-K 线正交，将发生跌水现象；当 $h \to \infty$ 时，$J \to 0$，$\frac{dh}{ds} \to 0$，该水面曲线上游以水平线为渐近线。在平坡渠道末端跌坎的上游将形成 b_0 型的降水曲线。

2) c 区（$h<h_K$）　水深 h 小于临界水深 h_K，水流为急流。由式（6-44）分析可得 $\frac{dh}{ds}>0$，水深沿程增加，为壅水曲线，称为 c_0 型壅水曲线。当 $h \to h_K$ 时，$Fr \to 1$，$\frac{dh}{ds} \to +\infty$，水面曲线与 K-K 线正交，将发生水跃现象；该水面曲线的上游取决于边界条件。

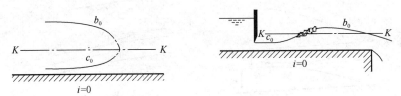

图 6-20 平坡渠道水面曲线

(3) 逆坡渠道（$i<0$）　逆坡渠道上不可能发生均匀流，只有临界水深线 K-K。故逆坡渠道上的流动空间分成为 b、c 两个区域。根据控制水深的不同，可以形成如图 6-21 所示的两种水面曲线。

用对平坡渠道相似的分析方法，由式（6-43）可得，b 区为降水曲线，称为 b' 型降水曲线；c 区为壅水曲线，称为 c' 型壅水曲线。

6.6.3　水面曲线分析的一般原则

上面分析了棱柱型明渠中的 12 种水面曲线，其中顺坡渠道 8 种，平坡与逆坡渠道各 2 种。它们既有相同的规律，又有各自的特点。分析水面曲线时，应注意以下几点：

(1) 求出渠道正常水深 h_0 和临界水深 h_K，然后将渠道流动空间分区。需要注意，只有在顺坡渠道中才存在 h_0，而且底坡 i 增大，h_0 减小；临界水深 h_K 与底坡 i 无关。

(2) 上述 12 种水面曲线，只表示在棱柱型渠道中可能发生的渐变流的情况。在某一

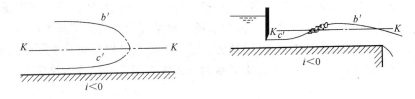

图 6-21 逆坡渠道水面曲线

确定的底坡上究竟出现哪一类型的水面曲线,应视具体条件而定。

(3) 12 种水面曲线中,凡发生在 a 区和 c 区的水面曲线,都是水深沿流程增加的壅水曲线;而发生在 b 区的水面曲线都是水深沿流程减小的降水曲线。

(4) 当水深接近正常水深时,水面线以 N-N 线为渐近线,当水深接近临界水深时,与 K-K 线正交,将发生水跃或跌水。在水深 $h \to \infty$ 时,水面线为水平线。

(5) 在分析和计算水面曲线时,必须从某个位置确定、水深已知的断面开始,这样的断面称为控制断面,其水深称为控制水深。如闸孔出流时,闸孔后收缩断面水深为控制水深;在跌坎上或其他缓流过渡为急流处,通常临界水深就可以作为控制水深。由控制断面处的已知水深确定所在流区的水面线形式,根据水面线变化规律,从控制断面分别向上游或下游确定水面线的变化趋势。

【**例 6-7**】 试讨论分析图 6-22 所示两段断面尺寸及粗糙系数相同的长直棱柱形明渠,由于底坡变化所引起的水面曲线的形式。已知上游及下游渠道的底坡均为缓坡,且 $i_K > i_2 > i_1$。

【**解**】 根据题意,上、下游渠道均为断面尺寸和粗糙系数相同的长直棱柱形明渠,由于有坡度的变化,将在底坡转变断面上游或下游(或者上、下游同时)相当长范围内引起非均匀流动。

首先分别画出上、下游渠道的 K-K 线及 N-N 线。由于上、下游渠道断面尺寸相同,故两段渠道的临界水深均相等。而上、下游渠道底坡不等,故正常水深则不等,因 $i_1 < i_2$,故 $h_{01} > h_{02}$,下游渠道的 N-N 线低于上游渠道的 N-N 线。

在上游无限远处应为均匀流,其水深为正常水深 h_{01};下游无限远处亦为均匀流,其水深为正常水深 h_{02}。由上游较大的水深 h_{01} 要转变到下游较小的水深 h_{02},中间必经历一段降落的过程。水面降落有三种可能:

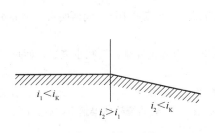

图 6-22 例 6-7 图

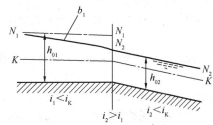

图 6-23 水面曲线的连接

(1) 在上游渠道中不降,全部在下游渠道中降落;
(2) 完全在上游渠道中降落,下游渠道中不降落;
(3) 在上、下游渠道中各降落一部分。

在上述三种可能的情况中，第一种或第三种降落方式必然导致出现下游渠道中 a 区发生降水曲线的情况，这是不合理的。因此只有第二种情况会发生，即降水曲线全部发生在上游渠道中，由上游很远处趋近于 h_{01} 的地方，逐渐下降至分界断面处水深达到 h_{02}，而下游渠道保持为 h_{02} 的均匀流，所以上游渠道水面曲线为 b_1 型降水曲线（见图 6-23）。

本 章 小 结

本章的主要内容：水力最优断面、允许流速、断面单位能量以及临界水深等基本概念，明渠均匀流各类问题的水力计算方法，恒定明渠流流动状态的判别方法以及水面曲线的分析方法。

本章的基本要求：理解水力最优断面、允许流速、断面单位能量以及临界水深等基本概念，牢固掌握明渠均匀流各类问题的水力计算方法及无压圆管均匀流的水力计算。掌握恒定明渠流流动状态的判别方法，能进行水面曲线的分析。

本章的学习重点：明渠均匀流的基本计算公式，水力最优断面及允许流速，明渠均匀流和无压圆管均匀流的水力计算，断面单位能量和临界水深的计算、恒定明渠流流动状态的判别方法，水面曲线的分析。

本章学习的难点：水力最优断面条件，无压圆管均匀流水力计算，临界水深、恒定明渠流流动状态的判别方法，水面曲线的分析。

思 考 题

1. 从能量的观点说明明渠均匀流必然既是等速流又是等深流，因此它的总水头线、水面线和渠底线一定是互相平行的。

2. 什么是水力最优断面？渠道设计是否都采用水力最优断面？为什么？

3. 两个明渠的断面形状和尺寸均相同，但底坡和粗糙系数不同，当通过的流量相等时，问两明渠的临界水深是否相等？

4. 有两条正坡棱柱形梯形断面的长渠道，已知流量 $Q_1=Q_2$，边坡系数 $m_1=m_2$，在下列情况下，试比较这两条渠道中的正常水深的大小。

(1) 粗糙系数 $n_1>n_2$，其他条件均相同。

(2) 底宽 $b_1>b_2$，其他条件均相同。

(3) 底坡 $i_1>i_2$，其他条件均相同。

5. 两个明渠的断面形状、尺寸、底坡和粗糙系数均相同，而流量不同，问两明渠的临界水深是否相等？

6. 在一条能形成均匀流的渠道上，通过的流量一定。为防止冲刷，欲减小流速，问可采取哪些措施？

7. 急坡明渠中的水流只能是急流，这种说法是否正确？为什么？

8. 为什么在平坡、逆坡渠道上，不可能形成均匀流？而在正坡的棱柱体渠道上（Q、n 和 i 不变时）水流总是趋于形成均匀流？

9. 明渠非均匀流有哪些特征？在底坡逐渐减小的顺坡渠道中，当水深沿程不变时，该明渠水流是否为非均匀流？

10. 断面单位能量 e 和单位重量液体的机械能 E 有什么区别？明渠均匀流 e 和 E 沿流程是怎样变化的？明渠非均匀流 e 和 E 沿流程又是怎样变化的？

11. 试举例说明在什么情况下会发生壅水曲线和降水曲线。

12. 棱柱形渠道中发生非均匀流时，在缓坡渠道中只能发生缓流，在急坡渠道中只能发生急流，这种说法是否正确？为什么？

习　题

6-1　有一梯形断面渠道，底宽 $b=3.0$m，边坡系数 $m=1.5$，底坡 $i=0.0018$，粗糙系数 $n=0.020$，渠中发生均匀流时的水深 $h=1.6$m。试求通过渠中的流量 Q 及流速 v。

6-2　某梯形断面渠道，设计流量 $Q=7\text{m}^3/\text{s}$。已知底宽 $b=3$m，边坡系数 $m=1.25$，底坡 $i=0.005$，粗糙系数 $n=0.02$。试求水深 h。

6-3　有一梯形断面渠道，底坡 $i=0.0005$，边坡系数 $m=1$，粗糙系数 $n=0.027$，过水断面面积 $A=10\text{m}^2$。试求水力最优断面及相应的最大流量。若改为矩形断面，仍欲维持原有流量，且其粗糙系数及底坡 i 保持不变，问其最佳尺寸如何？

6-4　某梯形断面渠道，底宽 $b=8$m，边坡系数 $m=2.0$，流量 $Q=30\text{m}^3/\text{s}$。试用图解法求临界水深。

6-5　某梯形断面渠道，设计流量 $Q=8\text{m}^3/\text{s}$。已知水深 $h=1.2$m，边坡系数 $m=1.5$，底坡 $i=0.003$，采用小片石干砌，粗糙系数 $n=0.02$。试求底宽 b。

6-6　有一矩形断面变底坡渠道，流量 $Q=30\text{m}^3/\text{s}$，底宽 $b=6.0$m，粗糙系数 $n=0.02$，底坡 $i_1=0.001$，$i_2=0.005$。求：（1）各渠段中的正常水深；（2）各渠段的临界水深；（3）判别各渠段均匀流的流态。

6-7　拟设计一梯形渠道的底宽 b 与水深 h，水在其中作均匀流动，流量 $Q=20\text{m}^3/\text{s}$，渠道底坡 $i=0.002$，边坡系数 $m=1$，粗糙系数 $n=0.025$，渠道按允许不冲流速 $v=0.9$m/s 来设计。

6-8　圆形无压污水管，埋设坡度 $i=0.0018$，已知谢才系数 $C=48\text{m}^{0.5}/\text{s}$。管内为均匀流，排污最大流量 $Q=2\text{m}^3/\text{s}$。试确定排水管的直径。

6-9　有一矩形断面渠道，宽度 $B=6$m，粗糙系数 $n=0.015$，流量 $Q=15\text{m}^3/\text{s}$，试求临界水深 h_K 和临界坡度 i_K。

6-10　某矩形断面平底渠道，底宽 $b=7$m，通过流量 $Q=40\text{m}^3/\text{s}$。若渠中发生水跃时，跃前水深 $h'=0.8$m。求该水跃的跃后断面流速以及能量损失。

第7章 堰 流

7.1 概 述

7.1.1 堰流的定义

无压缓流经障壁溢流时，上游发生壅水，然后水面跌落。这一局部水力现象称为堰流，障壁称为堰。例如溢流坝溢流、堰顶部闸门脱离水面时的闸口出流都属堰流。通过有边墩或中墩的桥孔出流以及涵洞的进口水流等在水力计算时通常也按堰流考虑。

堰流的水流特性：水流流近堰顶的过程中流线发生收缩，流速增大，势能转化为动能，堰上的水位产生跌落；由于水流在堰顶的流程较短，流线变化急剧、曲率半径很小，属于非均匀急变流，因此能量损失主要是局部水头损失；水流在流过堰顶时，一般在惯性的作用下均会脱离堰（构筑物），同时在表面张力的作用下，具有自由表面的液流会产生铅直收缩。

7.1.2 堰流的类型

研究堰流的目的主要在于探讨流经堰的流量与堰其他特征量，如堰宽 b、堰上水头 H、堰壁厚度 δ 和堰的剖面形状、堰上下游坎高 p_1 及 p_2 和流速 v_0 等的关系。

如图 7-1 所示，工程上一般根据堰顶的厚度 δ 与堰上水头 H 的比值大小，将堰流分成以下三种类型。

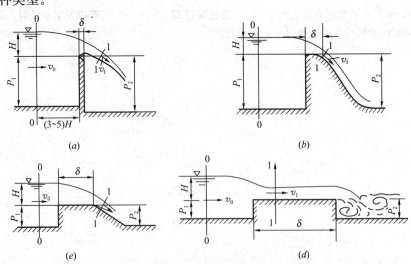

图 7-1 堰流的类型
(a) 薄壁堰流；(b) 曲线型实用堰流；(c) 折线型实用堰流；(d) 宽顶堰流

1. 薄壁堰流：$\delta/H < 0.67$

由于堰前的水流受堰壁的阻挡，底部水流向上收缩，水面逐渐下降，使过堰水流形成水舌。对于 $\delta/H < 0.67$ 的堰流，水舌和堰顶只有线的接触，堰壁厚度不影响水流的特性，这种堰流称为薄壁堰流，如图 7-1 (a) 所示。薄壁堰根据堰口的形状，可分为矩形堰、三角堰、梯形堰等。薄壁堰主要用作量测流量的设备。

2. 实用堰流：$0.67 < \delta/H < 2.5$

堰壁厚度对水舌形状有一定的影响，堰上的水流形成连续的降落状，这样的堰流称为实用堰流。实用堰的纵剖面可以是曲线型，如图 7-1 (b) 所示，也可以是折线型，如图 7-1 (c) 所示，工程中多采用曲线型实用堰；有些中、小型工程中，为方便施工，也采用折线型实用堰。

3. 宽顶堰流：$2.5 < \delta/H < 10$

堰顶厚度已大到对水流的顶托作用非常明显，在堰坎进口处水面发生降落，堰上水流接近水平流动，如下游的水位较低，水流在流出堰顶时将产生第二次跌落，这种堰流称为宽顶堰流，如图 7-1 (d) 所示。实验表明，宽顶堰流的水头损失仍以局部水头损失为主，沿程水头损失可忽略。许多工程中的流动，如泄水闸门开启时的闸孔出流、小桥孔过流、无压短涵管过流等，都属于这种流动。

当堰顶的厚度 δ 与堰上水头 H 的比值 $\delta/H > 10$ 时，沿程水头损失逐渐起主要作用，而水流也逐渐具有明渠流的特征，其水力计算不再适用堰流理论。

7.1.3 堰流基本公式

不同形式的堰流具有相同的水力特性，即可以忽略沿程水头损失，或无沿程水头损失。因此，不同形式的堰流具有相同形式的计算公式，而差异只表现在某些系数取值的不同。

以图 7-1 所示的堰流为例来推导堰流水力计算的基本公式。以通过堰顶的水平面为基准面，对堰前断面 0-0 及堰后断面 1-1 应用能量方程式。其中 1-1 断面的中心与堰顶同高。能量方程式：

$$H + \frac{\alpha_0 v_0^2}{2g} = \frac{p_1}{\gamma} + \frac{\alpha_1 v_1^2}{2g} + \zeta \frac{v_1^2}{2g}$$

式中 v_0、v_1——0-0 断面、1-1 断面的平均流速；

$\frac{p_1}{\gamma}$——1-1 断面的平均压强水头。

令 $H_0 = H + \frac{\alpha_0 v_0^2}{2g}$，则 $v_1 = \frac{1}{\sqrt{\alpha_1 + \zeta}} \sqrt{2g\left(H_0 - \frac{p_1}{\gamma}\right)} = \varphi \sqrt{2g\left(H_0 - \frac{p_1}{\gamma}\right)}$

式中，$\varphi = \frac{1}{\sqrt{\alpha_1 + \zeta}}$ 称为流速系数。

设过流断面 1-1 的水舌厚度为 kH_0，则 1-1 断面的面积 $A_1 = bkH_0$。又设 $\frac{p_1}{\gamma} = \xi H_0$，则过堰流量为：$Q = v_1 A_1 = k\varphi\sqrt{1-\xi}\, b\sqrt{2g}H_0^{3/2}$

令 $\qquad\qquad\qquad\qquad m = k\varphi\sqrt{1-\xi}$ \hfill (7-1)

则 $\qquad\qquad\qquad\qquad Q = mb\sqrt{2g}H_0^{3/2}$ \hfill (7-2)

式中 m——堰的流量系数。

式 (7-2) 称为堰流的基本公式。它对薄壁堰、实用堰及宽顶堰流都是适用的，只是不同类型堰的流量系数 m 值不同。

在实际工程中,常常根据直接测出的水头 H 求流量,而将行进流速水头 $\dfrac{\alpha_0 v_0^2}{2g}$ 包含在流量系数中,则式(7-2)改写为:

$$Q = m_0 b \sqrt{2g} H^{3/2} \tag{7-3}$$

式中 m_0 ——包括行进流速水头 $\dfrac{\alpha_0 v_0^2}{2g}$ 的流量系数。

如果堰下游水位对过堰水流有影响时,应把式(7-2)和式(7-3)分别修正为:

$$Q = \sigma m b \sqrt{2g} H_0^{3/2} \tag{7-4}$$

和

$$Q = \sigma m_0 b \sqrt{2g} H^{3/2} \tag{7-5}$$

式中 σ ——淹没系数。

7.2 薄壁堰流

由于薄壁堰流的水头与流量的关系稳定,常常用作实验室或野外流量测量的一种工具。在实际工程中,通常根据薄壁堰流水舌的下缘曲线来构制实用堰的剖面形式和隧洞进口曲线。根据堰口形状的不同,薄壁堰可分为三角堰、矩形堰和梯形堰等。三角薄壁堰常用于测量较小的流量,矩形和梯形薄壁堰常用于测量较大的流量。

7.2.1 矩形薄壁堰

堰口形状为矩形的薄壁堰称为矩形薄壁堰。无侧收缩、自由式、水舌下通风的矩形薄壁正堰,称为完全堰。实验表明完全堰的水流最稳定,测量精度也较高。

采用完全堰测量流量时,应注意以下几点:

(1)堰与上游渠道等宽;

(2)下游水位须低于堰顶;

(3)堰上水头 H 一般应大于 2.5cm,并且水舌下面的空间应与大气相通,以保证水流稳定。

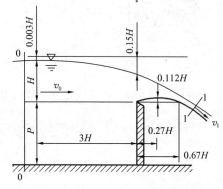

图 7-2 无侧向收缩矩形薄壁堰自由出流的水舌形状

图 7-2 所示的流经完全堰的水舌,是根据巴赞(Bazin)的实测数据用水头 H 作为参数绘制的。由图 7-2 可见,自由水面因重力而降落的范围限于堰上游大于 $3H$ 的距离内。堰上水头 H 指在堰壁上游大于 $3H$ 处从堰顶量到水面的距离。

完全堰的流量可按式(7-3)计算。流量系数 m_0 需通过实验确定。下面介绍两个计算 m_0 的经验公式。

(1)雷布克(Rehbock)公式

$$m_0 = 0.403 + 0.053 \dfrac{H}{p_1} + \dfrac{0.0007}{H} \tag{7-6}$$

式中，堰高 p_1 和堰顶水头 H 均以米计。此式适用范围为：$H \geqslant 0.025\text{m}$，$H/p_1 \leqslant 1$，$p_1 \geqslant 0.3\text{m}$。

(2) 巴赞（Bazin）公式

$$m_0 = \left(0.405 + \frac{0.0027}{H}\right)\left[1 + 0.55\left(\frac{H}{H+P_1}\right)^2\right] \quad (7\text{-}7)$$

式中，堰高 p_1 和堰顶水头 H 均以米计。此式适用范围为：$H = 0.05 \sim 1.24\text{m}$，$b = 0.2 \sim 2.0\text{m}$ 及 $0.25\text{m} < p_1 < 1.13\text{m}$。在初步设计中，$m_0$ 可取 0.42。

7.2.2 三角堰

矩形堰适用于测量较大的流量。当 $H < 0.15\text{m}$ 时，矩形薄壁堰溢流水舌不稳定，甚至可能出现溢流水舌紧贴堰壁溢流的情况，即所谓的贴壁溢流。此时，稳定的水头流量关系已不能保证。对于这种情况，为了确保测量精度，宜采用三角堰。对于堰口两侧边对称的直角三角形薄壁堰（见图 7-3）自由出流的流量可按下列经验公式来计算。

(1) 汤姆孙公式：$Q = 1.4H^{2.5}$ （7-8）

式中，H 以 m 计，Q 以 m^3/s 计。此式适用范围为：$\theta = 90°$，$H = 0.05 \sim 0.25\text{m}$。

(2) 金格公式：$Q = 1.343H^{2.47}$ （7-9）

式中，H 以 m 计，Q 以 m^3/s 计。此式适用范围为：堰顶夹角 $\theta = 90°$，$H = 0.25 \sim 0.55\text{m}$。

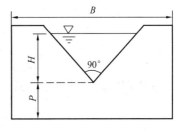

图 7-3 直角三角形薄壁堰

【例 7-1】 有一平底矩形水槽，槽中安装一矩形薄壁堰，堰口与槽同宽，即 $b = B = 0.5\text{m}$，堰高 $p = 0.45\text{m}$，堰上水头 $H = 0.4\text{m}$，下游水深 $h_t = 0.35\text{m}$。求通过该堰的流量。

【解】 因堰口与槽同宽，故无侧收缩。又因下游水深 $h_t < p$，下游水面低于堰顶，故为自由出流（由于 $H = 0.4\text{m} > 0.025\text{m}$，$H/p = 0.4/0.45 = 0.89 < 1$，$p_1 = p = 0.45\text{m} > 0.3\text{m}$，符合雷布克公式适用条件）。用 (7-6) 式计算流量系数为：

$$m_0 = 0.403 + 0.053\frac{H}{p_1} + \frac{0.0007}{H} = 0.403 + 0.053\frac{0.4}{0.45} + \frac{0.0007}{0.4} = 0.4519$$

采用式 (7-3) 计算流量为：

$$Q = m_0 b\sqrt{2g}H^{3/2} = 0.4519 \times 0.5 \times \sqrt{2 \times 9.8} \times 0.4^{3/2} = 0.253\text{m}^3/\text{s}$$

7.3 实用堰流

实用堰主要用作挡水或泄流的水工建筑物，也可用作净水建筑物的溢流设备。其剖面形式是由工程要求所决定的，有曲线形实用堰[见图 7-1(b)]，也有折线形实用堰[见图 7-1(c)]。

堰顶曲线形状对曲线形实用堰的泄流能力影响很大。一般根据无侧收缩矩形薄壁堰水舌下缘的曲线形状确定堰顶曲线形状。如果堰顶曲线轮廓接近或稍高于无侧收缩矩形薄壁堰水舌下缘的曲线形状，则堰面上的动水压强就等于或稍大于大气压强，而不会形成真空，这种堰称为非真空堰[见图 7-4(a)]。如果曲线形实用堰堰顶曲线低于无侧收缩矩形薄壁堰水舌下缘的曲线，水舌将脱离堰面，脱离区的空气将不断地被水流带走，从而在堰面上形成真空（负压）[见图7-4(b)]，这种堰称为真空堰。

由于真空堰堰面上真空区的存在，堰的过流能力有所增加，这是真空堰有利的一面。但由于堰面真空区的存在，导致了水流不稳定，从而引起堰体振动，并在堰面上发生气蚀现象而使堰面遭到破坏，这又对溢流堰的运行不利。

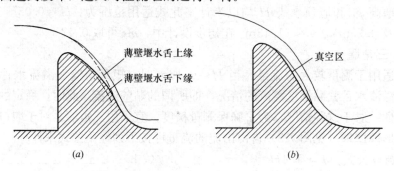

图7-4 实用堰过流曲线图
(a) 非真空堰；(b) 真空堰

实用堰的水力计算采用式（7-2），即：

$$Q = mb\sqrt{2g}H_0^{3/2}$$

实用堰的流量系数 m 的变化范围较大，由水头大小、堰壁形状及尺寸确定。初步估算时，真空堰可取 $m = 0.5$，非真空堰可取 $m = 0.45$，折线堰可取 $m = 0.35 \sim 0.42$。

当下游水位高于堰顶且发生淹没水跃时，实用堰上形成淹没溢流。无侧收缩淹没溢流的流量公式为：

$$Q = \sigma mb\sqrt{2g}H_0^{3/2} \tag{7-10}$$

当堰宽 b 小于上游来流的水面宽度 B 时，过水水流发生侧收缩，其影响用侧收缩系数 ε 表示，非淹没有侧收缩的实用堰溢流量的计算公式为：

$$Q = \varepsilon mb\sqrt{2g}H_0^{3/2} \tag{7-11}$$

初步估算时，可取 $\varepsilon = 0.85 \sim 0.95$。

7.4 宽顶堰流

当堰顶水平且 $2.5 < \delta/H < 10$ 时，水流在进入堰顶时产生第一次水面跌落，此后在堰范围内形成一段几乎与堰顶平行的水流，这种堰流称为宽顶堰流。宽顶堰流是实际工程中很常见的水流现象。例如小桥桥孔的过水，无压短涵管的过水，水利工程中的节制闸、分洪闸、泄水闸等，当闸门全开时都具有宽顶堰的水力性质。另外，在城市建设中，人工瀑布的布水系统设计也将用到宽顶堰流知识。因此研究宽顶堰溢流理论对水工建筑物的设计有重要意义。

7.4.1 自由式无侧收缩宽顶堰

实际工程中的宽顶堰堰口形状一般为矩形，如图7-5所示，宽顶堰溢流是很复杂的水流现象。根据其水流特点，可以认为自由式宽顶堰水流在进口处形成水面跌落，在距进口约 $2H$ 处形成小于临界水深 h_K 的收缩水深 h_c，然后堰顶水流保持急流状态，在堰尾处水面再次下降，与下游水流衔接。

自由式无侧收缩宽顶堰流的流量计算可采用堰流基本公式，即：

$$Q = mb\sqrt{2g}H_0^{3/2} \tag{7-12}$$

流量系数 m 与堰的进口形式和堰的相对高度 p_1/H 有关，可按以下经验公式计算：

当 $\dfrac{p_1}{H} > 3$ 时，对直角边缘进口 $m = 0.32$；圆角进口 $m = 0.36$；

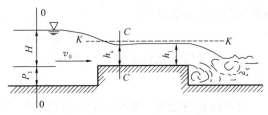

图 7-5　自由式无侧收缩宽顶堰

当 $0 < \dfrac{p_1}{H} \leqslant 3$ 时，对直角边缘进口 $m = 0.32 + 0.01 \dfrac{3 - \dfrac{p_1}{H}}{0.46 + 0.75 \dfrac{p_1}{H}}$；圆角进口 $m = 0.36 + 0.01 \dfrac{3 - \dfrac{p_1}{H}}{1.2 + 1.5 \dfrac{p_1}{H}}$。

7.4.2　无侧收缩淹没式宽顶堰

自由式宽顶堰堰顶上的水深 h_1 小于临界水深 h_k，即堰顶上的水流为急流。从图 7-5 可知，当下游水位低于堰顶，即 $h_2 < 0$ 时，下游水流不会影响堰上水流的性质。因此，要使宽顶堰发生淹没式溢流，则必有 $h_2 > 0$，即 $h_2 > 0$ 是形成淹没式堰流的必要条件。至于形成淹没式堰流的充分条件则是堰顶水流由急流完全转化为缓流。由实验得到的形成淹没式堰流的充分条件是：

$$h_2 \geqslant 0.8 H_0 \tag{7-13}$$

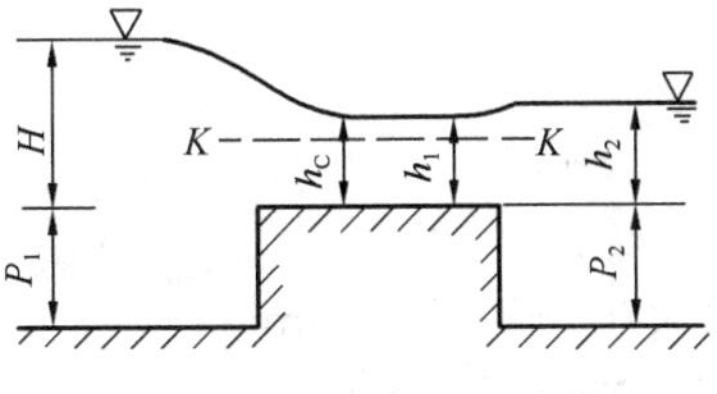

淹没式宽顶堰流如图 7-6 所示。由于淹没溢流受下游水位的顶托，堰顶水深 h_1 大于临界水深 h_k，使得堰的过流能量降低，其流量计算可采用式（7-10）计算，即：

$$Q = \sigma mb\sqrt{2g}H_0^{3/2} \tag{7-14}$$

图 7-6　淹没式宽顶堰流

式中，σ 为淹没系数，它随淹没程度 h_1/H 的增大而减小，其值见表 7-1。

无侧收缩淹没式宽顶堰的淹没系数　　　表 7-1

h_1/H	0.80	0.81	0.82	0.83	0.84	0.85	0.86	0.87	0.88	0.89
σ	1.00	0.995	0.99	0.98	0.97	0.96	0.95	0.93	0.90	0.87
h_1/H	0.90	0.91	0.92	0.93	0.94	0.95	0.96	0.97	0.98	
σ	0.84	0.82	0.78	0.74	0.70	0.65	0.59	0.50	0.40	

7.4.3 侧收缩宽顶堰流

如果堰前引水渠道宽度 B 大于堰顶宽度 b，则水流流进堰后，在侧壁发生分离，堰流过水断面的有效宽度减小、局部阻力增加。用侧收缩系数 ε 考虑上述影响，则自由式侧收缩宽顶堰的流量公式为：

$$Q = \varepsilon m b \sqrt{2g} H_0^{3/2} \tag{7-15}$$

淹没式侧收缩宽顶堰流量公式为：

$$Q = \sigma \varepsilon m b \sqrt{2g} H_0^{3/2} \tag{7-16}$$

对于单孔宽顶堰，收缩系数 ε 可用如下经验公式计算：

$$\varepsilon = 1 - \frac{a}{\sqrt[3]{0.2 + P_1/H}} \sqrt[4]{\frac{b}{B}\left(1 - \frac{b}{B}\right)} \tag{7-17}$$

式中 a——墩形系数，矩形墩 $a = 0.19$，圆形墩 $a = 0.10$。

【例 7-2】 一直角进口无侧收缩宽顶堰，堰宽 $b=2.5\text{m}$，堰坎高 $P_1 = P_2 = 0.6\text{m}$，堰顶水头 $H=0.9\text{m}$。求当下游水深为 $h=1.2\text{m}$ 时通过此堰的流量。

【解】 (1) 判别出流形式：

$$h_2 = h - p_2 = 1.2 - 0.6 = 0.6\text{m} > 0$$
$$0.8H_0 > 0.8H = 0.8 \times 0.9 = 0.72\text{m} > h_2$$

所以堰流为无侧收缩的非淹没宽顶堰流。

(2) 求流量系数：

$$\frac{p_1}{H} = \frac{0.6}{0.9} = 0.667 < 3$$

$$m = 0.32 + 0.01 \frac{3 - \frac{p_1}{H}}{0.46 + 0.75 \frac{p_2}{H}} = 0.32 + 0.01 \times \frac{3 - \frac{0.6}{0.9}}{0.46 + 0.75 \times \frac{0.6}{0.9}} = 0.344$$

(3) 计算流量：

$$Q = mb\sqrt{2g} H_0^{3/2}$$

式中，$H_0 = H + \frac{\alpha_0 v_1^2}{2g}$，$v_0 = \frac{Q}{b(H + p_1)}$

用迭代法求解 Q：

$$Q_{(1)} = mb\sqrt{2g} H_0^{3/2} = 0.344 \times 2.5 \times \sqrt{2 \times 9.8} \times 0.9^{3/2} = 3.25\text{m}^3/\text{s}$$

$$v_{0(1)} = \frac{Q_{(1)}}{b(H + p_1)} = \frac{3.251}{2.5(0.9 + 0.6)} 0.867\text{m/s}$$

第二次近似，取 $H_{0(2)} = 0.938\text{m}$，$Q_{(2)} = 4.022\text{m}^3/\text{s}$，$v_{(2)} = 1.072\text{m/s}$

第三次近似，取 $H_{0(3)} = 0.959\text{m}$，$Q_{(3)} = 4.155\text{m}^3/\text{s}$，$v_{(3)} = 1.108\text{m/s}$

第四次近似，取 $H_{0(4)} = 0.9626\text{m}$，$Q_{(4)} = 4.1813\text{m}^3/\text{s}$，$v_{(4)} = 1.115\text{m/s}$

第五次近似，取 $H_{0(5)} = 0.963\text{m}$，$Q_{(5)} = 4.186\text{m}^3/\text{s}$，$v_{(5)} = 1.116\text{m/s}$

第六次近似，取 $H_{0(6)} = 0.963\text{m}$，$Q_{(6)} = 4.186\text{m}^3/\text{s}$，$v_{(6)} = 1.116\text{m/s}$

由于 $Q_{(5)} = Q_{(6)}$，故堰流的流量为 $Q = 4.186\text{m}^3/\text{s}$。

本 章 小 结

本章的主要内容：薄壁堰、实用堰、宽顶堰的基本功能与用途，各种堰流的水力计算公式。

本章的基本要求：了解薄壁堰、实用堰、宽顶堰的基本功能与用途，能进行堰流的流量计算。

本章的重点：堰流基本的水力计算公式

本章的难点：堰流流量系数的计算。

思 考 题

1. 简述堰流的水力特点。
2. 堰有几种类型？如何判别？
3. 简述宽顶堰的水流特点。
4. 宽顶堰实现淹没出流的充要条件是什么？
5. 堰流流量计算公式是如何推导出来的？

习 题

7-1 在一矩形渠道中，安设一无侧收缩的矩形薄壁堰，已知堰宽 $b=0.8$m，上下游堰高相同，即 $P_1=P_2=0.6$m，下游水深 $h_t=0.3$m。当堰上水头 $H=0.4$m 时，求过堰流量。

7-2 一直角进口无侧收缩宽顶堰，宽度 $b=2$m，堰高 $P=0.5$m，堰上水头为 1.8m，设为自由出流，求通过堰的流量。

7-3 一矩形进口宽顶堰，堰宽 $b=2$m，堰高 $P_1=P_2=1$m，堰前水头 $H=2$m，上游渠宽 $B=3$m，边墩为矩形。下游水深为 28m，求过堰流量（设行近流速 v_0 可忽略不计）。

7-4 如图 7-7 所示潜水坝，厚度 $l=2$m，坝高 $P_1=P_2=1$m，上游水位高出坝顶 0.6m，下游水位高出坝顶 0.1m，试求通过坝顶的单宽流量。

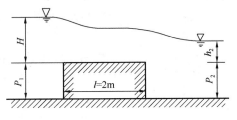

图 7-7 习题 7-4 图

第8章 渗 流

流体在孔隙介质中的流动称为渗流。孔隙介质包括土壤、岩石等各种多孔介质和裂隙介质。水在土壤或岩石孔隙中的存在状态有：汽态水、附着水、薄膜水、毛细水和重力水。由于前四种水数量很少而呈现固态水的性质，一般在渗流研究中很少考虑。重力水在介质中的运动是重力作用的结果。本章研究的对象就是重力水在土壤孔隙中的运动，即地下水的运动。

8.1 渗流基本定律

8.1.1 渗流模型

天然的岩土颗粒，在形状、大小和分布上很不规则。因此，流体在多孔介质中流动，其流动路径相当复杂。无论用理论分析还是实验手段都很难确定流体在某一具体位置的真实流动速度。并且从工程应用的角度来说也没有这样的必要。对于实际工程问题，重要的是在某一范围内渗流的宏观平均效果，而不是具体的流动细节。因此，研究时常引入简化的渗流模型来代替实际的渗流运动。

所谓渗流模型是指在边界形状与边界条件保持不变的条件下，认为孔隙和岩土颗粒所占据的全部空间均被流体所充满，把渗流的运动要素作为全部空间场的连续函数来研究。而渗流模型中的渗透流量、渗流阻力和渗透压力与实际渗流完全相同。

引入渗流模型后，可将渗流场中的水流看作是连续介质的运动。关于流体运动的各种概念，如流线、元流、恒定流、均匀流等均可直接应用于渗流研究。

8.1.2 渗流基本定律

1. 达西定律

法国工程师达西在分析大量实验结果的基础上，于1856年总结出了渗流水头损失与渗流速度、流量之间的基本关系，即达西定律。

达西实验的装置如图8-1所示，取一上端开口的直立圆筒，其侧壁上装有两支测压管。在距底板一定距离处安装一孔板C，孔板上放置颗粒均匀的砂粒。水由上端注入圆筒。由于渗流流速很小，其流速水头可忽略不计。因此水头损失 h_f 可用测压管水头差来表示，即 $h_f = H_1 - H_2 = \Delta h$。

达西分析了大量的实验资料，总结出以下结论：即水在单位时间内通过多孔介质的渗流

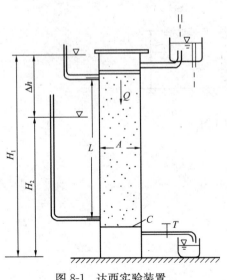

图 8-1 达西实验装置

流量 Q 与介质渗流长度 L 成反比,与渗流介质的过水断面面积 A 以及渗流长度两端的测压管水头差 Δh 成正比,即:

$$Q = kA \frac{\Delta h}{L} \text{ 或 } v = kJ \tag{8-1}$$

式中 k——渗流系数;

v——渗流的平均流速,$v = \dfrac{Q}{A}$;

J——水力坡度,即单位长度上的水头损失,$J = \dfrac{\Delta h}{L}$。

式(8-1)就是著名的达西定律。由于式中渗流流速与水力坡度的一次方成正比,达西定律也称为渗流线性定律,它是研究渗流运动的理论基础。

2. 达西定律的适用范围

实验表明,随着渗流流速的增大,渗流流速与水力坡度的线性关系将不再成立,达西定律是有一定的适用范围的。根据实验,达西定律的适用范围是:

$$Re = \frac{vd}{\nu} \leqslant 1 \sim 10$$

式中 Re——渗流雷诺数;

d——岩土的平均粒径;

ν——流体的运动黏度。

3. 渗流系数

渗流系数 k 是达西定律中的重要参数,其物理意义是单位水力坡度下的渗流流速。k 值的大小一般与多孔介质本身的粒径、形状、组成及分布以及水的黏性等因素有关,因此要准确地确定其数值是比较困难的。常用的确定渗流系数 k 的方法主要有三种:

(1) 经验估算法

确定渗流系数 k 的计算公式大多是经验公式,这些公式各有其适用范围,一般作为粗略估算时使用。此外,还可参考有关规范或已建工程的资料确定 k 值。各类岩土的渗流系数 k 的参考值见表 8-1。

水在土壤中的渗流系数 k 的概值　　　　表 8-1

土壤种类	渗流系数 k(cm/s)	土壤种类	渗流系数 k(cm/s)
黏　土	6×10^{-6}	亚黏土	$6 \times 10^{-6} \sim 1 \times 10^{-4}$
黄　土	$(3 \sim 6) \times 10^{-4}$	卵　石	$(1 \sim 6) \times 10^{-1}$
细　砂	$(1 \sim 6) \times 10^{-3}$	粗　砂	$(2 \sim 6) \times 10^{-2}$

(2) 实验室测定法

该方法采用类似图 8-1 所示的实验装置,实测渗流的水头损失和相应的流量,按下式求得渗流系数 k 值:

$$k = \frac{v}{J} = \frac{Ql}{Ah_f} \tag{8-2}$$

实验室测定渗流系数 k 的方法比较简单。但由于对实验土样或多或少的扰动,所得结果与实际岩土的渗流系数 k 有一定的差别。

(3) 现场测定法

现场测定法是在现场钻井或利用原有井做抽水或灌水实验，测定流量和相应的水头等参数值，再根据井的产水量公式反算渗流系数 k 值。

4. 裘布依假设和裘布依公式

达西渗流定律所描述的是均匀渗流运动规律，而自然界中发生的渗流多为非均匀渐变渗流。为了能够借助达西渗流定律研究非均匀渐变渗流，裘布依（A. J. Dupult）于1863年提出如下假设：

(1) 各点渗流方向水平；
(2) 同一过水断面上，各点渗流流速相等。

在无压渗流中，重力水的自由表面称为浸润面。对于平面问题，浸润面成为浸润曲线。图 8-2 表示进入集水廊道的无压渗流。该流动为非均匀渐变渗流。根据裘布依假设，同一过水断面（同一竖直线）上各点的渗流流速 u 平行且相等，等于断面平均流速 v，得到：

$$v = kJ = k\frac{dz}{dx} \tag{8-3}$$

式（8-3）称为裘布依公式。需特别指出的是，只有浸润面与水平面之间的夹角 θ 很小的渗流才可认为是非均匀渐变渗流，裘布依公式才是合理的；当 θ 角较大时，裘布依公式的合理性很差。

8.2 集水廊道的渗流计算

集水廊道是抽取地下水源或降低地下水位的集水建筑物，在铁路、公路、建筑、市政等土建工程中应用甚广，研究渗流在集水廊道中的应用具有非常重要的实际意义。

设有一矩形横断面的集水廊道，其底位于水平不透水层上，如图 8-2 所示。在集水廊道抽水前的地下水水面称为地下水天然水面。抽水达到恒定状态时的水面称为浸润面（浸润曲线）。按照裘布依公式，集水廊道的单侧单位长度流量即单宽流量 q 为：

$$q = vz = k\frac{dz}{dx}z$$

将上式进行变量分离，并从 $(0, h)$ 沿浸润曲线积分到 (x, z)，得浸润曲线方程：

$$z^2 - h^2 = \frac{2q}{k}x \tag{8-4}$$

式（8-4）所描述的曲线见图 8-2。由图中浸润曲线可看出，随着 x 的不断增加，地下水位逐渐升高。在 $x \geqslant L$ 的区域，天然地下水位不受集水廊道中排水的影响，即 $z = H$。通常将 L 称为集水廊道的影响范围。将 $x = L$ 时 $z = H$ 这一条件代入式（8-4），得到集水廊道的单宽流量 q 为：

$$q = \frac{k(H^2 - h^2)}{2L} \tag{8-5}$$

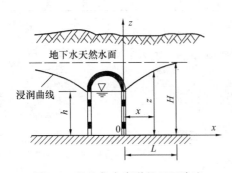

图 8-2 进入集水廊道的无压渗流

8.3 单井的渗流计算

井是另一种抽取地下水源或降低地下水位的集水建筑物，在铁路、公路、建筑、市政等土建工程中应用广泛。按照井所汲取的地下水的位置，可把井分为潜水井和承压井两种类型；按照井底是否达到不透水层，可把井分为完全（完整）井和非完全（完整）井。井底直达不透水层的井称为完全井。井底未达不透水层的井称为非完全井。本节主要研究潜水完全井和承压水完全井。

8.3.1 潜水井（无压井）

地表下饱水带中第一个具有自由表面的含水层中的重力水称为潜水，在潜水含水层中挖的井叫潜水井或无压井。

图 8-3 所示为一半径为 r_0 的完全井。井底位于水平不透水层上，含水层的厚度为 H。未抽水前地下水的原始水面如图中虚线所示。抽水后，井中的水位下降，渗流通过井壁汇入井内，井周围的地下水面也随之下降，形成一个以井孔为轴心的漏斗状潜水面。当抽水量 Q 恒定时，经过一定时间，渗流达到恒定状态，井中的水深 h 以及漏斗范围不再扩大。从井中心到漏斗边缘的距离称为井的影响半径 R。

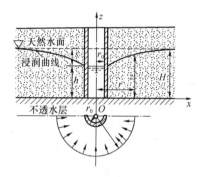

图 8-3 完全潜水井

假设井处于均质、各向同性的土层中，距离含水层边界很远，则可认为渗流关于井轴是轴向对称的。渗流的过水断面是以井中心为轴心的圆柱面，其高度为浸润线在该断面处的高度。

设 z 为距井轴 r 处的浸润线高度（以不透水层表面为基准），按照裘布依公式，半径 r 处的断面平均流速 v 为：

$$v = k\frac{\mathrm{d}z}{\mathrm{d}r}$$

过水断面的面积 $A = 2\pi r z$，则流经此断面的流量为：

$$Q = vA = 2\pi r k z \frac{\mathrm{d}z}{\mathrm{d}r}$$

分离变量并从 (r_0, h) 到 (r, z) 沿浸润曲线积分，得浸润曲线方程：

$$z^2 - h^2 = \frac{Q}{\pi k}\ln\frac{r}{r_0} \tag{8-6}$$

当 $r = R$ 时，$z = H$，代入上式可得井的流量为：

$$Q = 1.366\frac{k(H^2 - h^2)}{\lg\dfrac{z}{r_0}} \tag{8-7}$$

井的影响半径 R 取决于岩土的性质、含水层厚度及抽水持续时间等因素，可通过现场抽水实验测定。估算时，可选取经验数据：对于细砂 $R = 100 \sim 200$m；中砂 $R = 250 \sim 500$m；粗砂 $R = 700 \sim 1000$m，也可用以下经验公式估算：

$$R = 3000s\sqrt{k} \tag{8-8}$$

式中，水位降深 $s = H - h$ 和影响半径 R 均以 m 计，渗流系数 k 以 m/s 计。

【例 8-1】 有一潜水完全井,含水层厚度 $H=10$m,其渗流系数 $k=0.0015$m/s,井的半径 $r_0=0.5$m,抽水时井中水深 $h=6$m,试估算井的产水量。

【解】 井的水位降深为:
$$s = H - h = 10 - 6 = 4\text{m}$$

由式(8-8)得井的影响半径为:
$$R = 3000s\sqrt{k} = 3000 \times 4 \times \sqrt{0.0015} = 464.8\text{m}$$

取 $R=465$m,代入式(8-7)求得井的产水量为:
$$Q = 1.366 \frac{k(H^2-h^2)}{\lg \dfrac{R}{r_0}} = 0.044\text{m}^3/\text{s}$$

8.3.2 承压井(自流井)

当地下含水层位于两个不透水层之间时,含水层中的地下水处于承压状态,其所受压强大于大气压,这样的含水层称为承压含水层。由承压含水层中抽水的井称为承压井或自流井。

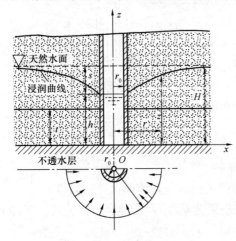

图 8-4 承压完全井

图 8-4 所示为一承压完全井。假设不透水层水平且含水层厚度 t 为常数。井孔穿过上面的不透水层后,井中的水位在不抽水时将升到高度 H。H 代表了地下水的总水头。按一定的流量 Q 抽水而达到恒定状态后,井中水位将下降 s。此时渗流为非均匀渐变流,根据裘布依公式确定断面平均流速为 $v = k\dfrac{\mathrm{d}z}{\mathrm{d}r}$,过水断面的面积 $A = 2\pi rt$,则渗流流量为:
$$Q = vA = 2\pi rtk \frac{\mathrm{d}z}{\mathrm{d}r}$$

分离变量后,从 (r,z) 积分至 (r_0,h),得:
$$z - h = \frac{Q}{2\pi tk}\ln\frac{r}{r_0} = 0.366\frac{Q}{kt}\lg\frac{r}{r_0} \quad (8\text{-}9)$$

上式即为承压井的测压管水头线方程。引入影响半径的概念,把当 $r=R$ 时,$z=H$ 代入式(8-9),得到承压井完全井的产水量为:
$$Q = 2.732\frac{kt(H-h)}{\lg\dfrac{R}{r_0}} \tag{8-10}$$

影响半径 R 按式(8-8)估算。

【例 8-2】 用现场抽水试验确定某承压完全井的影响半径 R。在距井中心轴线半径 $r_1=10$m 处钻一观测孔。抽水达到稳定后,井中水位降深 $s=3$m,而观测孔中的水位降深 $s_1=1.2$m。设含水层厚度 $t=6$m,井的半径 $r_0=0.1$m。试求井的影响半径 R。

【解】 由承压井的测压管水头线方程式(8-9)可得:
$$s = H - h = 0.366\frac{Q}{kt}\lg\frac{R}{r_0} \tag{1}$$

$$s_1 = H - h_1 = 0.366\frac{Q}{kt}\lg\frac{r_1}{r_0} \tag{2}$$

由（1）、（2）两式联立求解可得：

$$\lg R = \frac{s\lg r_1 - s_1 \lg r_0}{s - s_1} = \frac{3 \times \lg 10 - 1.2 \times \lg 0.1}{3 - 1.2} = 2.33$$

$$R = 213.8\text{m}$$

8.4 井群的渗流计算

对于多口井同时抽水，且每口井都处于其他井的影响范围内的多个井的组合，统称为井群。图 8-5 所示为一井群示意图。此时，各井的出水量和地下水位均受到影响，渗流区的浸润面形状变得异常复杂。因此，井群的水力计算比单井要复杂得多。

8.4.1 完全潜水井井群的水力计算

在渗流流场中自不透水层至浸润面之间取一底面积为 $\mathrm{d}x\mathrm{d}y$、高度为 z 的微元柱体，其浸润曲面为 $cdgh$，如图 8-6 所示，将 xoy 坐标平面建立在渗流流场的不透水层上，则浸润曲面的方程可写为：$z = f(x, y)$。

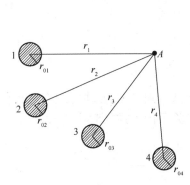

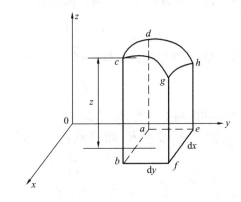

图 8-5 井群示意图　　　　图 8-6 渗流流场中的微元柱体

假设渗流流体为不可压缩流体，从微元柱体的 $abcd$ 面流入柱体的质量流量为：

$$\rho Q_y = \rho A_y v_y = \rho z \mathrm{d}x k \frac{\partial z}{\partial y} = \frac{\rho k}{2} \frac{\partial (z^2)}{\partial y} \mathrm{d}x ;$$

从 $efgh$ 面流出微元柱体的流量为：

$$\rho Q_y + \frac{\partial (\rho Q_y)}{\partial y} \mathrm{d}y = \frac{\rho k}{2} \frac{\partial (z^2)}{\partial y} \mathrm{d}x + \frac{\rho k}{2} \frac{\partial^2 (z^2)}{\partial y^2} \mathrm{d}x \mathrm{d}y$$

从微元柱体的 $aehd$ 面流入柱体的质量流量为：

$$\rho Q_x = \rho A_x v_x = \rho z \mathrm{d}y k \frac{\partial z}{\partial x} = \frac{\rho k}{2} \frac{\partial (z^2)}{\partial x} \mathrm{d}y$$

从微元柱体的 $bfgc$ 面流入柱体的质量流量为：

$$\rho Q_x + \frac{\partial (\rho Q_x)}{\partial x} \mathrm{d}x = \frac{\rho k}{2} \frac{\partial (z^2)}{\partial x} \mathrm{d}y + \frac{\rho k}{2} \frac{\partial^2 (z^2)}{\partial x^2} \mathrm{d}x \mathrm{d}y$$

根据质量守恒定律，有：

$$\left(\rho Q_x + \frac{\partial(\rho Q_x)}{\partial x}dx - \rho Q_x\right) + \left(\rho Q_y + \frac{\partial(\rho Q_y)}{\partial y}dy - \rho Q_y\right) = 0$$

即：
$$\frac{\partial^2(z^2)}{\partial x^2} + \frac{\partial^2(z^2)}{\partial y^2} = 0 \tag{8-11}$$

式（8-11）为完全潜水井浸润面 z 所满足的微分方程式。该方程表明，潜水井的 z^2 是满足拉普拉斯方程的函数。因此，函数 z^2 可以叠加。即：当井群的所有井同时工作时，所形成的 z^2 函数为井群中各井单独工作时的 z_i^2（第 i 个井的 z^2 函数）之和，即：

$$z^2 = z_1^2 + z_2^2 + \cdots\cdots + z_N^2 = \sum_{i=1}^{N} z_i^2 \tag{8-12}$$

设井群中第 i 个井的半径为 r_{0i}，井中水深为 h_i，产水量为 Q_i，则：

$$z_i^2 = \frac{Q_i}{\pi k}\ln\frac{r_i}{r_{0i}} + h_i^2$$

将上式代入式（8-12），得：

$$z^2 = \sum_{i=1}^{N} z_i^2 = \sum_{i=1}^{N}\left(\frac{Q_i}{\pi k}\ln\frac{r_i}{r_{0i}} + h_i^2\right) \tag{8-13}$$

式中，N 为井群中井的个数。假设各井的产水量相等，即：

$$Q_1 = Q_2 = \cdots\cdots = Q_N = \frac{Q_0}{N}$$

式中，Q_0 为井群的产水量，则式（8-13）可改写为：

$$z^2 = \frac{Q_0}{N\pi k}\ln\frac{r_1 r_2 \cdots\cdots r_N}{r_{01}r_{02}\cdots\cdots r_{0N}} + \sum_{i=1}^{N} h_i^2 \tag{8-14}$$

设井群的影响半径为 R，在影响半径上任取一点 A，则 A 距各井的距离可近似认为 $r_1 = r_2 = \cdots\cdots = r_N = R$，而 A 点处 $z = H$。把上述关系代入式（8-14），得：

$$H^2 = \frac{Q_0}{N\pi k}\ln\frac{R^N}{r_{01}r_{02}\cdots\cdots r_{0N}} + \sum_{i=1}^{N} h_i^2 \tag{8-15}$$

将式（8-14）减式（8-15），得：

$$z^2 - H^2 = \frac{Q_0}{N\pi k}\ln\frac{r_1 r_2 \cdots\cdots r_N}{R^N} \tag{8-16}$$

式（8-16）为完全潜水井井群的浸润面方程。井群的影响半径 R 可由现场抽水试验测定或按下列经验公式估算：

$$R = 575s\sqrt{Hk} \tag{8-17}$$

式中，s——井群中心的水位降深，m；

H——含水层厚度，m。

完全潜水井井群的总产水量为：

$$Q_0 = \frac{\pi k(z^2 - H^2)}{\left[\ln R - \dfrac{1}{N}\ln(r_1 r_2 \cdots\cdots r_N)\right]} \tag{8-18}$$

8.4.2 完全承压井井群的水力计算

利用与完全潜水井相似的分析方法分析完全承压井井群，对于含水层厚度 t 为常数情况，可得：

$$\frac{\partial^2(z)}{\partial x^2} + \frac{\partial^2(z)}{\partial y^2} = 0 \tag{8-19}$$

即完全承压井井群的 z 具有可叠加性，于是完全承压井井群的浸润面方程为：

$$z = H - \frac{Q_0}{2\pi Nkt}\ln\frac{R^N}{r_1 r_2 \cdots\cdots r_N} = H - \frac{Q_0}{2\pi kt}\left[\ln R - \frac{1}{N}\ln(r_1 r_2 \cdots\cdots r_N)\right] \quad (8\text{-}20)$$

井群的总出水量为：

$$Q_0 = \frac{2\pi kt(H-z)}{\left[\ln R - \frac{1}{N}\ln(r_1 r_2 \cdots\cdots r_N)\right]} \quad (8\text{-}21)$$

【例 8-3】 由半径 $r_0 = 0.1\mathrm{m}$ 的 8 个完全潜水井所组成的井群如图 8-7 所示，布置在长 40m、宽 60m 的长方形周线上，以降低基坑地下水位。含水层位于水平不透水层上，厚度 $H = 10\mathrm{m}$，土壤渗流系数 $k = 0.001\mathrm{m/s}$，井群的影响半径 $R = 500\mathrm{m}$，若每口井的抽水量为 $0.0125\mathrm{m}^3/\mathrm{s}$，试求地下水位在井群中心点 O 的降落值。

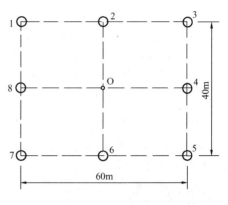

图 8-7 例 8-3 图

【解】 根据题意可得各井到 O 点的距离为：
$r_1 = r_3 = r_5 = r_7 = 36.06\mathrm{m}$，$r_2 = r_6 = 20\mathrm{m}$，$r_4 = r_8 = 30\mathrm{m}$

将已知数据代入式（8-16），得：

$$z_0^2 = H^2 + \frac{Q_0}{N\pi k}\ln\frac{r_1 r_2 \cdots\cdots r_N}{R^N} = 10.10\mathrm{m}^2$$

$$z_0 = 3.18\mathrm{m}$$

地下水位在井群中心点 O 的降落值为：

$$s = H - z_0 = 10 - 3.18 = 6.82\mathrm{m}$$

本 章 小 结

本章的主要内容：渗流模型与达西渗流定律，地下水的均匀渗流和非均匀渗流的基本方程，集水廊道、井及井群出水量的基本计算和浸润曲线的分析。

本章的基本要求：理解渗流模型与达西渗透定律，理解地下水的均匀渗流和非均匀渗流的基本方程，能进行井出水量的基本计算和浸润曲线的分析。

本章的重点：渗流模型与达西渗流定律，地下水的均匀渗流和非均匀渗流的基本方程，集水廊道、井及井群出水量的基本计算和浸润曲线的分析。

本章的难点：渗流模型与达西渗流定律，集水廊道、井及井群出水量的基本计算和浸润曲线的分析。

思 考 题

1. 为什么要提出渗流模型的概念？它与实际渗流有什么区别与联系？
2. 达西定律的适用条件是什么？
3. 裘布依公式和达西定律有何区别？

4. 影响渗流系数的因素有哪些?

5. 影响潜水井渗流流量的主要因素有哪些?影响承压井渗流流量的主要因素有哪些?

习　题

8-1　在实验室中,根据达西渗流定律测定某土壤的渗流系数。将土壤装在直径 $D=20\text{cm}$ 的圆筒中,在 40cm 的水头作用下,经过一昼夜测得渗透水量为 $0.015\text{m}^3/\text{d}$,两测压管间的距离 $l=30\text{cm}$,试求:该土壤的渗流系数 k。

8-2　某工厂区为降低地下水位,在水平不透水层上修建了一条长 100m 的地下集水廊道(见图 8-8)。经实测,在距廊道边缘距离 $L=80\text{m}$ 处地下水位开始下降,该处地下水水深 H 为 7.6m,廊道中水深 h 为 3.6m,由廊道排出总流量 Q 为 $2.23\text{m}^3/\text{s}$,试求土层的渗流系数 k 值。

8-3　如图 8-9 所示,已测得抽水流量 $Q=0.0025\text{m}^3/\text{s}$,钻孔处水深 $z=2.6\text{m}$,井中水深 $h=2.0\text{m}$,井的半径 $r_0=0.15\text{m}$,钻孔至井中心距离 $r=60\text{m}$,求土层的渗流系数 k。

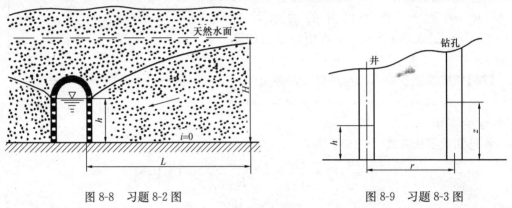

图 8-8　习题 8-2 图　　　　　　　　图 8-9　习题 8-3 图

8-4　有一潜水完全井如图 8-10 所示。井半径 $r_0=10\text{cm}$,含水层厚度 $H=8\text{m}$,渗流系数 $k=0.003\text{cm/s}$。抽水时井中水深保持为 $h=2\text{m}$,影响半径 $R=200\text{m}$,求出水量 Q 和距离井中心 $r=100\text{m}$ 处的地下水深度 z。

8-5　有一水平不透水层上的渗流层,宽 800m,渗流系数 $k=0.0003\text{m/s}$,在沿渗流方向相距 1000m 的两个观察井中,分别测得水深为 8m 和 6m(见图 8-11)。试求渗流流量 Q。

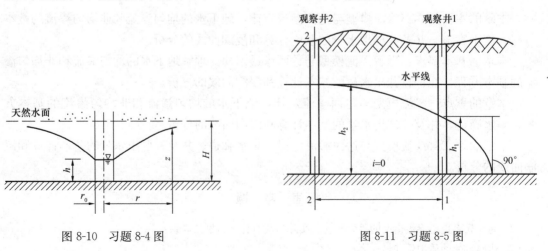

图 8-10　习题 8-4 图　　　　　　　　图 8-11　习题 8-5 图

8-6　如图 8-12 所示,利用半径 $r_0=10\text{cm}$ 的钻井(完全井)做注水试验。当注水量稳定在 $Q=$

$0.20L/s$ 时，井中水深 $h=5m$，含水层为细砂构成，含水层水深 $H=3.5m$，试求其渗流系数 k 值。

8-7 在公路沿线建造一条排水明沟（见图8-13）以降低地下水位。含水层厚度 $H=1.2m$，土壤渗流系数 $k=0.012cm/s$，浸润曲线的平均坡度 $J=0.03$，沟长 $L=100m$，试求从两侧流向排水明沟的流量。

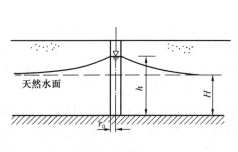

图 8-12 习题 8-6 图

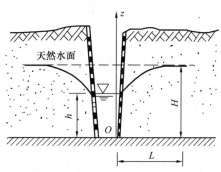

图 8-13 习题 8-7 图

8-8 现打一潜水完全井，含水层厚度 $H=6m$，渗流系数 $k=0.0012m/s$，井的半径 $r_0=0.15m$，影响半径 $R=300m$，试求井中水位降深 $s=3m$ 时的产水量。

8-9 如图8-14所示，为了用抽水试验确定某完全承压井的影响半径 R，在距离井中心轴线为 $r_1=15m$ 处钻一观测孔。当承压井抽水后，井中水面稳定的降落深度为 $s=3m$，而此时观测孔中的水位降落深度 $s_1=1m$。设承压含水层的厚度 $t=6m$，井的直径 $d_0=0.2m$。求井的影响半径 R。

8-10 如图8-15所示，一布置在半径 $r=20m$ 的圆内接六边形上的六个完全潜水井群，用于降低地下水位。各井的半径均为 $r_0=0.1m$。已知含水层的厚度 $H=15m$，土壤的渗流系数 $k=0.01cm/s$，井群的影响半径 $R=500m$，今欲使中心点 G 处的地下水位降低 $5m$，试求各井的出水量（假设各井的出水量相等）。

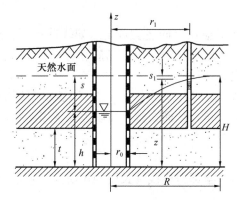

图 8-14 习题 8-9 图

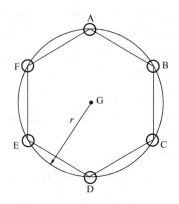

图 8-15 习题 8-10 图

第 9 章 相似原理和量纲分析

流体力学中还有许多实际问题,目前尚不能通过解析的方法来解决,一方面是流动现象的全部机理还不很清楚,难以建立起相应的物理数学模型;另一方面是虽然已建立描述流动规律的数学物理方程,但求解偏微分方程组十分困难;另外,一些新发展的理论和数值计算结果也要有一定的试验数据作为检验。因此只能依靠实验方法来寻求和验证流动过程的规律性。而且,科学实验从古至今都是研究和解决许多实际问题的有力手段,它不仅为理论分析提供重要的依据,而且始终是探索自然现象、发展新的科学概念的重要方法。

实验总是在某种条件下的流动过程中进行的,对于一个复杂的流动现象进行实验研究,实验中的可变因素很多,另外受实验条件的限制,多数实验不可能在实物上进行。如何把特定条件下的试验结果推广到其他相类似的流动现象中去,从而通过一定的试验掌握所有相类似流动现象的规律,解决这些问题的理论基础之一就是本章的相似理论和量纲分析。

9.1 相似理论基础

相似的概念最早出现于几何学中,我们可以把这一概念推广到某个物理现象的所有物理量上,即:满足什么条件(相似条件),一些现象才彼此相似。只有在几何相似的基础上,才能实现两个流动现象的力学相似。

所谓力学相似是指模型流动与实物流动在对应点上同名物理量(如线性长度、速度、压强、各种力等)都应有一定的比例关系。具体地说,力学相似包括下述三个方面:几何相似、运动相似和动力相似以及初始条件和边界条件的相似。

下面分别讨论如下,并以下标"n"表示原型的有关量,下标"m"表示模型的有关量。保持模型流动与实物流动之间的力学相似关系,从而在模型流动上表现出实物流动的现象和性能。

9.1.1 几何相似

几何相似是指模型和原型的几何形状相似,全部对应线性长度的比值为一定常数,对应角也应相等,即:

$$\frac{l_\mathrm{n}}{l_\mathrm{m}} = \lambda_\mathrm{l}, \ \theta_\mathrm{n} = \theta_\mathrm{m} \tag{9-1}$$

式中 l_n 和 l_m ——分别为原型和模型某一部位的线性长度;
  θ_n 和 θ_m ——分别为原型和模型的对应角度;
  λ_l ——长度比例尺(相似比例常数)。

同理,面积比例尺:

$$\lambda_\mathrm{A} = \frac{A_\mathrm{n}}{A_\mathrm{m}} = \left(\frac{l_\mathrm{n}}{l_\mathrm{m}}\right)^2 = \lambda_\mathrm{l}^2 \tag{9-2}$$

体积比例尺：

$$\lambda_v = \frac{V_n}{V_m} = \left(\frac{l_n}{l_m}\right)^3 = \lambda_l^3 \tag{9-3}$$

9.1.2 运动相似

运动相似是指模型与原型中水流质点运动的流线几何相似。这要求原型与模型间对应时刻、对应点流速（加速度）的方向一致，大小的比例相等，即流速比尺 λ_v 为一个定值，故运动相似的必要条件为：

时间比例尺：

$$\lambda_t = \frac{t_n}{t_m} \tag{9-4}$$

速度比例尺：

$$\lambda_v = \frac{v_n}{v_m} = \frac{l_n/t_n}{l_m/t_m} = \frac{\lambda_l}{\lambda_t} \tag{9-5}$$

加速度比例尺：

$$\lambda_a = \frac{a_n}{a_m} = \frac{\lambda_v}{\lambda_t} = \frac{\lambda_l/\lambda_t}{\lambda_t} = \frac{\lambda_l}{\lambda_t^2} \tag{9-6}$$

体积流量比例尺：

$$\lambda_Q = \frac{Q_n}{Q_m} = \frac{l_n^3/t_n}{l_m^3/t_m} = \frac{\lambda_l^3}{\lambda_t} = \lambda_l^2 \lambda_v \tag{9-7}$$

运动黏度比例尺：

$$\lambda_\nu = \frac{\nu_n}{\nu_m} = \frac{l_n^2/t_n}{l_m^2/t_m} = \frac{\lambda_l^2}{\lambda_t} = \lambda_l \lambda_v \tag{9-8}$$

如上所述，若模型与原型的长度比例尺和速度比例尺确定，则由它们可以确定所有运动学量的比例尺。

9.1.3 动力相似

两个运动相似的流场中，在对应空间点、对应瞬时，作用在两相似几何微团上的力，作用方向一致、大小互成比例，即它们的动力场相似。

动力相似是各作用力和流场中运动方程式可反映的力的相互关系的相似所要求的。几何相似的水力模型的关键性要求是确保力学相似，即模型中所有的作用力能与原型中的相应作用力保持一个常数比例关系，才能反映原型现象，达到相似要求。

力的比例尺为：

$$\lambda_F = \frac{F_n}{F_m} \tag{9-9}$$

又由牛顿定律可知：

$$\lambda_F = \frac{\rho_n \Delta l_n^3 \, \Delta v_n/t_n}{\rho_m \Delta l_m^3 \, \Delta v_m/t_m} = \lambda_\rho \lambda_l^2 \lambda_v^2 \tag{9-10}$$

其中，$\lambda_\rho = \frac{\rho_n}{\rho_m}$ 为流体的密度比例尺。

在流体力学的模型实验中，经常选取长度 l，速度 v 和密度 ρ 作为独立的基本量，即

选取 λ_l、λ_v 和 λ_ρ 作基本比例尺，于是可以导出用 λ_l、λ_v 和 λ_ρ 表示的有关动力学量的比例尺如下：

力矩（功，能）比例尺：

$$\lambda_M = \frac{M_n}{M_m} = \frac{(Fl)_n}{(Fl)_m} = \lambda_F \lambda_l = \lambda_l^3 \lambda_v^2 \lambda_\rho \tag{9-11}$$

压强（应力）比例尺：

$$\lambda_p = \frac{p_n}{p_m} = \frac{(F_p/A)_n}{(F_p/A)_m} = \frac{\lambda_F}{\lambda_A} = \lambda_v^2 \lambda_\rho \tag{9-12}$$

功率比例尺：

$$\lambda_P = \frac{P_n}{P_m} = \frac{F_n v_n}{F_m v_m} = \lambda_F \lambda_v = \lambda_l^2 \lambda_v^3 \lambda_\rho \tag{9-13}$$

动力黏度比例尺：

$$\lambda_\mu = \frac{\mu_n}{\mu_m} = \frac{\nu_n \rho_n}{\nu_m \rho_m} = \lambda_\rho \lambda_\nu \tag{9-14}$$

9.1.4 边界条件和初始条件相似

边界条件相似是指两个流动的相应边界性质相同。而对于非恒定流动，还要满足初始条件相似。边界条件和初始条件相似是保证流动相似的充分条件。

相似条件说明了模型实验主要解决的问题是：

1. 根据物理量所组成的相似准则数相等的原则去设计模型，选择流动介质；
2. 在实验过程中应测定各相似准则数中包含的一切物理量；
3. 用数学方法找出相似准则数之间的函数关系，即准则方程式。该方程式便可推广应用到原型及其他相似流动中去。

9.2 相似准则

在几何相似的条件下，两种物理现象保证相似的条件或准则，称之为相似准则（或相似律）。对于任何系统的机械运动都必须服从牛顿第二定律 $\vec{F} = m\vec{a}$。对模型与原型流场中的流体微团应用牛顿第二定律，并按动力相似时各类力大小的比例相等，可得式（9-10）。

即：

$$\frac{\lambda_F}{\lambda_\rho \lambda_l^2 \lambda_v^2} = 1 \tag{9-15}$$

或

$$\frac{F_n}{\rho_n l_n^2 v_n^2} = \frac{F_m}{\rho_m l_m^2 v_m^2} \tag{9-16}$$

令

$$\frac{F}{\rho l^2 v^2} = Ne \tag{9-17}$$

Ne 称为牛顿数，它是作用力与惯性力的比值。当模型与原型的动力相似，则其牛顿数必定相等，即 $(Ne)_n = (Ne)_m$；反之亦然。这就是牛顿相似准则。

流场中有各种性质的力，但不论是哪种力，只要两个流场动力相似，它们都要服从牛顿相似准则。

9.2.1 弗劳德准则（重力相似准则）

处于重力场中的两个相似流场，重力必然相似。作用在流体微团上的重力之比可以表示为：

$$\lambda_F = \frac{W_n}{W_m} = \frac{\rho_n V_n g_n}{\rho_m V_m g_m} = \lambda_\rho \lambda_l^3 \lambda_g$$

式中　λ_g——重力加速度比例尺。

将上式代入式（9-15），得：

$$\frac{\lambda_v}{(\lambda_l \lambda_g)^{1/2}} = 1 \tag{9-18}$$

或

$$\frac{v_n}{(g_n l_n)^{1/2}} = \frac{v_m}{(g_m \cdot l_m)^{1/2}} \tag{9-19}$$

令

$$\frac{v}{(gl)^{1/2}} = Fr \tag{9-20}$$

Fr 称为弗劳德（Froude）数，其物理意义是惯性力与重力的比值。两种流动的重力作用相似，它们的弗劳德数必定相等，即 $(Fr)_n = (Fr)_m$；反之亦然。这就是重力相似准则，又称弗劳德准则。在重力场中 $g_n = g_m$ 和 $\lambda_g = 1$，则有 $\lambda_v = \lambda_l^{1/2}$。

9.2.2　雷诺准则（黏性力相似准则）

黏性力作用下的两个相似流场，其黏性力必然相似。作用在两个流场流体微团上的黏性力之比可表示为：

$$\lambda_F = \frac{(F_\mu)_n}{(F_\mu)_m} = \frac{\mu[(dv_x)_n/(dy)_n]A_n}{\mu[(dv_x)_m/(dy)_m]A_m} = \lambda_\mu \lambda_l \lambda_v$$

代入式（9-15），得：

$$\lambda_\rho \lambda_v \lambda_l / \lambda_\mu = 1, \quad \lambda_v \lambda_l / \lambda_\nu = 1 \tag{9-21}$$

或

$$\frac{\rho_n v_n l_n}{\mu_n} = \frac{\rho_m v_m l_m}{\mu_m}, \quad \frac{v_n l_n}{\nu_n} = \frac{v_m l_m}{\nu_m} \tag{9-22}$$

令

$$\frac{\rho v l}{\mu} = \frac{v l}{\nu} = Re \tag{9-23}$$

Re 称为雷诺（Reynolds）数，其物理意义为惯性力与黏性力的比值。两种流动的黏性力作用相似，它们的雷诺数必定相等，即 $(Re)_n = (Re)_m$；反之亦然。这就是黏性力相似准则，又称雷诺准则。当模型与原型用同一种流体时，$\lambda_\rho = \lambda_\mu = 1$，故有：$\lambda_v = 1/\lambda_l$。

9.2.3　欧拉准则（压力相似准则）

压力作用下的两个相似流场，其压力必然相似。作用在两流场流体微团上的总压力之比可以表示为：

$$\lambda_F = \frac{F_n}{F_m} = \frac{p_n A_n}{p_m A_m} = \lambda_p \lambda_l^2$$

代入式（9-15），得：

$$\frac{\lambda_p}{\lambda_\rho \lambda_v^2} = 1 \tag{9-24}$$

或

$$\frac{p_n}{\rho_n v_n^2} = \frac{p_m}{\rho_m v_m^2} \tag{9-25}$$

令

$$\frac{p}{\rho v^2} = Eu \tag{9-26}$$

Eu 称为欧拉（Euler）数，其物理意义为总压力与惯性力的比值。两种流动的压力作用相似，它们的欧拉数必定相等，即 $(Eu)_n = (Eu)_m$；反之亦然。这就是压力相似准则，又称欧拉准则。当欧拉数中的压强 p 用压差 Δp 来代替，这时

欧拉数
$$Eu = \frac{\Delta p}{\rho v^2} \tag{9-27}$$

欧拉相似准则：
$$\frac{\Delta p_n}{\rho_n v_n^2} = \frac{\Delta p_m}{\rho_m v_m^2} \tag{9-28}$$

9.2.4 柯西准则（弹性力相似准则）

弹性力作用下的两个相似流场，其弹性力必然相似。作用在两流场流体微团上的弹性力之比可以表示为：

$$\lambda_F = \frac{(F_e)_n}{(F_e)_m} = \frac{(\mathrm{d}p)_n A_n}{(\mathrm{d}p)_m A_m} = \frac{K_n A_n \mathrm{d}V_n/V_n}{K_m A_m \mathrm{d}V_m/V_m} = \lambda_K \lambda_l^2$$

式中 K——体积模量；

λ_K——体积模量比例尺。

将上式代入式（9-15），得：

$$\lambda_\rho \lambda_v^2 / \lambda_k = 1 \tag{9-29}$$

或
$$\frac{\rho_n v_n^2}{K_n} = \frac{\rho_m v_m^2}{K_m} \tag{9-30}$$

令
$$\frac{\rho v^2}{K} = Ca \tag{9-31}$$

Ca 称为柯西（Cauchy）数，其物理意义为惯性力与弹性力的比值。两种流动的弹性力作用相似，它们的柯西数必定相等，即 $(Ca)_n = (Ca)_m$；反之亦然。这就是气体的弹性力相似准则，又称柯西准则。

9.2.5 马赫准则

若流场中的流体为气体，由于 $\frac{K}{\rho} = c^2$（c 为声速），故弹性力的比例尺又可表示为 $\lambda_F = \lambda_c^2 \lambda_\rho \lambda_l^2$，代入式（9-15），得：

$$\frac{\lambda_v}{\lambda_c} = 1 \tag{9-32}$$

或
$$\frac{v_n}{c_n} = \frac{v_m}{c_m} \tag{9-33}$$

令
$$\frac{v}{c} = Ma \tag{9-34}$$

Ma 称马赫（Mach）数，其物理意义仍是惯性力与弹性力的比值。两种流动的弹性力作用相似，它们的马赫数必定相等，即 $(Ma)_n = (Ma)_m$；反之亦然。这仍是气体的弹性力相似准则，又称马赫准则。

9.2.6 其他准则

1. 韦伯准则（表面张力相似准则）

表面张力作用下的两个相似流场，其表面张力必然相似。作用在两流场流体微团上的张力之比可以表示为：

$$\lambda_F = \frac{(F_\sigma)_n}{(F_\sigma)_m} = \frac{\sigma_n l_n}{\sigma_n l_m} = \lambda_\sigma \lambda_l$$

式中 σ——表面张力；

λ_σ——表面张力比例尺。

将上式代入式（9-15），得：

$$\frac{\lambda_\rho \lambda_l \lambda_v^2}{\lambda_\sigma} = 1 \tag{9-35}$$

或

$$\frac{\rho_n v_n^2 l_n}{\sigma_n} = \frac{\rho_m v_m^2 l_m}{\sigma_m} \tag{9-36}$$

令

$$\frac{\rho v^2 l}{\sigma} = We \tag{9-37}$$

We 称为韦伯（Weber）数，其物理意义为惯性力与表面张力的比值。两种流动的表面张力作用相似，它们的韦伯数必定相等，即 $(We)_n = (We)_m$；反之亦然。这就是表面张力作用相似准则，又称韦伯准则。

2. 斯特劳哈尔准则（非定常性相似准则）

在非定常流动的模型实验中，要保证模型与原型的流动随时间的变化相似。此时，当地加速度引起的惯性力之比可以表示为：

$$\lambda_F = \frac{(F_h)_n}{(F_h)_m} = \frac{\rho_n V_n [\partial u_x]_n/(\partial t)_n}{\rho_m V_m [\partial u_x]_m/(\partial t)_m} = \lambda_\rho \lambda_l^3 \lambda_v \lambda_t^{-1}$$

将上式代入式（9-15）得：

$$\lambda_l/(\lambda_v \lambda_t) = 1 \tag{9-38}$$

或

$$\frac{l_n}{v_n t_n} = \frac{l_m}{v_m t_m} \tag{9-39}$$

令

$$\frac{l}{vt} = Sr \tag{9-40}$$

Sr 称为斯特劳哈尔（Strouhal）数，其物理意义为当地惯性力与迁移惯性力的比值。两种非定常流动相似，它们的斯特劳哈尔数必定相等，即 $(Sr)_n = (Sr)_m$；反之亦然。这就是非定常相似准则，又称斯特劳哈尔准则。

以上给出的牛顿数、弗劳德数、雷诺数、欧拉数、柯西数、马赫数、韦伯数、斯特劳哈尔数均称为相似准则数。

9.3 模 型 试 验

以相似原理为基础的模型实验方法，按照流体流动相似的条件，可设计模型和安排试验。这些条件是几何相似、运动相似和动力相似。前两个相似是第三个相似的充要条件，同时满足以上条件为流动相似，模型试验的结果方可用到原型设备中去。

9.3.1 模型律的选择

要想使流动完全相似是很难办到的，定性准则数越多，模型实验的设计越困难，甚至根本无法进行，一般只能达到近似相似，就是保证了对流动起主要作用的力相似，故应有一个模型律的选择问题。

在工程实际中的模型试验，好多只能满足部分相似准则，即称之为局部相似。这种方法是一种近似的模型试验，它可以抓住问题的主要物理量，忽略对过程影响小的定性准则，可使问题得到简化。

如上面的黏性不可压定常流动的问题，不考虑自由面的作用及重力的作用，只考虑黏性的影响，则定性准则只考虑雷诺数 Re，因而模型尺寸和介质的选择就自由了。若仅两液流的雷诺数相等，则两液流黏性系数的比尺 λ_ν 应为 $\lambda_\nu=\lambda_v\lambda_l$，这就是说 λ_ν 取决于 λ_v 与 λ_l 的乘积，不能任意选择；反之，如 λ_ν 已经确定（通常等于1，即原型与模型的运动黏性系数相同），则 λ_v 与 λ_l 两个比值就只有一个可以任意确定，若模型尺寸较实物缩小 λ_l 倍，那模型中的液流流速，就应较原型的流速放大 λ_l 倍。显然，这一要求不难实现，只要模型中流量较实物中的流量减小 λ_l 倍即可达到。管中的有压流动，以及飞行体在空气压缩性影响可以忽略的速度下飞行等的相似都只依赖于雷诺准则。

对于大多数明渠流动，重力起主要作用，则应按弗劳德准则设计模型实验，设 $\lambda_g=1$（即重力加速度相等），则两液流流速的比尺应为 $\lambda_v=\sqrt{\lambda_l}$，就是说 λ_v 取决于 λ_l 的平方根，不能任意选择。若模型尺寸较原型尺寸缩小 λ_l 倍，即模型中的流速就应较原型的流速小 $\sqrt{\lambda_l}$ 倍。显然，这一要求不难实现，只要模型中流量较实物中流量减小 $\lambda_l^{5/2}$ 倍即可达到。自由式孔口出流、坝上溢流、围绕桥墩的水流以及大多数的明渠流动都是重力起主要作用，一般应首先受佛劳德准则控制。

若黏性阻力与重力同时相似，也就是说要保证模型和原型的雷诺数和弗劳德数一一对应相等。在这种情况下，若模型与原型采用同一种介质，由雷诺数相等条件，有：

$$\lambda_v = \frac{1}{\lambda_l} \tag{9-41}$$

由弗劳德数相等条件，有：

$$\lambda_v = \sqrt{\lambda_l} \tag{9-42}$$

显然，λ_l 与 λ_v 的关系要同时满足以上两个条件，则 $\lambda_l=1$，即模型不能缩小，失去了模型实验的价值。若要同时满足雷诺与弗劳德准则，必须有：

$$\lambda_\nu = \lambda_v\lambda_l = \sqrt{\lambda_l}\lambda_l = \lambda_l^{3/2} \tag{9-43}$$

这就是说，实现流动相似有两个条件：一是模型流的流速应为原型流流速的 $\lambda_l^{1/2}$ 倍，二是必须按长度比尺的 3/2 次方来选择运动黏性系数的比值 λ_ν，后一条件目前还难实现。为了解决这一矛盾，就需要对黏性阻力的作用和影响作深入的分析。在第4章讨论水流阻力得知，当雷诺数大到一定的程度后，阻力相似并不要求雷诺数相等。只要单独考虑弗劳德准则即可。

9.3.2 模型设计

模型设计大致的步骤：

（1）根据实验场地、供水设备、模型制作和量测条件定出长度比尺 λ_l。

（2）以选定的比尺 λ_l，缩小原型的几何比尺，得出模型的几何边界。

（3）一般情况下模型液体就采用原型液体，即 λ_ρ、λ_ν 为1，根据对流动受力情况分析，满足对流动起主要作用的力相似，选择模型律。

(4) 按选用的相似准则，确定流速比尺 λ_v 及模型流量：

$$\lambda_Q = \frac{Q_n}{Q_m} = \frac{v_n A_n}{v_m A_m} = \lambda_v \lambda_l^2 \tag{9-44}$$

或

$$Q_m = \frac{Q_n}{\lambda_v \lambda_l^2} \tag{9-45}$$

根据这些步骤便可实现原型、模型流动在相应准则控制下的流动相似。

上面谈到几何相似是液流相似的前提，意即长度比尺 λ_l 不论在水平方向还是竖直方向都是一致的，这种几何相似模型称为正态模型。但是，在河流或港口水工模型中，水平长度比值较大，如果竖直方向也采用同样的长度比值，则模型中的水深可能很小。在水深很小的水流中，表面张力的影响将很显著，这样模型并不能保证水流相似。为了克服这一困难，可取竖直线性比值较水平线性比值稍小，而形成了广义的"几何相似"，这种水工模型称为变态模型（Abnormal Model）。变态模型改变了水流的流速场，因此，它是一种近似模型，为了保证一定程度的精度，竖直长度比值不能与水平长度比值相差太远。

以上介绍的是相似现象存在于同类现象之中，称为"同类相似"。相似也可存在于不同类现象之间，如力和电的相似，这种相似称为异类相似。

【**例 9-1**】 混凝土溢流坝如图 9-1 所示，其最大下泄流量 $Q_n = 1200 \text{m}^3/\text{s}$，几何比尺 $\lambda_l = 60$，试求模型中的最大流量 Q_m 为多少？如在模型中测得坝上水头 $H_m = 8\text{cm}$，模型中坝趾断面流速 $v_m = 1\text{m/s}$，试求原型溢流坝相应的坝上水头 H_n 及收缩断面（坝趾处）流速 v_n 为多少？

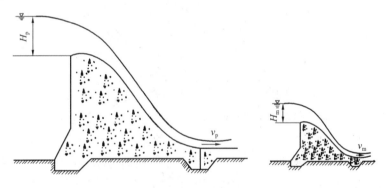

图 9-1 溢流坝流动

【**解**】 溢流坝过坝水流主要受重力作用，按重力相似准则，其比尺关系为 $\lambda_{Fr} = 1$

流量比尺 $\qquad\qquad\qquad \lambda_Q = \lambda_l^{2.5}$

流速比尺 $\qquad\qquad\qquad \lambda_v = \lambda_l^{1/2}$

模型流量 $\quad Q_m = Q_n / \lambda_l^{2.5} = 1200/60^{5/2} = 0.043 \text{m}^3/\text{s} = 43 \text{L/s}$

原型坝上水头 $\quad H_n = H_m \lambda_l = 8 \times 60 = 480 \text{cm} = 4.8 \text{m}$

原型坝趾收缩断面处的流速 $\quad v_n = v_m \lambda_v = v_m \lambda_l^{1/2} = 1 \times 60^{1/2} = 7.75 \text{m/s}$

【**例 9-2**】 有一混凝土溢流坝的拟定坝宽 $b_n = 210\text{m}$，根据调洪演算坝顶的设计泄流量 $Q_n = 3500 \text{m}^3/\text{s}$，坝面糙率 $n_n = 0.018$。现需一槽宽 $b_m = 0.3\text{m}$ 且只能提供最大流量为 20L/s 的玻璃水槽中做断面模型试验，试确定实验的有关比尺并用阻力相似准则校核模型的制造工艺是否满足要求。

【解】 由于溢流坝溢流的作用力主要为重力，模型设计按重力（弗劳德）相似准则确定比尺，但因原型溢流坝较长，现只需做断面模型试验。根据 $\lambda_Q = \lambda_l^{2.5} = \lambda_l^{1.5}\lambda_b$，$\lambda_q = \lambda_Q/\lambda_b$，故可先按单宽流量进行比较以确定长度比尺。

原型的单宽流量：

$$q_n = \frac{3500}{210} = 16.67 \text{m}^3/(\text{s} \cdot \text{m}) = 166.7 \text{L}/(\text{s} \cdot \text{cm})$$

模型水槽中的最大单宽流量为 $q_m = \frac{20}{30} = 0.667 \text{L}/(\text{s} \cdot \text{cm})$

因此有长度比尺 $\lambda_l = \left(\frac{166.7}{0.667}\right)^{2/3} = 39.67$

选取 $\lambda_l = 40$

由于坝面水也受到边壁阻力的影响，因而在确定比尺后还应考虑阻力相似准则以核定模型的制造工艺是否能满足糙率的要求：

$$n_m = \frac{n_n}{\lambda_l^{1/6}} = \frac{0.018}{40^{1/6}} = 0.00973 \approx 0.01$$

模型的表面选用刨光的木板可以达到这一糙率要求，故选定 $\lambda_l = 40$ 是可行的。

最后确定出相应的其他比尺：

$$\lambda_Q = \lambda_l^{5/2} = 40^{5/2} = 10119$$
$$\lambda_v = \lambda_l^{1/2} = 40^{1/2} = 6.32$$
$$\lambda_t = \lambda_l^{1/2} = 6.32$$
$$\lambda_F = \lambda_l^3 = 6400$$
$$\lambda_{(\Delta p/\gamma)} = \lambda_l = 40$$

注意此时 30cm 宽的水槽相当于原型中的坝段宽度为：$b_n = b_m \cdot \lambda_l = 0.3 \times 40 = 12\text{m}$。

【例 9-3】 有一直径为 15cm 的输油管，管长 10m，通过流量为 0.04m³/s 的油。现用水来做实验，选模型管径和原型相等，原型中油的运动黏度 $\nu = 0.13\text{cm}^2/\text{s}$，模型中的实验水温为 $t = 10$℃。（1）求模型中的流量为若干才能达到与原型相似？（2）若在模型中测得 10m 长管段的压差为 0.35cm，反算原型输油管 1000m 长管段上的压强差为多少？（用油柱高表示）

【解】（1）输油管路中的主要作用力为黏滞力，所以相似条件应满足雷诺准则，即：

$$\lambda_{Re} = \frac{\lambda_v \lambda_d}{\lambda_\nu} = 1$$

因 $\lambda_d = \lambda_l = 1$，故 $\lambda_v = \lambda_\nu = \nu_n/\nu_m$

已知 $\nu_n = 0.13\text{cm}^2/\text{s}$，而 10℃ 水的运动黏度查表可得：$\nu_m = 0.0131\text{cm}^2/\text{s}$。

当以水作模拟介质时，$Q_m = \frac{Q_n}{\lambda_v \lambda_l^2} = \frac{Q_n}{\lambda_v} = \frac{0.04}{10} = 0.004\text{m}^3/\text{s}$

（2）要使黏滞力为主的原型与模型的压强高度相似，就要保证两种液流的雷诺数和欧拉数的比尺关系式都等于 1，即要求

$$\lambda_{\Delta p} = \lambda_\rho \lambda_v^2, \quad \lambda_\nu = \lambda_v \lambda_l$$

或
$$\lambda_{(\Delta p/\gamma)} = \frac{\lambda_{\Delta p}}{\lambda_\gamma} = \frac{\lambda_v^2}{\lambda_g} = \frac{\lambda_v^2}{\lambda_g \lambda_l^2}$$

故原型压强用油柱高表示为 $h_n = \left(\frac{\Delta P}{\gamma}\right)_n = \frac{h_m \lambda_v^2}{\lambda_g \lambda_l^2}$

已知模型中测得10m长管段中的水柱压差为0.0035m，则相当于原型10m长管段中的油柱压差为：

$$h_n = \frac{0.0035 \times (0.13/0.0131)^2}{1 \times 1^2} = 0.345 \text{m 油柱}$$

因而在1000m长的输油管段中的压差为 $0.345 \times 1000/10 = 34.5$m 油柱（注：工程上往往根据每1km长管路中的水头损失来作为设计管路加压泵站扬程选择的依据。）

9.4 量纲分析法

9.4.1 物理量的量纲

物理量单位的种类叫量纲，由基本单位和导出单位组成单位系统。在以下几类问题的讨论中最多可出现的基本单位（量纲）有：

（1）讨论理论力学时，基本单位（量纲）有3个：质量（M）、时间（T）、长度（L）；

（2）讨论流体力学和热力学时，基本单位（量纲）有4个：质量（M）、时间（T）、长度（L）、温度（θ）；

（3）运动学问题有两个基本单位（量纲）：时间（T）、长度（L）。

物理量的量纲分为基本量纲和导出量纲。通常流体力学中取长度、时间和质量的量纲 L，T，M 为基本量纲。任一物理量 Q 的量纲表示为 $[Q]$ 或 $\dim Q$。

流体力学中常遇到的用基本量纲表示的导出量纲有：

密度：$\dim \rho = ML^{-3}$；表面张力：$\dim \sigma = MT^{-2}$；压强：$\dim p = ML^{-1}T^{-2}$；体积模量：$\dim K = ML^{-1}T^{-2}$；

速度：$\dim v = LT^{-1}$；动力黏度：$\dim \mu = ML^{-1}T^{-1}$；

加速度：$\dim a = LT^{-2}$；比定压热容：$\dim c_p = L^2 T^{-2} \theta^{-1}$。

运动黏度：$\dim \nu = L^2 T^{-1}$；比定容热容：$\dim c_V = L^2 T^{-2} \theta^{-1}$

力：$\dim F = MLT^{-2}$；气体常数：$\dim R = L^2 T^{-2} \theta^{-1}$。

9.4.2 无量纲量

量纲指数为零的物理量称为无量纲量，也就是纯数。无量纲量可由两个具有相同量纲的物理量相比得到；也可由几个有量纲量相除组合，使组合量的量纲指数为零，例如对有压管流，由断面平均速度 v、管道直径 d、流体的运动黏滞系数 ν 乘除组合

$$Re = \frac{vd}{\nu}$$

量纲 $[Re] = \left[\frac{vd}{\nu}\right] = \frac{[LT^{-1}][L]}{[L^2 T^{-1}]} = [1]$

是由三个有量纲量乘除组合得到的无量纲数，称为雷诺数。

依据无量纲的定义和构成，可归纳出无量纲量具有以下特点：

(1) 客观性　正如上文指出，凡有量纲的物理量，都有单位，同一个物理量，因选取的量度单位不同，数值也不同。如果用有量纲量作运动的自变量，计算出的因变量数值就随自变量选取单位的不同而不同。因此，要使描述运动规律的方程式的计算结果，不受主观选用单位的影响，就需要将方程中各项物理量组合成无量纲项，从这个意义上说，真正客观的方程式应是由无量纲项组成的方程式。

(2) 不受运动规模影响　既然无量纲量是纯数，数值大小与量度单位无关，不受运动规模的影响，规模大小不同的流动，如二者是相似的流动，则相应的无量纲数相同。在模型实验中，常用同一个无量纲数作为模型和原型流动相似的判据。

(3) 可进行超越函数运算　由于有量纲量只能作简单的代数运算，作对数、指数、三角函数运算是没有意义的，只有无量纲化才能进行超越函数运算，如气体等温压缩功计算式 $W = p_1 V_1 \ln\left(\dfrac{V_2}{V_1}\right)$，其中，压缩后与压缩前的体积比 V_2/V_1 组成无量纲项，进行对数计算。

9.4.3　量纲齐次性原理

在各种物理现象中，各物理量存在着一定关系，可表示为物理方程。如果一个物理方程完整地反映了某一个物理现象的客观规律，则方程中的每一项和方程的两边一定具有相同的量纲，物理方程的这种性质就叫作量纲的齐次性原理。例如，作为推导力学相似准则基础的牛顿第二定律：$F = ma$，显然方程量纲相同，因为当采用基本量纲为 M、L 和 T 时，方程左边力的量纲是 MLT^{-2}，而方程右边的量纲也是 MLT^{-2}，即方程两边的量纲是相同的。

既然物理方程中各项的量纲相同，那么，用物理方程中的任何一项通除整个方程，便可将该方程化为零量纲方程。量纲分析法正是依据物理方程量纲一致性原则，从量纲分析入手，找出流动过程的相似准则数，并借助实验找出这些相似准则数之间的函数关系。

例如，理想液体恒定元流的伯努利方程：

$$z_1 + \frac{p_1}{\gamma} + \frac{u_1^2}{2g} = z_2 + \frac{p_2}{\gamma} + \frac{u_2^2}{2g} \tag{9-46}$$

可改写为

$$\frac{z_1 - z_2}{u_1^2/2g} + \frac{p_1 - p_2}{u_1^2/2g} = \left(\frac{u_2}{u_1}\right)^2 - 1 \tag{9-47}$$

式 (9-47) 中各项均为无量纲量。

9.4.4　量纲分析法

由于实际液流运动的复杂性，有时候通过实验或现场观测可得知液流运动的若干因素，但是得不出这些因素之间的指数关系式。在这种情况下，就可利用量纲分析法，快速得出各种因素之间的正确结构形式，这是量纲分析法最显著的特点和优点。

量纲分析通常采用两种方法：一种称为瑞利（L. Rayleigh）法，它适用于那些影响因素较少（≤3）的物理过程；另一种是具有普遍性的方法，称为 π 定理（Buckingham π-Theorem）。它们都是以量纲一致性原则作基础的。

1. 瑞利法

用定性物理量 x_1，x_2，x_3，…，x_n 的某种幂次之积的函数来表示被决定的物理量 y 的方法，称为瑞利（Rayleigh）法，即：

$$y = k x_1^{a_1} x_2^{a_2} x_3^{a_3} a \cdots\cdots x_n^{a_n} \tag{9-48}$$

式中　　　　k ——无量纲系数，由实验确定；

$a_1, a_2, a_3, \cdots, a_n$ ——待定指数，根据量纲一致性原则求出。

瑞利法的意义是直接应用量纲齐次性原理建立物理量间的指数关系式，其基本步骤通过下面的实例进行说明。

【例 9-4】 一个质量为 m 的物体从空中自由降落，经实验认为其降落的距离 s 与重力加速度 g 及时间 t 有关。试用瑞利法得出自由落体的公式。

【解】 假定此自由落体的距离 s 与重力加速度 g，时间 t 及物体质量 m 有关，而其关系式可以写成各变量的某种指数的乘积，即：

$$s = k g^x t^y m^z$$

式中比例常数 k 为纯数。

把上式写成量纲关系式

$$[L] = [LT^{-2}]^x [T]^y [M]^z$$

由量纲齐次性原理，上式方程左右两边的量纲必须一致，从而得：

$[L]$：　　$1 = x$　　　　$x = 1$
$[T]$：　　$0 = -2x + y$　　$y = 2$
$[M]$：　　$0 = z$　　　　$z = 0$

将指数 x, y, z 值代入关系式，得：

$$s = k g t^2$$

注意式中质量指数为零，表明距离应与质量无关，常数 k 由实验确定。

【例 9-5】 由实验观察得知，矩形量水堰的过堰流量 Q 与堰上水头 H_0，堰宽 b，重力加速度 g 等物理量之间存在着以下关系：

$$Q = k b^\alpha g^\beta H_0^\gamma$$

式中比例系数 k 为一纯数，试用量纲分析法确定堰流流量公式的结构形式。

【解】 由已知关系式写出其量纲关系式

$$[L^3 T^{-1}] = [L]^\alpha [LT^{-2}]^\beta [L]^\gamma = [L]^{\alpha+\beta+\gamma} [T]^{-2\beta}$$

由量纲一致性原理得：

$[L]$：　　　　　　　　$\alpha + \beta + \gamma = 3$
$[T]$：　　　　　　　　$-2\beta = -1$

联解以上两式，可得　　$\beta = 1/2$　　$\alpha + \gamma = 2.5$

根据经验，过堰流量 Q 与堰宽 b 的一次方成正比，即 $\alpha = 1$，从而可得 $\gamma = 3/2$。将 α、β、γ 的值代入量纲关系式，并令 $m = K/\sqrt{2}$，得

$$Q = m b \sqrt{2g} H_0^{3/2}$$

此式为堰流基本公式，从中可看出，量纲分析法开拓了研究此问题的途径。

2. π 定理

另一种具有普遍性的量纲分析方法，叫作 π 定理，是 1915 年由白金汉（E. Buckingham）提出的，故又叫白金汉定理，其基本意义可表述为：任何一个物理过程，如包含有 N 个物理量，涉及到 r 个基本量纲，则这个物理过程可由 $N-r$ 个无量纲量关系式来描述。因

这些无量纲量用 π_i ($i=1, 2, 3...$) 表示，故简称为 π 定理。

假设影响物理过程的 N 个物理量为 x_1，x_2，$\cdots$，x_N，则这个物理过程可用一完整的函数关系式表示如下：

$$f(x_1, x_2, \cdots x_N) = 0 \tag{9-49}$$

设物理过程中的 N 个物理量包含有 r 个基本量纲。根据国际单位制，流体力学中的基本量纲一般是 $[L]$、$[T]$、$[M]$，即 $r=3$，因此可在 N 个物理量中选出 3 个基本物理量，这 3 个基本物理量应满足：(1) 包含所有物理量的基本量纲；(2) 它们之间的量纲相互独立。作为基本量纲的代表，这 3 个基本物理量一般可在几何学量、运动学量和动力学量中各选一个即可。然后，在剩下的 $N-r$ 个物理量中每次轮取一个分别同所选的 3 个基本物理量一起，组成 $N-r$ 个无量纲的 π 项，然后根据量纲分析原理，分别求出 π_1，$\pi_2 \cdots \pi_{(N-r)}$。因此原来的方程式（9-49）可写成：

$$F(\pi_1, \pi_2, \cdots, \pi_{(N-r)}) = 0 \tag{9-50}$$

这样，就把一个具有 N 个物理量的关系式（9-49）简化成具有 $N-r$ 个无量纲数的表达式，这种表达式一般具有描述物理过程的普遍意义，可作为对问题进一步分析研究的基础。

基本物理量的选择是量纲分析的关键问题之一，其要求是 3 个基本物理量的量纲要相互独立。设基本物理量为 U_1、U_2、U_3，它们均为有量纲的物理量，写出 U_1、U_2、U_3 的量纲关系式。其中，长度 $[L]$、时间 $[T]$、质量 $[M]$ 为基本量纲，三者在量纲上是独立的。

【**例 9-6**】 实验表明，液流中的边壁切应力 τ_0 与断面平均流速 v，水力半径 R，壁面粗糙度 Δ，液体密度 ρ 和动力黏度 μ 有关，试用 π 定理导出边壁切应力 τ_0 的一般表达式。

【**解**】 根据题意，此物理过程可用函数表达式 $F(\tau_0, v, \mu, \rho, R, \Delta) = 0$ 来表示。

选定几何学量中的 R，运动学量中的 v，动力学量中的 ρ 作为基本物理量，本题中物理量的个数 $N=6$，基本物理量 $r=3$，因此，可组成 $N-r=6-3=3$ 个无量纲数的方程，即：

$$F_1\left(\frac{\tau_0}{\rho^{x_1} v^{y_1} R^{z_1}}, \frac{\mu}{\rho^{x_2} v^{y_2} R^{z_2}}, \frac{\Delta}{\rho^{x_3} v^{y_3} R^{z_3}}\right) = 0$$

比较上式中每个因子的分子和分母的量纲，它们应满足量纲齐次性原则。

第一个因子的量纲关系为：

$$[\tau_0] = [\rho]^{x_1} [v]^{y_1} [R]^{z_1}$$

即：

$$[ML^{-1}T^{-2}] = [ML^{-3}]^{x_1} [LT^{-1}]^{y_1} [L]^{z_1}$$

由等式两边量纲相等，得到：

$[M]$: $x_1 = 1$

$[L]$: $-3x_1 + y_1 + z_1 = -1$

$[T]$: $-y_1 = -2$

联解得：$\begin{cases} x_1 = 1 \\ y_1 = 2 \\ z_1 = 0 \end{cases}$ 求得： $\pi_1 = \dfrac{\tau_0}{\rho v^2}$

第二个因子的量纲关系为：

$$[\mu] = [\rho]^{x_2} [v]^{y_2} [R]^{z_2}$$

即：　　　　　　　$[ML^{-1}T^1] = [ML^{-3}]^{x_2} [LT^{-1}]^{y_2} [L]^{z_2}$

由等式两边量纲相等，得：

$[M]$：$x_2 = 1$

$[L]$：$-3x_2 + y_2 + z_2 = 1$

$[T]$：$-y_2 = -1$

联解得：　　　　　$\begin{cases} x_2 = 1 \\ y_2 = 1 \\ z_2 = 1 \end{cases}$

求得：　　　　　　　$\pi_2 = \dfrac{\mu}{\rho v R}$

同理，再求得：$\pi_3 = \dfrac{\Delta}{R}$

因此，对于任意选取的独立的物理量 ρ，v，R，上述物理量之间的关系

$$F(\pi_1, \pi_2, \pi_3) = 0$$

无量纲量 $\rho v R/\mu$ 即雷诺数 Re，而 Δ/R 为相对粗糙度，上式也可以写成：

$$\frac{\tau_0}{\rho v^2} = f\left(Re, \frac{\Delta}{R}\right)$$

或　　　　　　　　$\tau_0 = f\left(Re, \dfrac{\Delta}{R}\right) \rho v^2$

这就是液流中边壁切应力 τ_0 与流速 v，密度 ρ，雷诺数 Re，相对粗糙度 Δ/R 之间的关系式。这里只是由量纲分析求得量纲关系，至于 $f(Re, \Delta/R)$ 的具体关系，必须通过物理模型试验来确定，本例题已在第 4 章讨论水头损失时，给出了它的实验研究成果。

通过以上分析可知，在应用瑞利法和 π 定理进行量纲分析时，都是以量纲齐次性原理作为基础的。

在流体力学中当仅知道一个物理过程包含有哪些物理量而不能给出反映该物理量过程的微分方程或积分形式的物理方程时，量纲分析法可以用来导出该物理过程各主要物理量之间的量纲关系式，并可在满足量纲齐次性原理的基础上指导建立正确的物理公式的构造形式，这是量纲分析法的主要用处。尽管量纲分析法具有如此明显的优点，但其毕竟是一种数学分析方法，具体应用时还须注意以下几点：

(1) 在选择物理过程的影响因素时，绝对不能遗漏重要的物理量，也不要选得过多、重复，或选得不完全，以免导致错误的结论。

(2) 在选择 3 个基本物理量时，所选的基本物理量应满足彼此独立的条件，一般在几何学量、运动学量和动力学量中各选一个。

(3) 当通过量纲分析所得到物理过程的表达式存在无量纲系数时，量纲分析无法给出其具体数值，只能通过实验求得。

(4) 量纲分析法无法区别那些量纲相同而物理意义不同的量。例如，流函数 ψ、势函数 φ、运动黏度 ν，它们的量纲均为 $[L^2/T]$，但其物理意义在公式中应是不同的。

本 章 小 结

本章的主要内容：相似概念、相似原理，动力相似准则推导和意义，模型实验原理和模型试验设计，量纲与单位的基本概念，量纲齐次性原理和量纲分析方法。

本章的基本要求：理解几何、运动、动力、初始与边界条件相似的基本概念，了解三个相似要求及应遵循的相似准则；掌握各种动力相似准则，特别是重力相似准则、黏性力相似准则，能灵活应用模型律进行模型设计；掌握模型基本控制比尺的确定与转换；了解常见水工模型试验的种类与设计的主要原则；理解量纲与单位的基本概念，掌握量纲齐次性原理和量纲分析方法，会进行有关试验数据资料的整理。

本章的学习重点：重力相似准则、黏性力相似准则，模型设计；量纲齐次性原理，瑞利法与 π 定理。

本章学习的难点：动力相似准则，水工模型试验的设计，量纲分析法。

思 考 题

1. 进行水工模型实验的目的是什么？理论基础是什么？
2. 什么是力学相似？什么是几何相似、运动相似和动力相似？
3. 流动相似具有哪三个特征？它们之间是什么关系？
4. 什么叫相似原理？要保证两个流动问题的力学相似所必须具备的条件是什么？
5. 重力相似准则的相似条件是什么？比尺换算关系是什么？流动相似具有哪三个特征？它们之间是什么关系？
6. 为什么要提出相似准则？有哪几个主要相似准则？适用条件是什么？
7. 已知模型与原型相似的长度比尺，分别写出满足重力相似准则和黏滞力相似准则的流速比尺、流量比尺和时间比尺。
8. 什么是量纲分析法？量纲分析有何作用？
9. 为什么在阻力平方区，雷诺准则自动满足？
10. 简述弗劳德数的物理意义。
11. 经验公式是否满足量纲齐次性原理？
12. 瑞利法和布金汉 π 定理各适用于何种情况？

习 题

9-1 渠道上设一平底单孔平板闸门泄流，上游水深 $H=3$m，闸前水流行近流速 $v_0=0.6$m/s，闸孔宽度 $b=6$m，下游为自由出流，闸门开度 $e=1.0$m。今欲按长度比尺 $\lambda_l=10$ 设计模型，来研究平板闸门的流量系数 μ，试求：(1) 模型的尺寸和闸前行进流速 v_{0m}；(2) 如果在模型上测得某点的流量为 $Q_m=81.5$L/s，则原型上对应点的流量 Q 为多少？(3) 闸门出流的流量系数 μ 为多少？

9-2 有一直径 $d=50$cm 的输油管道，管道长 $l=200$m，油的运动黏滞系数 $\nu_0=1.31\times 10^{-4}$m²/s，管中通过油的流量 $Q=0.1$m³/s。现用 10℃ 的水和管径 $d_m=5$cm 的管路进行模型试验，试求模型管道的长度和通过的流量。

9-3 为确定鱼雷阻力，可在风洞中进行模拟试验。模型与实物的比例尺为 1/3，已知实际情况下鱼雷速度 $v_n=6$km/h，海水密度 $\rho_n=1200$kg/m³，黏度 $\nu_n=1.145\times 10^{-6}$m²/s，空气的密度 $\rho_m=1.29$kg/m³，黏度 $\nu_m=1.45\times 10^{-5}$m²/s，试求：(1) 风洞中的模拟速度应为多大？(2) 若在风洞中测得模型阻力为1000N,则实际阻力为多少?

9-4 流体通过孔板流量计的流量 Q 与孔板前、后的压差 ΔP、管道的内径 d_1、管内流速 v、孔板的孔径 d、流体密度 ρ 和动力黏度 μ 有关。试用 π 定理导出流量 Q 的表达式（$\dim \Delta P = ML^{-1}T^{-2}$, $\dim \mu = ML^{-1}T^{-1}$）。

9-5 新设计的汽车高1.5m,最大行驶速度为108km/h,拟在风洞中进行模型试验。已知风洞试验段的最大风速为45m/s,试求模型的高度。在该风速下测得模型的风阻力为1500N,试求原型在最大行驶速度时的风阻。

9-6 小球在不可压缩黏性流体中运动的阻力 F_D 与小球的直径 D、等速运动的速度 v、流体的密度 ρ、动力黏度 μ 有关,试导出阻力的表达式（$\dim F = MLT^{-2}$, $\dim \mu = ML^{-1}T^{-1}$）。

9-7 弦长为3m的飞机以300km/s的速度,在温度为20℃,压强为1atm的静止空气中飞行,用比例为20的模型在风洞中做实验,要求实现动力相似。(1)如果风洞中空气的温度、压强和飞行中的相同,风洞中的速度应当为多少?(2)如果在可变密度的风洞中做实验,温度仍为20℃,而压强为30atm,则速度应是怎样的?(3)如果模型在水中实验,水温20℃,则速度应是怎样的?

9-8 长1.5m,宽0.3m的平板,在温度为20℃的水内拖曳。当速度为3m/s时,阻力为14N。计算相似的尺寸,它在速度为18m/s,绝对压强为101.4kN/m²,温度为15℃的空气气流中形成动力相似条件,它的阻力估计为若干?

9-9 当水温为20℃,平均流速为4.5m/s时,直径为0.3m水平管线某段的压强降为68.95kN/m²。如果用比例为6的模型管线,以空气为工作流体,当平均流速为30m/s时,要求在相应段产生55.2kN/m²的压强降。计算力学相似所要求的空气压强,设空气温度为20℃。

9-10 溢水堰模型设计比例为20。当在模型上测得模型流量为 $Q_m = 300$ L/s 时,水流推力为 $p_m = 300$N（见图9-2）,求实际流量 Q_n 和推力 p_n。

9-11 有一单孔 WES 剖面混凝土溢流坝,已知坝高 $p_n = 10$m,坝上设计水头 $H_n = 5$m,流量系数 $m = 0.502$,溢流孔净宽 $b_p = 8$m,在长度比尺 $\lambda_l = 20$ 的模型上进行试验,要求计算：

(1) 设计模型流量；

(2) 如在模型坝趾测得收缩断面表面流速 $v_{cm} = 4.46$ m/s,计算原型相应流速 v_{cp}。

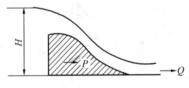

图9-2 习题9-10图

9-12 车间长40m,宽20m,高8m,由直径为0.6m的风口送风,送风量为2.3m³/s,用长度比尺为5的模型试验,原型和模型的送风温度均为20℃,试求模型尺寸及送风量（提示：模型用铸铁送风管,最低雷诺数60000时进入阻力平方区）。

第 10 章 可压缩气体动力学基础

10.1 微弱扰动的一元传播

在前面几章中，为了简化流动问题的分析与计算，除少数问题（例如水击）外，都假定流体是不可压缩的。对于流速不高、压强变化不大的流体流动，这样的简化是完全可行的。但对于流速较高的气体流动，气体的可压缩性对它的热力学和动力学参数具有明显的影响。此时，必须考虑气体的可压缩性。本章主要讨论完全气体的一元恒定流动的基本规律。

10.1.1 微弱扰动的一元传播

如图 10-1 所示的直管内充满着压强为 p，密度为 ρ，温度为 T 的静止气体。若使管内活塞突然以微小速度 $\mathrm{d}v$ 向右运动，则紧贴活塞右侧的气体首先受到压缩并以微小速度 $\mathrm{d}v$ 向右运动，接着又压缩紧挨着它的下一层流体，这样一层层地依次传递下去，便在管内形成了以速度 c 向右运动的微弱扰动压缩波。波后的气体参数分别为 $p+\mathrm{d}p, \rho+\mathrm{d}\rho, T+\mathrm{d}T$，均较波前的气体参数有微量升高。当活塞突然以微小速度 $\mathrm{d}v$ 向左运动时，则会在管内形成一道以速度 c 向左运动的微弱扰动膨胀波，波后气体的参数均较波前有微量降低。

为了便于分析，采用与微弱扰动波一起运动的相对坐标系作为参考坐标系。相对于该坐标系管内气体的流动是恒定的。如图 10-2 所示，取图中虚线所示区域为控制体，波峰处于控制体中，当波面两侧的控制面无限接近时，控制体体积趋近于零。设管道截面积为 A，对控制体写出连续性方程：

$$c\rho A = (c - \mathrm{d}v)(\rho + \mathrm{d}\rho)A \tag{10-1}$$

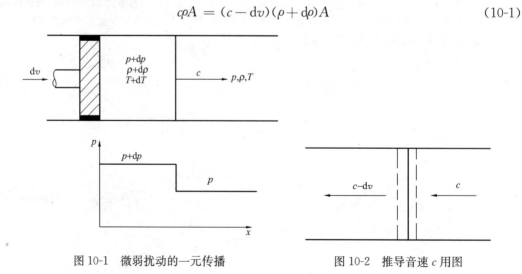

图 10-1 微弱扰动的一元传播   图 10-2 推导音速 c 用图

略去二阶微量,得:
$$\frac{\mathrm{d}\rho}{\rho} = \frac{\mathrm{d}v}{c}$$

控制体的动量方程为:
$$\rho c A[(c-\mathrm{d}v)-c] = [p-(p+\mathrm{d}p)]A \tag{10-2a}$$
即
$$\rho c \mathrm{d}v = \mathrm{d}p \tag{10-2b}$$

由式(10-1)和式(10-2b)得:
$$c = \sqrt{\frac{\mathrm{d}p}{\mathrm{d}\rho}} \tag{10-3}$$

这是微弱扰动波传播速度的计算公式,对于压缩波和膨胀波都适用。该式对于气体、液体都适用。微弱扰动波的传播速度很快,在传播过程中与外界来不及进行热量交换,且摩擦切应力可忽略不计,整个传播过程可视为等熵过程。

10.1.2 音速

音速即是声音的传播速度,用符号 c 表示。声音是由微弱压缩波和微弱膨胀波交替组成的,它在流体中的传播速度由式(10-3)确定。

对于完全气体,由等熵过程方程 $p/\rho^\gamma = $ 常数 以及状态方程 $\frac{p}{\rho} = RT$ 可得 $\mathrm{d}p/\mathrm{d}\rho = \gamma p/\rho = \gamma RT$,代入式(10-3),得:
$$c = \sqrt{\gamma RT} \tag{10-4}$$

对于空气,绝热指数 $\gamma = 1.4$,气体常数 $R = 287 \mathrm{J/(kg \cdot K)}$,代入式(10-4)得空气中的音速公式为:
$$c = 20.05\sqrt{T} \tag{10-5}$$

综上所述,可以看出:

(1) 不同气体的绝热指数 γ 及气体常数 R 是不同的,因而相同温度的不同气体各自具有不同的音速值。

如常压下,15℃空气中的音速为 $c = 340 \mathrm{m/s}$,而压力及温度相同的氢气中的音速为 $c = 1295 \mathrm{m/s}$。

(2) 同一气体中音速随着气体温度增加而增加,它与气体热力学温度的平方根成正比。

(3) 音速在一定程度上反映了流体压缩性的大小。某种介质的音速越大,说明该介质的可压缩性越小。

10.1.3 滞止参数

设想气流某断面的流速以无摩擦绝热过程降低至零时,断面各参数所达到的值,称为气流在该断面的滞止参数。滞止参数以下标"0"表示,例如 p_0、ρ_0、T_0、h_0、c_0 等参数相应的称为滞止压强、滞止密度、滞止温度、滞止焓值、滞止音速。

对于一元恒定等熵流动,滞止参数在整个流动过程中始终保持不变,因此可作为一种参考状态参数。假定一任意断面上的参数分别为 p、ρ、T、h 和 c,则有:

$$\frac{\gamma}{\gamma-1}\frac{p_0}{\rho_0} = \frac{\gamma}{\gamma-1}\frac{p}{\rho} + \frac{v^2}{2} \tag{10-6}$$

$$\frac{\gamma}{\gamma-1}RT_0 = \frac{\gamma}{\gamma-1}RT + \frac{v^2}{2}$$

$$h_0 = h + \frac{v^2}{2} = 常数 \tag{10-7}$$

$c_0 = \sqrt{\gamma RT_0}$ 称为滞止音速，代入式（10-6）得：

$$\frac{c_0^2}{\gamma-1} = \frac{c^2}{\gamma-1} + \frac{v^2}{2} \tag{10-8}$$

式（10-6）~式（10-8）表明：滞止参数在等熵流动过程中是不变的；滞止温度 T_0、滞止焓值 h_0 和滞止音速 c_0 反映了包括热能在内的气流全部能量，而滞止压强 p_0 则只表示机械能；等熵流动中，若气流速度沿流程增大，则气流的温度 T、焓 h、音速 c，均沿流程降低；气流的当地音速总是小于滞止时的音速 c_0。

气体绕物体流动时，驻点处的参数即为滞止参数。

10.1.4 马赫数 M

马赫数是气体的流速与当地音速之比值，用 M 表示，即

$$M = \frac{v}{c} \tag{10-9}$$

马赫数是气体动力学中一个重要无量纲数，表征惯性力与弹性力的比值。根据马赫数的大小，可以对流动进行如下划分：

$M < 1$，即 $v < c$，流动为亚音速流；

$M = 1$，即 $v = c$，流动为音速流；

$M > 1$，即 $v > c$，流动为超音速流；

【例10-1】 某飞机在海平面和11000m高空均以速度为1200km/h飞行，问这架飞机在海平面和在11000m高空的飞行马赫数是否相同？已知海平面上的音速为340m/s，11000m高空的音速为295m/s。

【解】 飞机的飞行速度

$$v = 1200 \times \frac{1000}{3600} = 333 \text{m/s}$$

由于海平面上的音速为340m/s，故在海平面上的马赫数为 $M = \frac{333}{340} = 0.98$，即亚音速飞行。

在11000m高空的音速为295m/s，故在11000m高空的马赫数为 $M = \frac{333}{295} = 1.129$，即超音速飞行。

10.1.5 气流按不可压缩流体处理的限度

将滞止参数与断面参数比表示为马赫数 M 的函数。利用 $\frac{\gamma}{\gamma-1}RT_0 = \frac{\gamma}{\gamma-1}RT + \frac{v^2}{2}$ 求出：

$$\frac{T_0}{T} = 1 + \frac{\gamma-1}{2}\frac{v^2}{\gamma RT} = 1 + \frac{\gamma-1}{2}\frac{v^2}{c^2} = 1 + \frac{\gamma-1}{2}M^2 \tag{10-10}$$

根据绝热过程方程及气体状态方程可推出：

$$\left.\begin{aligned}\frac{p_0}{p} &= \left(\frac{T_0}{T}\right)^{\frac{\gamma}{\gamma-1}} = \left(1+\frac{\gamma-1}{2}M^2\right)^{\frac{\gamma}{\gamma-1}} \\ \frac{\rho_0}{\rho} &= \left(\frac{T_0}{T}\right)^{\frac{1}{\gamma-1}} = \left(1+\frac{\gamma-1}{2}M^2\right)^{\frac{1}{\gamma-1}} \\ \frac{c_0}{c} &= \left(\frac{T_0}{T}\right)^{\frac{1}{2}} = \left(1+\frac{\gamma-1}{2}M^2\right)^{\frac{1}{2}}\end{aligned}\right\} \quad (10\text{-}11)$$

已知滞止参数及某截面上的 M 数，即可利用式（10-10）和式（10-11）求出该截面上的压强、密度、温度值。

从式（10-11）可以看出，当 $M=0$ 时各参数比值均为 1，流体处于静止状态，不存在压缩问题。当 $M>0$ 时，气流的速度不同，具有的压缩程度就不同。那么，马赫数在什么限度以内才可以忽略压缩性的影响呢？这由计算所要求的精度决定。

工程上一般认为当 $M\leqslant 0.2$ 时可忽略气体的可压缩性，按不可压缩气体处理。对于 15℃的空气，$c=340\mathrm{m/s}$，与 $M\leqslant 0.2$ 对应的气流速度为 68m/s。就是说常压下空气的流速小于 68m/s 时，可按不可压缩流体处理。

10.2 可压缩气体一元恒定流动的基本方程

10.2.1 连续性方程

第 3 章已给出了恒定总流的连续性方程：

$$\rho v A = 常数$$

对管流任意两截面，有：

$$\rho_1 v_1 A_1 = \rho_2 v_2 A_2 \quad (10\text{-}12\mathrm{a})$$

对上式微分，得：

$$\mathrm{d}(\rho v A) = \rho v \mathrm{d}A + v A \mathrm{d}\rho + \rho A \mathrm{d}v = 0 \quad (10\text{-}12\mathrm{b})$$

或

$$\frac{\mathrm{d}v}{v} + \frac{\mathrm{d}\rho}{\rho} + \frac{\mathrm{d}A}{A} = 0 \quad (10\text{-}13)$$

将式（10-3）、式（10-9）代入式（10-13）中，可将式（10-13）表达为断面 A 与气流速度 v 之间的关系式：

$$\frac{\mathrm{d}A}{A} = (M^2-1)\frac{\mathrm{d}v}{v} \quad (10\text{-}14)$$

10.2.2 运动方程

对于一元恒定流动，沿轴线 s 方向，应用理想流体运动微分方程，单位质量力在 s 方向的分力以 S 表示，可得：

$$S - \frac{1}{\rho}\frac{\partial p}{\partial s} = S - \frac{1}{\rho}\frac{\mathrm{d}p}{\mathrm{d}s} = \frac{\mathrm{d}v}{\mathrm{d}s}\frac{\mathrm{d}s}{\mathrm{d}t} \quad (10\text{-}15)$$

当质量力仅为重力时，可忽略不计，则得：

$$\frac{1}{\rho}\frac{\mathrm{d}p}{\mathrm{d}s} + v\frac{\mathrm{d}v}{\mathrm{d}s} = 0 \quad (10\text{-}16)$$

式（10-16）为理想气体一元恒定流动的欧拉运动微分方程。

10.2.3 理想气体能量方程

对式（10-16）积分得：

$$\int \frac{1}{\rho}\mathrm{d}p + \int v\mathrm{d}v = 常数$$

即

$$\int \frac{1}{\rho}\mathrm{d}p + \frac{1}{2}v^2 = 常数 \text{ 或 } \frac{\mathrm{d}p}{\rho} + \mathrm{d}\left(\frac{v^2}{2}\right) = 0 \tag{10-17}$$

式（10-17）是理想气体一元流动的能量方程，方程中第一项的积分和热力学过程有关。

10.2.4 气体管路运动微分方程

实际气体沿等截面管道流动时，由于摩擦阻力的存在，使其压强、密度沿流程有所改变，因而气流速度沿流程也将变化。取长度为 $\mathrm{d}l$ 的微元管段作为研究对象，单位质量气体在该微段上的摩擦损失为：

$$\mathrm{d}h_f = \lambda \frac{\mathrm{d}l}{D} \frac{v^2}{2} \tag{10-18}$$

将式（10-18）代入理想气体一元流动的能量方程式（10-17）中，便得到了实际气体的一元运动微分方程，即气体管路的运动微分方程式：

$$\frac{\mathrm{d}p}{\rho} + \mathrm{d}\left(\frac{v^2}{2}\right) + \frac{\lambda}{2D}v^2 \mathrm{d}l = 0 \tag{10-19}$$

或写为：

$$\frac{\mathrm{d}p}{p} + \frac{v\mathrm{d}v}{\frac{p}{\rho}} + \frac{v^2}{\frac{p}{\rho}} \frac{\lambda \mathrm{d}l}{2D} = 0 \tag{10-20}$$

在式（10-20）中，λ 为沿程阻力系数。λ 与相对粗糙度 $\frac{\Delta}{D}$ 和雷诺数有关，由于 D 不变，A 为常数，管材一定，则相对粗糙度 $\frac{\Delta}{D}$ 也一定。对于等温流动，动力黏度 μ 是不变的；从连续性方程 $\rho v A = 常数$，可知 $\rho v = 常数$，则 Re 也是一个常数，即管道上任何断面上的 Re 数都相等，因此等温管流的沿程阻力系数 λ 是恒定不变的；而对于绝热管流，沿程阻力系数 λ 是随温度发生改变的。

10.3 可压缩气体在管道中的流动

10.3.1 气流速度与断面的关系

讨论式（10-14），可得以下重要结论：

(1) $M<1$ 为亚音速流动，$v<c$。因此式（10-14）中 $M^2-1<0$，$\mathrm{d}v$ 与 $\mathrm{d}A$ 正负号相反，气流速度随截面的增大而减小；随截面的减小而增大。这与不可压缩流体运动规律相同，如图 10-3（a）所示。

(2) $M>1$ 为超音速流动，$v>c$。式中 $M^2-1>0$，$\mathrm{d}v$ 与 $\mathrm{d}A$ 正负号相同，说明速度随截面的增大而加快；随断面的减小而减慢，如图 10-3（b）所示。

超音速流动和亚音速流动存在着上述截然相反的规律的原因可从可压缩流体在两种流动中的膨胀程度与速度变化之间的关系进行说明。

应用 $\dfrac{\mathrm{d}p}{\rho}+v\mathrm{d}v=0$

$c^2=\dfrac{\mathrm{d}p}{\mathrm{d}\rho}$，$dp=c^2d\rho$，$M=\dfrac{v}{c}$ 代入上式，得：

$$\dfrac{\mathrm{d}\rho}{\rho}=-M^2\dfrac{\mathrm{d}v}{v} \quad (10\text{-}21)$$

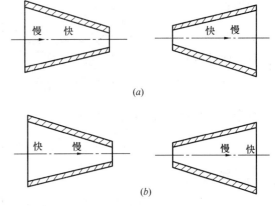

图 10-3 气流速度与断面的关系
(a) 亚音速流；(b) 超音速流

式（10-21）中，$\mathrm{d}\rho$ 与 $\mathrm{d}v$ 符号相反，表明速度增加，密度减小。当 $M<1$ 时，M^2 远远小于 1，于是 $\dfrac{\mathrm{d}\rho}{\rho}$ 远远小于 $\dfrac{\mathrm{d}v}{v}$。也就是说亚音速流动中，速度增加得快，而密度减小得慢，气体的膨胀程度很不显著。因此 ρv 随 v 的增加而增加。若两断面上的速度为 $v_1<v_2$，则 $\rho_1 v_1<\rho_2 v_2$。根据连续性方程 $\rho_1 v_1 A_1=\rho_2 v_2 A_2$，则必有 $A_1>A_2$。同理，当 $M>1$ 时，M^2 远远大于 1，于是 $\dfrac{\mathrm{d}\rho}{\rho}$ 远远大于 $\dfrac{\mathrm{d}v}{v}$，在该流动中，若 $v_1<v_2$，则 $\rho_1 v_1>\rho_2 v_2$，必有 $A_1<A_2$。

参数 A、v、p、ρ 及 ρv 等与 M 数之间的关系，用图表来说明，如表 10-1 所示。

超音速与亚音速区别，各参数随 M 数的变化关系　　　　表 10-1

马赫数 M	面积 A	流速 v	压力 p	密度 ρ	单位面积质量流量（ρv）
<1	增大	减小	增大	增大	减小
	减小	增大	减小	减小	增大
>1	增大	增大	减小	减小	减小
	减小	减小	增大	增大	增大

(3) $M=1$ 即气流速度等于当地音速，此时气体处于临界状态。气体达到临界状态的截面，称为临界截面。临界截面上的参数称为临界参数（用脚标"k"表示）。在临界截面上，临界气流速度等于当地音速。当 $M=1$ 时，式（10-14）中 $M^2-1=0$，则必有 $\mathrm{d}A=0$，结合式（10-21），可知临界截面上密度的相对变化 $\dfrac{\mathrm{d}\rho}{\rho}$ 等于速度的相对变化 $\dfrac{\mathrm{d}v}{v}$，故断面不需要变化。

10.3.2 等温管路中的流动

工程实际中用于输送天然气、高压蒸汽等的管道往往是等截面的长管道，气体与外界可能进行充分的热交换，使管内气体温度基本接近外界环境的温度，即气体的流动近似于有摩阻的等温过程。

1. 等温管流的计算公式

根据连续性方程，管流的质量流量 G 为：

$$G=\rho_1 v_1 A_1=\rho_2 v_2 A_2=\rho v A$$

因为 $A_1=A_2=A$

得出：
$$\frac{v}{v_1} = \frac{\rho_1}{\rho} \tag{10-22}$$

等温流动有：
$$\frac{p}{\rho} = \frac{p_1}{\rho_1} = RT = 常数 \text{ 或 } \frac{\rho_1}{\rho} = \frac{p_1}{p}$$

结合式（10-22），可得：
$$\frac{\rho_1}{\rho} = \frac{p_1}{p} = \frac{v}{v_1} \tag{10-23}$$

又可导出：
$$\frac{1}{\rho v^2} = \frac{p}{\rho_1 v_1^2 p_1} \tag{10-24}$$

将式（10-24）代入式（10-20）中，并对图 10-4 所示的长度为 l 的管段进行积分：
$$\frac{2}{\rho_1 v_1^2 p_1} \int_1^2 p\,\mathrm{d}p + 2\int_1^2 \frac{\mathrm{d}v}{v} + \frac{\lambda}{D}\int_1^2 \mathrm{d}l = 0$$

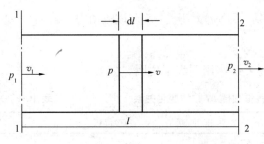

图 10-4　等温管流长度为 l 的管段

整理得：
$$p_1^2 - p_2^2 = \rho_1 v_1^2 p_1 \left(2\ln\frac{v_2}{v_1} + \frac{\lambda l}{D}\right) \tag{10-25}$$

因管道较长，则有：
$$2\ln\frac{v_2}{v_1} \ll \frac{\lambda l}{D}$$

式（10-25）可写成：
$$p_1^2 - p_2^2 = \rho_1 v_1^2 p_1 \frac{\lambda l}{D} \tag{10-26}$$

或
$$p_2 = p_1\sqrt{1 - \frac{\rho_1 v_1^2}{p_1}\frac{\lambda l}{D}} \tag{10-27}$$

等温流动过程 $\frac{p_1}{\rho_1} = RT$，则：
$$p_2 = p_1\sqrt{1 - \frac{v_1^2}{RT}\frac{\lambda l}{D}} \tag{10-28}$$

将 $\rho_1 = \frac{p_1}{RT}$，$v_1 = \frac{G}{\frac{\pi}{4}\rho_1 D^2}$ 代入式（10-24）中得：
$$p_1^2 - p_2^2 = \frac{16\lambda l RT G^2}{\pi^2 D^5} \tag{10-29}$$

则：
$$G = \sqrt{\frac{\pi^2 D^5}{16\lambda l RT}(p_1^2 - p_2^2)} \tag{10-30}$$

上述各式都是在等温管流中静压差较大，需要考虑压缩性的情况下应用，又称为大压差公式。式（10-30）是气体管路设计中常使用的公式。

2. 等温管流的特征

考虑摩阻的气体管路运动微分方程：
$$\frac{\mathrm{d}p}{\rho} + v\mathrm{d}v + \frac{\lambda}{2D}v^2\mathrm{d}l = 0$$

将上式各项除以 $\frac{p}{\rho}$ 得：
$$\frac{\mathrm{d}p}{p} + \frac{v\mathrm{d}v}{p/\rho} + \frac{v^2}{p/\rho}\frac{\lambda \mathrm{d}l}{2D} = 0 \tag{10-31}$$

完全气体状态方程的微分形式为：
$$\frac{\mathrm{d}p}{p} = \frac{\mathrm{d}\rho}{\rho} + \frac{\mathrm{d}T}{T}$$

对于等温流动，有：
$$\mathrm{d}T = 0，则 \frac{\mathrm{d}p}{p} = \frac{\mathrm{d}\rho}{\rho} \tag{10-32}$$

连续性微分方程式为 $\frac{\mathrm{d}\rho}{\rho} + \frac{\mathrm{d}v}{v} + \frac{\mathrm{d}A}{A} = 0$，当等截面时 $\mathrm{d}A = 0$，则有：
$$\frac{\mathrm{d}\rho}{\rho} = -\frac{\mathrm{d}v}{v} \tag{10-33}$$

将式（10-32）和式（10-33）以及音速公式 $c^2 = \gamma \frac{p}{\rho}$ 代入式（10-31）中，得：
$$-\frac{\mathrm{d}v}{v} + \gamma M^2 \frac{\mathrm{d}v}{v} + \gamma M^2 \frac{\lambda \mathrm{d}l}{2D} = 0$$

即：
$$\frac{\mathrm{d}v}{v} = \frac{\gamma M^2}{(1-\gamma M^2)}\frac{\lambda \mathrm{d}l}{2D} \tag{10-34}$$

又可得出：
$$-\frac{\mathrm{d}p}{p} = \frac{\mathrm{d}v}{v} = \frac{\gamma M^2}{(1-\gamma M^2)}\frac{\lambda \mathrm{d}l}{2D} \tag{10-35}$$

式（10-35）是等温管流中流速沿流动方向的变化规律。从该式可以看出：

(1) l 增加，流动的摩阻增加，将引起以下结果：

对于 $\gamma M^2 < 1$ 的流动，$1-\gamma M^2 > 0$，使 v 增加时，p 减小，流动为亚音速流；

对于 $\gamma M^2 > 1$ 的流动，$1-\gamma M^2 < 0$，使 v 增加时，p 增大，流动为超音速流。

v 与 p 的变化率随摩阻的增大而增大。

(2) 等温管流作亚音速流动时，若流速增大，则 M 也不断增大，但不能超过 $\sqrt{1/\gamma}$。从式（10-34）可以证明：若摩阻使流速不断增加，即式中 $\mathrm{d}v > 0$，则 $1-\gamma M^2 > 0$，则 $M < \sqrt{1/\gamma}$。这说明在亚音速等温流动中，管道出口截面的 M 值，只能小于或等于 $\sqrt{1/\gamma}$，即 $M \leqslant \sqrt{1/\gamma}$。在进行等温管流计算时，一定要校验 M 是否小于或等于 $\sqrt{1/\gamma}$，若出口断面上马赫数 $M > \sqrt{1/\gamma}$，则实际流动只能按 $M = \sqrt{1/\gamma}$ 计算。只有当出口截面 $M \leqslant \sqrt{1/\gamma}$ 时，计算才是有效的。

(3) 在 $M = \sqrt{1/\gamma}$ 的 l 处求得的管长就是等温管流的最大管长，如果实际管长超过最大管长，将使进口断面流速受阻滞。最大管长可按下式计算：
$$\lambda \frac{l_{\max}}{D} = \frac{1-\gamma M_1^2}{\gamma M_1^2} + \ln(\gamma M_1^2) \tag{10-36}$$

式中 M_1——进口断面马赫数。

【例 10-2】 直径 $D=100$mm 的等温输气钢管,在某一断面处测得压强 $p_1=980$kPa,温度 $t_1=20$℃,速度 $v_1=30$m/s,钢管当量粗糙度 $\Delta_s=0.19$mm。试求气流流过距离为 $l=100$m 后的压强降。

【解】 (1) 确定沿程阻力系数 λ 值

$t_1=20$℃ 的空气,查表 1-5,得 $\nu=15.7\times10^{-6}$m²/s

$$Re=\frac{v_1 D}{\nu}=\frac{30\times0.1}{15.7\times10^{-6}}=1.92\times10^5$$

输气管道为钢管,当量粗糙度 $\Delta_s=0.19$mm,$\dfrac{\Delta_s}{D}=0.0019$,查莫迪图得 $\lambda=0.024$。

(2) 计算压强降

应用式 (10-28),有:

$$p_2=p_1\sqrt{1-\frac{\lambda l v_1^2}{DRT}}=980\times\sqrt{1-\frac{0.024\times100\times30^2}{0.1\times287\times293}}=844.8\text{kN/m}^2$$

相应的压强降为:

$$\Delta p=p_1-p_2=980-844.8=35.2\text{kN/m}^2$$

(3) 校核是否 $M_2\leqslant\sqrt{1/\gamma}$

由式 $\dfrac{v_2}{v_1}=\dfrac{p_1}{p_2}$ 得

∴
$$v_2=v_1\frac{p_1}{p_2}=30\times\frac{980}{844.8}=34.8\text{m/s}$$

$$c=\sqrt{\gamma RT}=\sqrt{1.4\times287\times293}=343\text{m/s}$$

$$M_2=\frac{v_2}{c}=\frac{34.8}{343}=0.101$$

$$\sqrt{\frac{1}{\gamma}}=\sqrt{\frac{1}{1.4}}=0.845$$

∴ $M_2<\sqrt{\dfrac{1}{\gamma}}$,计算有效。

10.3.3 绝热管路流动

工程中的很多输送管道往往用绝热材料包裹,有些管道则流程短、流速高,上述情况可以认为气流与外界间不发生热量交换,可近似按绝热流动处理。

1. 绝热管流的计算公式

有摩阻的绝热流动方程式是在理想流体伯努利方程之中加入损失项。

应用式 (10-19),有:

$$\frac{\mathrm{d}p}{\rho}+\mathrm{d}\left(\frac{v^2}{2}\right)+\frac{\lambda}{2D}v^2\mathrm{d}l=0$$

根据前面的论述,式中的沿程阻力系数 λ 沿流程是变化的。为使问题简化,计算中取 λ 的平均值 $\bar{\lambda}$:

$$\bar{\lambda}=\frac{\int_0^l \lambda\mathrm{d}l}{l} \tag{10-37}$$

实用中仍用不可压缩流体的 λ 近似。

将绝热过程关系式 $\rho = \left(\dfrac{p}{C}\right)^{1/\gamma}$ 和 $v = \dfrac{G}{\rho A}$ 代入式（10-19），对长度为 l 的两断面积分，得：

$$\int_{v_1}^{v_2} \dfrac{1}{v} dv + \dfrac{A^2}{G^2} C^{-1/k} \int_{p_1}^{p_2} p^{1/\gamma} dp + \dfrac{\bar{\lambda}}{2D} \int_0^l dx = 0 \tag{10-38}$$

即：
$$\dfrac{\gamma}{\gamma+1} C^{-\frac{1}{\gamma}} \left[p_1^{\frac{\gamma+1}{\gamma}} - p_2^{\frac{\gamma+1}{\gamma}} \right] = \dfrac{G^2}{A^2} \left[\ln \dfrac{v_2}{v_1} + \dfrac{\bar{\lambda} l}{2D} \right] \tag{10-39}$$

在实际应用中，通常认为对数项远小于摩阻项，可忽略。式（10-39）变为：

$$p_1^{\frac{\gamma+1}{\gamma}} - p_2^{\frac{\gamma+1}{\gamma}} = \dfrac{\gamma+1}{\gamma} C^{\frac{1}{\gamma}} \dfrac{\bar{\lambda} l G^2}{2DA^2} \tag{10-40}$$

绝热管流的质量流量公式为：

$$G = \sqrt{\dfrac{2DA^2}{\bar{\lambda} l} \dfrac{\gamma}{\gamma+1} \dfrac{\rho_1}{p_1^{\frac{1}{\gamma}}} \left[p_1^{\frac{\gamma+1}{\gamma}} - p_2^{\frac{\gamma+1}{\gamma}} \right]} \tag{10-41}$$

2. 绝热管流的特性

将下列公式代入式（10-19）

$$\dfrac{p}{\rho^{\gamma}} = C,\ \dfrac{d\rho}{\rho} = -\dfrac{dv}{v},\ c^2 = \gamma \dfrac{p}{\rho}$$

得：
$$-\gamma \dfrac{dv}{v} + \dfrac{v dv}{C^2/\gamma} + \dfrac{\lambda dl}{2D} \dfrac{v^2}{C^2/\gamma} = 0 \tag{10-42}$$

$$\dfrac{dv}{v} (\gamma - \gamma M^2) = \lambda M^2 \dfrac{\lambda dl}{2D}$$

$$\dfrac{dv}{v} = \dfrac{M^2}{1 - M^2} \dfrac{\lambda dl}{2D} \tag{10-43}$$

或
$$\dfrac{dp}{p} = -\dfrac{\gamma M^2}{1 - M^2} \dfrac{\lambda dl}{2D} \tag{10-44}$$

讨论式（10-43）和式（10-44），可得如下结论：

(1) l 增加，流动的摩阻增加，将引起以下结果：

对于 $M < 1$ 的流动，$1 - M^2 > 0$，使 v 增加时，p 减小，流动为亚音速流；

对于 $M > 1$ 的流动，$1 - M^2 < 0$，使 v 增加时，p 增大，流动为超音速流。

v 与 p 的变化率随摩阻的增大而增大。

(2) 绝热管流作亚音速流动时，摩阻增加引起流速增大，则 M 也不断增大，但临界断面不可能出现在管路中间。即在管道的出口断面上，M 值只能小于或等于 1。只有当出口截面 $M \leqslant 1$ 时，计算才是有效的。

(3) 在 $M = 1$ 的 l 处求得的管长就是绝热管流的最大管长，如实际管长超过最大管长，将使进口断面流动受阻滞。

本 章 小 结

本章的主要内容：音速、马赫数、滞止参数等基本概念；可压缩气体一元恒定流动的基本方程；实际气体在等截面圆管中的等温和绝热流动规律。

本章学习的基本要求：掌握理想可压缩气体一元流动的运动方程和连续性方程及其应

用；理解音速，马赫数，滞止参数等概念；掌握等截面圆管等温和绝热流动参量变化的定性关系。

本章学习的重点：等截面圆管等温和绝热流动参量变化的定性关系。

本章学习的难点：音速，马赫数，滞止参数等概念；等截面圆管等温和绝热流动参数变化的定性关系。

思 考 题

1. 什么是音速？气体的音速与哪些因素有关？
2. 什么是马赫数？
3. 气流速度与断面的关系有哪几种？
4. 什么是滞止参数？在工程上有什么意义？
5. 为什么亚音速气流在收缩形管路中，无论管路多长也得不到超音速气流？
6. 为什么超音速飞机飞过头顶后，人们才能听到它的声音？
7. 为什么亚音速等温管流在出口断面上的马赫数只能 $M_2 \leqslant \sqrt{1/\gamma}$？
8. 为什么亚音速绝热管流在出口断面上的马赫数只能 $M_2 \leqslant 1$？
9. 满足什么条件的管流可视为等温流动或绝热流动？

习 题

10-1 问在45℃氢气中的音速是多少？

10-2 某一绝热气流的马赫数 $M=0.8$，已知其滞止压力为 $p_0=5\times 98100\text{N/m}^2$，温度 $t_0=20℃$，试求滞止音速 c_0，当地音速 c，气流速度 v 和气流绝对压强 p。

10-3 用一管道输送空气，空气的质量流量为 0.227kg/s，某断面处的绝对压强为 137.9kN/m^2，马赫数 $M=0.6$，截面面积为 6.45cm^2，试求气流的滞止温度。

10-4 空气管道某一断面上 $v=106\text{m/s}$，$p=7\times 98100\text{N/m}^2$，$t=16℃$，管径 $D=1.03\text{m}$，试计算该截面上的马赫数。

10-5 直径为200mm的燃气管路，长3000m，进口压强为980kPa，温度为300K，出口压强为490kPa，若燃气的气体常数 $R=490\text{J}/(\text{kg}\cdot\text{K})$，$\gamma=1.3$，管路阻力系数为0.015，试求通过管路的质量流量。

10-6 16℃的空气在直径为20cm的钢管中作等温流动，沿管长3600m，压降为1atm，设 $\lambda=0.032$，假若初始压强为5atm，试求质量流量。

10-7 空气通过直径为25mm的管路作等温流动，管长为20m，温度为15℃，进口流速为65m/s，出口流速为95m/s，出口为大气，大气压强为101.325 kPa，求沿程阻力系数。

10-8 空气在直径为30mm的圆管中作绝热流动，已知管道进口断面温度 $T_1=280\text{K}$，压 $p_1=2.0\times 10^5\text{N/m}^2$，马赫数 $M_1=0.2$，设 $\lambda=0.02$，求最大管长及出口断面的温度、压强和流速。

10-9 用水平管道输送空气，管长200m，管径为5cm，沿程阻力系数 $\lambda=0.016$，进口处绝对压强为 10^6N/m^2，温度为20℃，流速为30m/s，试分别确定下列情况下沿此管段的压降。（1）气体可视为不可压缩流体；（2）可压缩等温流动；（3）可压缩绝热流动。

10-10 若燃气在直径为100mm，长为450m的管道中作等温流动，进口压强 $p_1=860\text{kN/m}^2$（绝对压强），温度为20℃，要求质量流量为2kg/s。试问：

(1) 管内是否会出现阻塞？

(2) 如果管道末端压强为 250kN/m^2，要保证通过上述流量，进口断面压强应为多少？燃气的气体常数 $R=490\text{J}/(\text{kg}\cdot\text{K})$，绝热指数 $\gamma=1.3$，管道的沿程阻力系数 $\lambda=0.018$。

第 11 章 流动参数的测量

流动参数的测量与分析是研究、发展与应用流体力学理论的重要手段。测量的目的是要获得被测参数的大小。测量的精度取决于测量仪器的品质、测量范围和使用方法等因素。本章主要介绍根据流体力学基本原理设计制作的压强、流速和流量等流动参数测量仪器的基本原理,并简要介绍其他常用的测量仪器的原理与特点。

11.1 压强的测量

按照工作原理的不同,压强测量仪器可分为液柱式测压计、弹力测压计和电气测压计三种。

11.1.1 液柱式测压计

液柱式测压计是依据流体静力学基本方程设计制作的压强量测仪器,它用液柱高度或液柱高度差来表示流体的静压强或压强差。下面介绍几种常见的液柱式测压计。

1. 测压管

如图 11-1 所示,测压管是一种结构简单的液柱式测压计。它是一根直径均匀的透明玻璃管,一端直接连接在需要测量压强的容器上,另一端开口通大气。图 11-1 中 A 点的相对压强为:

$$p_A = \rho g h_A = \gamma h_A \tag{11-1}$$

测压管的优点是结构简单、测量准确;缺点是只能测量较小的压强。

2. U 形管测压计

当被测压强较大时,采用如图 11-2 所示的 U 形管测压计。由测压计上读出 h_1,h_2 后,根据流体静力学基本方程有:

$$p_1 = p_A + \rho g h_1$$
$$p_2 = \rho_m g h_2$$

因为水平面 1—2 为等压面,故 $p_1 = p_2$,则有:

$$p_A = \rho_m g h_2 - \rho g h_1 \tag{11-2}$$
$$p'_A = p_a + (\rho_m g h_2 - \rho g h_1) \tag{11-3}$$

当被测流体为气体时,由于气体密度较小,在高差不大的情况下,$\rho g h_1$ 项可忽略不计。

U 形管中的液体可根据被测流体的种类以及待测压强大小的不同自由选择,常用的液体有水、酒精和水银。

3. U 形管差压计

工程技术中经常要测量两点间的压强差,采用如图 11-3 所示的 U 形管差压计非常

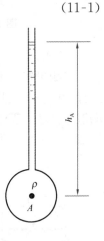

图 11-1 测压管示意图

方便。

图 11-3 所示的情况，水平面 1-2 是等压面，即 $p_1 = p_2$。根据流体静力学基本方程，得：

$$p_1 = p_A + \rho_A g(z_1 + h)$$
$$p_2 = p_B + \rho_B g z_2 + \rho g h$$

因 $p_1 = p_2$，故

$$p_A + \rho_A g(z_1 + h) = p_B + \rho_B g z_2 + \rho g h$$
$$p_A - p_B = \rho_B g z_2 + \rho g h - \rho_A g(z_1 + h)$$
$$= (\rho - \rho_A)gh + \rho_B g z_2 - \rho_A g z_1$$

若两个容器内是同一流体，即 $\rho_A = \rho_B = \rho'$，则上式可写成：

$$p_A - p_B = (\rho - \rho')gh + \rho' g(z_2 - z_1) \tag{11-4}$$

若两个容器内是同一种气体，则上式可简化为：

$$p_A - p_B = \rho g h \tag{11-5}$$

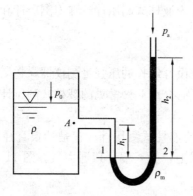

图 11-2　U 形管测压计示意图

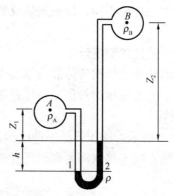

图 11-3　U 形管差压计示意图

4. 微压计

当测量较微小的压强时，为了提高测量精度，往往采用如图 11-4 所示的微压计。微压计是由一个大截面的杯子连接一个可调节倾斜角度的细玻璃管构成，杯中盛有密度为 ρ 的液体。玻璃管倾斜放置，其倾角 α 可以调节。杯中与测压管中的液面高度差 h 与测压管读数 l 之间的关系为 $h = l\sin\alpha$，则有：

$$p_1 - p_2 = \rho g l \sin\alpha \tag{11-6}$$

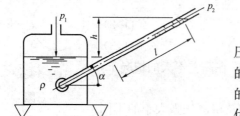

图 11-4　微压计示意图

11.1.2　弹力测压计

常用的弹力测压计是金属测压表和弹簧测压表，其工作原理是利用弹性材料在不同压强的作用下产生的变形不同，通过测量材料变形的大小达到测量压强的目的。这种测压仪器的优点是携带方便、读数容易。金属测压表在工业上应用普遍，适合量测较高的压强，但它的精度较低。弹簧测压表适用于实验室内的精确测定。

11.1.3 电气式测压计

如图 11-5 所示的电气式测压计，它利用压力传感器感受液体压强，将它转换成电信号（如电压、电流、电容、电感等），经放大显示记录后，再将这些电信号经过相应的换算而求出压强。压力传感器的形式多种多样，如电阻应变式、电容式、压电式等。压强的电测法比其他方法有更多的优越性：电信号可以传送到很远的距离，适于遥测、遥控；电测往往更为准确快捷；只有电测法可以测量脉动压强，而另外两种方法只能测量时均压强；电信号通常更易于转接，更适于直接用微机记录、处理。

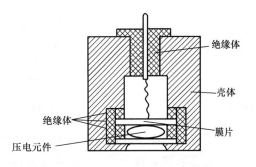

图 11-5 电气式测压计示意图

11.2 流速的测量

在流体工程的科研或生产中，常常需要测量流动中某点流速的大小。常用的流速测量仪器包括毕托管、旋桨式流速仪、电磁式流速仪、热线/热膜流速仪、激光流速仪以及示踪式流速仪等。

11.2.1 毕托管

毕托管是根据理想流体恒定元流的伯努利方程设计的流速测量仪器。如图 11-6 所示，毕托管由两根同轴的圆管组成，细管直径约为 1.5mm，前端开孔，粗管直径约为 6mm。

在距前端适当距离处的侧壁上开了数个环形相通小孔，在孔后足够长距离处两管弯成 90°的柄状。测速时毕托管的管轴线应平行于来流方向放置。

毕托管的测量原理如图 11-7 所示。在管道的某一截面处安装一个测压管和一根弯成直角的玻璃管（又称为测速管）。测速管前端 B 点正对着来流方向，测速管与测压管中的液面高度差为 Δh。

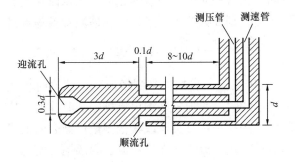

图 11-6 毕托管示意图

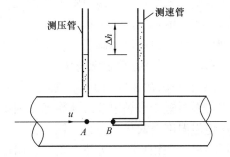

图 11-7 毕托管测速原理

B 点是驻点，其压强 p_B 称为全压。在 B 点前方处于同一水平流线且未受扰动的 A 点的压强为 p_A，流速为 u。根据理想流体恒定元流的伯努利方程可以得到 u 与毕托管读数 Δh 之间的关系。

$$z_A + \frac{p_A}{\rho g} + \frac{u^2}{2g} = z_B + \frac{p_B}{\rho g} + 0 \tag{11-7}$$

又
$$\Delta h = \frac{p_B - p_A}{\rho g} = \frac{u^2}{2g}, \text{且 } z_A = z_B$$

则
$$u = \sqrt{2g \frac{p_B - p_A}{\rho g}} = \sqrt{2g\Delta h} \tag{11-8}$$

由于流体的特性以及毕托管本身对流动的干扰，实际流速比式（11-8）的计算结果要小。用流速系数 φ 修正后，得到实际流速计算公式为：

$$u = \varphi \sqrt{2g\Delta h} \tag{11-9}$$

φ 要根据率定实验确定，通常情况下，$\varphi = 0.97$。

11.2.2 旋桨式流速仪

旋桨式流速仪属于转子式流速仪，主要由螺旋桨、身架和尾翼三部分组成，其工作原理是利用水流推动转子旋转，转子转速与来流流速之间存在固定的关系，因此能够根据转动速度推求水流流速。其流速计算公式为：

$$u = K\frac{N}{t} + c \tag{11-10}$$

式中　u——流速；
　　　N——时段内的总转数；
　　　t——时段历时；
　　　c——常数，反映转子旋转时的摩阻力；
　　　K——其值取决于桨叶螺距。

K、c 值均在专用水槽中检定得出。在低速情况下由于 c 值的影响较大，流速公式呈曲线函数关系，不再适用上式。旋桨式流速仪广泛用于室内和野外的流速测量。

11.2.3 电磁式流速仪

电磁式流速仪的工作原理是把水流作为导体，让水流在一定的磁场中切割磁力线，从而产生电动势，电动势与水流流速成正比。电磁式流速仪体积小，功耗低，没有转子，体腔中有励磁线圈，在表面与磁力线铅直的方向上镶有一对电极与水体相通。当水流在其表面流动时，电极上产生微量电压信号，用导线传送到计数器上，经放大和模数转换等电路处理后，即可直接显示流速。

11.2.4 热线/热膜流速仪

热线/热膜流速仪的工作原理是利用热电阻传感器的热损失来测量流速。测量时将热电阻传感器置于流场中被流体冷却，利用传感器的瞬时热损失来测出流场的瞬时速度。热线由电阻温度系数很高的钨、铂金等材料制成。热膜是在石英丝或其他测量仪器表面上镀一层金属（如铂）膜作为热电阻，金属通电后被加热，流体的强迫对流引起热损耗使之冷却，从而使电阻发生变化。流动的流速越大，线电阻变化越大。测出线电阻的变化，就可求得流动流速的大小。

热线/热膜流速仪的特点是它的传感器体积小，对流场的干扰小，而且灵敏度高，对流速脉动的频率响应高，能同时测出多维速度分量。热线/热膜流速仪要求流体介质必须清洁无杂质，否则杂质沉淀在传感器表面，则造成测量误差。热线风速仪一般不能用于液体的流速量测,而热膜流速仪可用于液体与气体的流速量测。

11.2.5 激光多普勒流速仪

激光多普勒流速仪(Laser Doppler Anemometry,简称LDA),利用跟随流体运动的固体颗粒的激光多普勒效应来测量流体的点速度,是研究流体流动的强有力手段。这种流场测试技术综合了光学、激光、光电检测和信号处理以及试验流体力学等学科的知识。它的主要优点是空间分辨率高和对流动无干扰。该技术现在已被证明是一种良好的流场测试技术。

11.3 流 量 的 测 量

流量的测量方法有多种,测量流量的仪表称为流量计。文丘里流量计、量水堰、孔板流量计和喷嘴流量计等都是根据恒定总流的伯努利方程设计的最基本、最常用的流量量测仪器。它们通过量测流动不同部位的压差来实现流量的测量,因此称为压差式流量计。压差式流量计具有结构简单、使用方便、可靠度高等优点,是应用非常广泛的一类流量测量仪表。

11.3.1 文丘里流量计

文丘里流量计是最常用的测量有压管道内流量的仪器。典型的文丘里流量计如图11-8所示,由收缩段、喉部和扩散段三部分组成。它利用收缩段造成一定的压强差,在收缩段前和喉部用U形管差压计测量出压强差,依据压差与流速的关系求出管道中流体的体积流量。

忽略1—1与2—2两个断面间的水头损失。以断面0—0为基准面,列出断面1—1与断面2—2之间的伯努利方程:

$$z_1 + \frac{p_1}{\rho g} + \frac{\alpha v_1^2}{2g} = z_2 + \frac{p_2}{\rho g} + \frac{\alpha v_2^2}{2g}$$
(11-11)

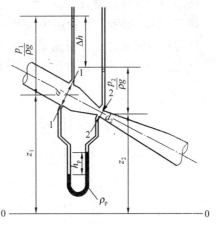

图 11-8 文丘里流量计

两断面的测压管水头差为Δh,即:

$$\left(z_2 + \frac{p_2}{\rho g}\right) - \left(z_1 + \frac{p_1}{\rho g}\right) = \Delta h \quad (11\text{-}12)$$

设两断面的管径分别为d_1、d_2,根据由恒定总流的流动连续性方程有:

$$v_2 = \left(\frac{d_1}{d_2}\right)^2 v_2 \quad (11\text{-}13)$$

取$\alpha_1 = \alpha_2 = 1.0$,把式(11-12)和式(11-13)代入式(11-11)中,解得:

$$v_1 = \varphi\sqrt{2g\Delta h} \quad (11\text{-}14)$$

式中 φ——流速系数。

$$\varphi = \frac{1}{\sqrt{(d_1/d_2)^4 - 1}} = \sqrt{\frac{d_2^4}{d_1^4 - d_2^4}} \quad (11\text{-}15)$$

因此,管道内的流量为:

$$Q = vA = \varphi \left(\frac{\pi d_1^2}{4}\right)\sqrt{2g \cdot \Delta h} = C\sqrt{\Delta h} \tag{11-16}$$

式中 C——文丘里管常数。

$$C = \varphi \left(\frac{\pi d_1^2}{4}\right)\sqrt{2g} \tag{11-17}$$

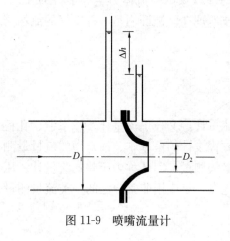

图 11-9 喷嘴流量计

式 (11-16) 是流量的理论计算公式。因为实际流体存在水头损失，故实际流量略小于上式计算结果。在实际应用中把式 (11-16) 修正成：

$$Q = \mu C\sqrt{\Delta h} \tag{11-18}$$

式中 μ——文丘里流量计的流量系数，其取值范围一般为 $0.95 \sim 0.98$。

10.3.2 喷嘴流量计

如图 11-9 所示，将文丘里管的渐扩管去掉就成为喷嘴流动。喷嘴流量计的工作原理与文丘里管流量计相同，习惯上用流动系数对来流速度作修正，即：

$$Q = KA_2\sqrt{2g\Delta h} = K\left(\frac{\pi D_2^2}{4}\right)\sqrt{2g\Delta h} \tag{11-19}$$

式中 K——流动系数。

10.3.3 孔板流量计

如图 11-10 所示，在管道中安装一薄壁孔板，利用孔板前后的压力差可测得管流流量，称为孔板流量计。孔板流量计的工作原理与文丘里流量计、喷嘴流量计相同，出流规律符合孔口淹没出流。通过孔板流量计的流量可以表示为：

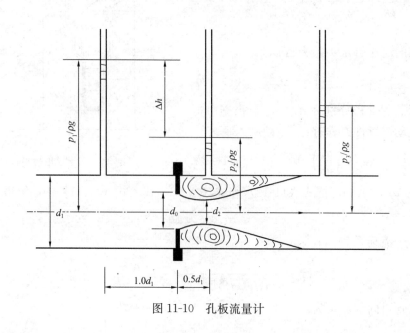

图 11-10 孔板流量计

$$Q = KA_0\sqrt{2g\Delta h} = K\left(\frac{\pi D_0^2}{4}\right)\sqrt{2g\Delta h} \tag{11-20}$$

孔板流量计的流动系数与流动的流态和孔板的结构 d_0/d_1 有关，不同情况下孔板流量计的流动系数如图 11-11 所示。

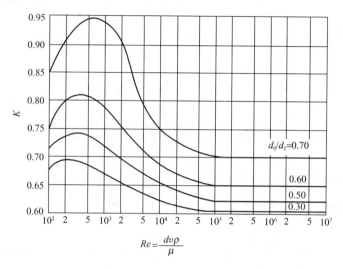

图 11-11 孔板流量计的流动系数

10.3.4 量水堰

量水堰是一种用于流量测量的薄壁堰，通过量测堰板上游的水位 H 来确定明渠流的流量。量水堰的工作原理及流量公式在 7.2 节中有较详细的阐述。

10.3.5 非压差式流量量测仪器

常用的非压差式流量计包括涡轮流量计、电磁流量计、涡街流量计等。

1. 涡轮流量计

涡轮流量计实际上是一种转轮式流速计，由传感器和显示仪表组成。图 11-12 所示的传感器主要由磁电感应转换器和涡轮组成。流体流过传感器时，先经过前导流件，再推动铁磁材料制成的涡轮旋转。旋转的涡轮切割壳体上的磁电感应转换器的磁力线，从而感应出交流电信号。电信号的频率与被测流体的体积流量成正比。传感器的输出信号经前置放大器放大后输送至显示仪表，进行流量指示和计算。

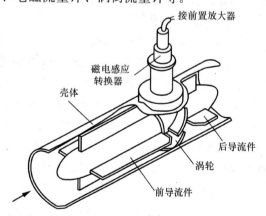

图 11-12 涡轮流量计示意图

2. 电磁流量计

如图 11-13 所示，电磁流量计由传感器、转换器和显示仪表组成。当导电流体流经电磁场时，电磁感应产生电动势。电动势的大小与流体的速度、管径的大小以及磁通量有关，与管道的流量成正比。因此，通过测定电动势的大小能够确定流量。

3. 涡街流量计

如图 11-14 所示，在流动中放置一个非流线型柱状物（圆柱或三角柱形等），在某一雷诺数范围内便会在柱状物后侧产生两列以一定频率交替脱落的旋涡。根据斯特劳哈尔实验得知，旋涡脱落的频率与流体流速成正比，因此测出旋涡频率即可得出体积流量。旋涡频率信号可通过热敏元件、热丝、压电晶体等元件检测出来。涡街流量计主要用于工业管道的流量测量。其特点是压强损失小，量程范围大，精度高。

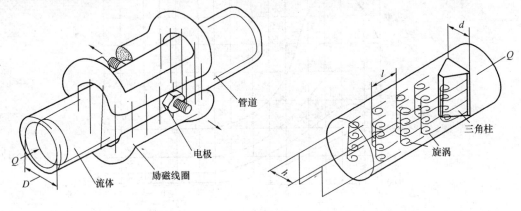

图 11-13　电磁流量计示意图　　　　图 11-14　涡街流量计示意图

11.4　流动显示和全流场测速法

前面介绍的流速测量方法只适合于测量单个固定点上的流速。当需要同时观测部分或全部流动区域内的流动情况时，流动显示的方法和全流场测速法是重要的技术手段。流动显示的方法可以定性地显示瞬时流态，而全流场测速法可以较精确地测量非恒定流动某瞬时流场内各点的流速矢量。

11.4.1　流场显示的示踪法

示踪法是研究流体力学问题的有效方法之一。所谓的示踪就是给流动照相，例如在研究水流运动时，可以在水中加入一些与水的重力密度相同的固体或液体的微小颗粒，记录或拍摄这些小颗粒的位置就可进行流动显示。这种流动显示的方法称为示踪法。如果将连续拍的照片表示在同一张图中，就可以确定颗粒的运动速度和加速度。相类似的方法是利用作为直流电路负极的细丝上产生的氢气泡，如果在细丝上加脉冲电压，水将被电解而释放出氢气泡，气泡在细丝的固定点处产生，可以进行流动的可视化研究。

11.4.2　激光粒子图像测速仪（PIV）

激光粒子图像测速仪（PIV）是 20 世纪 80 年代末发展起来的一种非接触式瞬态流动测量技术。它将定性的流动显示和定量的速度场测量集合于一身，综合应用光学图像技术、图像处理技术、计算机技术等先进的测试技术，能够较精确地定量测定流速场中各点的流速大小与方向。标准的 PIV 测试系统包括光源系统、图像采集系统和图像处理系统。激光器产生高强度的脉冲激光，通过光臂的引导，经过柱面镜和球面镜形成片光照亮流场中的示踪粒子。将 1 台 CCD 摄像机置于和片光源照亮区域铅直的位置，用成像的方法记录连续两次曝光后示踪粒子的位置，采用图像分析技术得到流场中各点粒子的位移，以粒子速度代表所在流场内相应位置处流体的运动速度，从而得到流场中各点的流速矢量图。

本 章 小 结

本章对压强测量、流速测量、流量测量所采用测量方法和仪器进行了简要介绍和分析，要求熟练掌握毕托管、文丘里管、喷嘴流量计和孔板流量计的测量原理和方法，了解诸如电磁流量计、涡轮流量计、涡街流量计、激光多普勒测速仪（LDV）、激光粒子图像测速仪等的测量原理。

习题参考答案

第1章 习题参考答案

1-1 61.98 m³/h

1-2 906 kg/m³，0.906

1-3 0.544 kg/m³

1-4 1.3×10⁻⁶ m²/s

1-5 5×10⁻⁹ 1/Pa

1-6 2.9×10⁻⁴ Pa·s

1-7 (1) $\tau = \mu \dfrac{du}{dy} = \mu \cdot 2y = 2\mu \times 1 = 2\mu$ (Pa)

   (2) $\tau = \mu \dfrac{du}{dy} = 2\mu y$ (Pa)

1-8 (1) 26.17 m/s，5.23×10⁵ 1/s

   (2) 5.33×10⁻³ Pa·s，2.79×10³ Pa

1-9 (1) $F = 2\mu A \dfrac{du}{dy} = 2\mu bL \dfrac{u_0}{h}$ (N)

   (2) $u = \dfrac{u_0}{2}$，$\tau = \mu \dfrac{du}{dy} = \mu \dfrac{\dfrac{u_0}{2}-0}{\dfrac{h}{2}} = \mu \dfrac{u_0}{h}$ (Pa)

   (3) $\tau = \mu \dfrac{u_0 - u_0}{\dfrac{3}{2}h - h} = 0$

1-10 $\mu_1 = 0.967$ Pa·s，$\mu_2 = 2\mu_1 = 1.933$ Pa·s

1-11 $\dfrac{1}{3}\dfrac{\omega\mu tg^2\alpha}{\delta}H^3$ (N·m)

1-12 11.05 kW

1-13 4.42 kW

1-14 $\dfrac{\mu\pi\alpha d^4}{32\delta}$

1-15 4.258×10⁻³ N

1-16 90 r/min

1-17 14.75 N

1-18 79.2 N·m

1-19 86.7%

1-20   29.3mm

第 2 章 习题参考答案

2-1   212.112kPa

2-2   14059.8Pa，87265.92Pa

2-3   (1) 102305Pa，(2) 102138.4Pa，(3) 113673Pa

2-4   1.305m

2-5   166.6Pa

2-6   13406.4Pa

2-7   (1) 79.287kPa，(2) 31.563kPa

2-8   105.377kPa

2-9   (1) 1385.93Pa，(2) 35cm

2-10   6664Pa，0.68m

2-11   1.86m

2-12   386944Pa

2-13   113.85cm

2-14   0.862

2-15   72.853kPa

2-16   3.065m

2-17   161802Pa

2-18   −38.82kPa

2-19   (1) 9.8N，(2) 1.95N

2-21   204812.6 N，4.171m（距 A 点）

2-22 $y_1=1.414$m，$y_2=2.586$m

2-23   35034.52N，距液面 2.266m

2-24   19392.55N，距液面 2.58m

2-25   26672N

2-26 $p_x=16409.6$N，$p_z=25763.1$N

2-27   246.37kPa

2-28   A 点：29400N，B 点：1161N

2-29   1602.7N

2-30   水平 60025N，竖直 39058N，总 71613.8N

2-31   (1) $F_x = \rho g h_c A = 9800 \times \dfrac{h}{2} \times h \times 1 = 4900 h^2$

$$F_z = \rho g v_p = \rho g \int_0^h x \mathrm{d}z = \rho g \int_0^h \sqrt{R^2 - z^2}\, \mathrm{d}z = 9800 \left(\dfrac{h}{2}\sqrt{R^2-h^2} + \dfrac{R^2}{2}\arcsin\dfrac{h}{R} \right)$$

(2) $F_x = \rho g h_c A = 9800 \times \dfrac{h}{2} \times h \times 1 = 4900 h^2$

$$F_z = \rho g V_p = \rho g \int_0^k x dz = \rho g \int_0^k \sqrt{\frac{z}{a}} dz = \frac{\rho g}{\sqrt{a}} \frac{2}{3} h^{\frac{3}{2}} = \frac{19600}{3\sqrt{a}} h \sqrt{h}$$

(3) $F_x = \rho g h_c A = 9800 \times \frac{h}{2} \times h \times 1 = 4900 h^2$

$$F_z = \rho g V_p = \rho g \int_0^k x dz = \rho g \int_0^k \left(\frac{1}{b} \arcsin \frac{z}{a}\right) dz = \frac{9800}{b} \left(h \arcsin \frac{h}{a} + \sqrt{a^2 - h^2} - |a|\right)$$

2-32　(1) 153.86kN

2-33　(1) 3.31m, (2) 0.12m。

第3章　习题参考答案

3-1　$Q = vA = 33\text{L/s}$

3-2　流量 $Q = v_1 \frac{\pi D^2}{4} = 22.87 \times \frac{3.14 \times 0.1^2}{4} = 0.18 \text{m}^3/\text{s}$

3-3　$p_2 = 9.635 \times 10^4 \text{Pa}$

3-4　$H = 23.25\text{m}$

3-5　$v = \sqrt{2 \times 6.725/0.6} = 4.735 \text{m/s}, p = -31.1 \text{Pa}$

3-6　$v = \frac{4q_v}{\pi d_E^2} = 3.13 \text{m/s}, P = 53.9 \text{kN/m}^2$

3-7　$R = 56.90\text{kN}$

3-8　$F = -R = -34.4\text{kN}$

3-9　$h_2 \leqslant 1\text{m}$

3-10　$F = -F_x = 6663.6\text{N}$

3-11　$F = \sqrt{F_x^2 + F_y^2} = 1367.6$ (N)

3-12　$\rho q_v (V_{2x} - V_{1x}) = F_{pn1x} + F_{pn2x} + F_{pnbx} = -P_{2e}A_2 + F_{pnbx} F_{pnbx} = q_m (V_{2x} - V_{1x})$
$+ P_{2e}A_2 = 35.69 \times (27.047 - 0) + 981 \times 10^4 \times \frac{\pi \times 0.227^2}{4} = 3.98 \times 10^5 \text{N}$

3-13　$R_x = 101.31\text{N}, R' = -R_x$

3-14　$R = \sqrt{R_x^2 + R_y^2} = \sqrt{(-0.568)^2 + 10.88^2} = 10.89$

3-15　$\Sigma F_X = -R' = \rho Q_2 v_2 \cos\theta + \rho Q_3 v_3 \cos\theta - \rho Q_1 v_1 = \rho Q v (\cos\theta - 1)$
$R' = \rho Q v (1 - \cos\theta)$

3-16　$R = p_1 A_1 \left[1 - \frac{2}{1 + \frac{A_1}{A_2}}\right] = 706(\text{N}), R' = \rho A_0 v_0^2 = 628\text{N}$

3-17　$\rho Q(v_2 - v_1) = P_1 - P_2 - F, F = 3.53\text{kN}$

3-18　$H = 30\text{mH}_2\text{O}$

第4章　习题参考答案

4-1　水在管道中是紊流状态，油在管中是层流状态

4-2　层流流态；改变流速和提高水温改变黏度

4-3 $h_f = 16.57$m 油柱

4-4 $q_V = 0.01413$ m³/s

4-5 $Q = Av = \dfrac{\pi}{4}d^2 \sqrt{\dfrac{2gH}{\lambda \dfrac{l}{d} + \alpha + \xi_{进} + \xi_{阀门}}}$

4-6 $H = 2.011$m

4-7 $\zeta = 0.64$

4-8 $q_V = 0.234$ m³/s,$\xi = 15.37$

4-9 $\nu = 8.56 \times 10^{-6}$m²/s,$\mu = \rho\nu = 7.71 \times 10^{-3}$Pa·s

4-10 (1) $H = \dfrac{(1+\zeta)d}{\lambda}$ 时,流量 Q 不随管长而变;(2) $H < \dfrac{(1+\zeta)d}{\lambda}$ 时,流量 Q 随管长加大而增加;(3) $H > \dfrac{(1+\zeta)d}{\lambda}$ 时流量 Q 随管长加大而减小

4-11 63.7 N/m²

4-12 $\dfrac{p_2}{\rho g} = -4.29$m 或 $p_2 = -9.8 \times 4.29 = -42.04$kPa

4-13 该管流为层流,$\mu = 0.07273$,$\nu = 7.91 \times 10^{-5}$,压差计的读数为右侧比左侧高 9cm

第 5 章 习 题 参 考 答 案

5-2 4.4min

5-3 流量:$Q = 0.0012$m³/s

5-4 证明略

5-5 (1) $Q = 3.72 \times 10^{-2}$m³/s; (2) $Q = 2.16 \times 10^{-2}$m³/s; (3) $Q = 2.36 \times 10^{-2}$m³/s

5-6 证明略

5-7 略

5-8 $Q = \mu_c A \sqrt{2gH} = 0.4254$m³/s

5-9 流量 49.3L/s;h_v 为 5.25mH$_2$O

5-10 $Q = Av = \dfrac{1}{4}\pi d^2 v = 0.0475$ (m³/s),$\dfrac{p_B}{\gamma} = -5.09mH_2$O

5-11 $a = 1$m

5-12 流量 $Q = 2.9$m³/s

5-13 $Q = 5 \times 10^{-2}$m³/s,$\dfrac{p_0}{\gamma} = -2.93$m

5-14 $P = 78$kW

5-15 $H_p = z + \left(\lambda\dfrac{l}{d} + \Sigma\zeta\right)\dfrac{1}{2g} \cdot \dfrac{16}{\pi^2 d^5} \cdot Q^2 = 47.26mH_2$O

5-16 $H = \left[1 + \lambda \cdot \dfrac{l}{d} + \Sigma\zeta\right]\dfrac{v^2}{2g} = 5.126mH_2$O

5-17　$\Sigma h_{f2} = \Sigma h_{f1} \left(\dfrac{Q_2}{Q_1}\right)^2 = 5 \times \left(\dfrac{0.0085}{0.0050}\right)^2 = 14.45 \text{mH}_2\text{O}$

第 6 章 习 题 参 考 答 案

6-1　$Q = 18.14 \text{m}^3/\text{s}$, $v = 2.1 \text{m/s}$

6-2　$h = 12.04 \text{m}$

6-3　$h = 2.34 \text{m}$, $b = 1.94 \text{m}$, $Q = 9.19 \text{m}^3/\text{s}$, $h = 2.26 \text{m}$, $b = 4.53 \text{m}$

6-4　$h = 1.6 \text{m}$

6-5　$b = 1.4 \text{m}$

6-6　(1) $h_{01} = 2.55 \text{m}$, $h_{02} = 1.46 \text{m}$, (2) $h_k = 1.34 \text{m}$, (3) 流态为缓流

6-7　$b = 61.24 \text{m}$, $h = 0.36 \text{m}$

6-8　$d = 1.44 \text{m}$

6-9　$h_K = 0.86 \text{m}$, $i_K = 0.0039$

6-10　$v_2 = 2.28 \text{m/s}$, $\Delta E = 0.64 \text{m}$

第 7 章 习 题 参 考 答 案

7-1　$Q = 0.39 \text{m}^3/\text{s}$

7-2　$Q = 10.68 \text{m}^3/\text{s}$

7-3　$Q = 15.06 \text{m}^3/\text{s}$

7-4　$Q = 0.66 \text{m}^3/\text{s}$

第 8 章 习 题 参 考 答 案

8-1　$k = 4.15 \times 10^{-6} \text{m/s}$

8-2　$k = 0.04 \text{m/s}$

8-3　$k = 1.54 \text{m/s}$

8-4　$Q = 7.4 \times 10^{-4} \text{m}^3/\text{s}$, $z = 7.63 \text{m}$

8-5　$Q = 3.36 \times 10^{-3} \text{m}^3/\text{s}$

8-6　$k = 3.66 \times 10^{-3} \text{cm/s}$

8-7　$Q = 5.5 \times 10^{-4} \text{m}^3/\text{s}$

8-8　$Q = 0.0134 \text{m}^3/\text{s}$

8-9　$R = 183.7 \text{m}$

8-10　$Q = 2.03 \text{L/s}$

第 9 章 习 题 参 考 答 案

9-1　(1) 模型中的尺寸：上游水深 $H_m = 0.3 \text{m}$，闸孔宽度 $b_m = 0.6 \text{m}$，闸门开度 $e_m = 0.1 \text{m}$；闸前行进流速 $v_{0m} = 0.19 \text{m/s}$；(2) 即原型上的流量为 $25.76 \text{m}^3/\text{s}$；(3) 流量系数 μ 为 0.56。

9-2　模型管道的长度 20m，通过的流量为 $10^{-5} \text{m}^3/\text{s}$

9-3　(1) 风洞中的模拟速度 228km/h；(2) 实际阻力为 5798N

9-4　　$q_v = vd^2 f\left(\dfrac{\Delta P}{\rho v^2},\ \dfrac{d_1}{d},\ \dfrac{\mu}{\rho v d}\right)$

9-5　　原型在最大行驶速度时的风阻为 1500N

9-6　　$F_D = \rho v^2 d^2 f\left(\dfrac{\mu}{\rho v d}\right)$

9-7　　(1) 6000km/h；(2) 200km/h；(3) 384km/h

9-8　　阻力为 3.88N；相似板的尺寸为 $b_1=0.75$m；$l_1=3.75$m

9-9　　16 个大气压

9-10　　实际流量 Q_n 为 537m³/s；推力 p_n 为 2400kN

9-11　　流量 $Q_m = 0.221$m³/s；流速 $v_m = 19.95$m/s

9-12　　模型长 8m，宽 4m，高 2m；送风量 0.089m³/s

第 10 章　习 题 参 考 答 案

10-1　　$c = 1354$m/s

10-2　　$c_0 = 343$m/s；$c = 343$m/s；$v = 258.4$m/s；$p = 3.28 \times 98100$N/m²

10-3　　$T_0 = 287$K

10-4　　$M = 0.311$

10-5　　$G = 4.636$kg/s

10-6　　$G = 2.31$kg/s

10-7　　$\lambda = 0.013$

10-8　　$l_{\max} = 21.8$m, $v_2 = 307.42$m/s, $T_2 = 235.1$K, $p_2 = 1.086 \times 10^5$Pa

10-9　　(1) $\Delta P = 3.42 \times 10^5$ N/m²，(2) $\Delta P = 4.4 \times 10^5$ N/m²，(3) $\Delta P = 4.03 \times 10^5$ N/m²

10-10　　(1) 管内出现阻塞，(2) $p_1 = 903.7$kN/m²

参 考 文 献

[1] 李文科编著. 工程流体力学. 合肥：中国科学技术大学出版社，2007
[2] 李玉柱，江春波编著. 工程流体力学. 北京：清华大学出版社，2007
[3] 王松岭主编. 流体力学. 北京：中国电力出版社，2007
[4] 唐晓寅主编. 工程流体力学. 重庆：重庆大学出版社，2007
[5] 张兆顺，崔桂香编著. 流体力学. 北京：清华大学出版社，2006
[6] 刘建军，章宝华主编. 流体力学. 北京：北京大学出版社，2006
[7] 夏泰淳主编. 工程流体力学. 上海：上海交通大学出版社，2006
[8] 陈卓如主编. 工程流体力学. 北京：高等教育出版社，2004
[9] 龙天渝，蔡增基主编. 流体力学泵与风机. 北京：中国建筑工业出版社，2004
[10] 陈文义，张伟主编. 流体力学. 天津：天津大学出版社，2004
[11] 赵孝保主编. 工程流体力学. 南京：东南大学出版社，2004
[12] 孔珑主编. 流体力学. 北京：高等教育出版社，2003
[13] 丁祖荣编著. 流体力学. 北京：高等教育出版社，2003
[14] 张景松编著. 流体力学与流体机械. 徐州：中国矿业大学出版社，2001
[15] 孙祥海编著. 流体力学. 上海：上海交通大学出版社，2000
[16] 莫乃榕主编. 工程流体力学. 武汉：华中理工大学出版社，2000
[17] 杨诗成，王喜魁编. 泵与风机. 北京：中国电力出版社，2007
[18] 王朝晖主编. 泵与风机. 北京：中国石化出版社，2007
[19] 沙毅，闻建龙编著. 泵与风机. 合肥：中国科学技术大学出版社，2005
[20] 郭立君，何川主编. 泵与风机. 北京：中国电力出版社，2004
[21] 毛根海主编. 应用流体力学. 北京：高等教育出版社，2006
[22] 李玉柱，苑明顺编. 流体力学. 北京：高等教育出版社，2002
[23] 徐正坦主编. 流体力学. 北京：化学工业出版社，2009
[24] 张也影主编. 流体力学（第二版）. 北京：高等教育出版社，2004
[25] 闻德荪主编. 工程流体力学. 北京：高等教育出版社，1990
[26] 傅德薰，马延文主编. 计算流体力学. 北京：高等教育出版社，2002
[27] 姜兴华等编. 流体力学. 西安：西南交通大学出版社，1999
[28] 杜广生主编. 流体力学. 北京：机械工业出版社，2004
[29] 丁祖荣编著. 流体力学. 北京：高等教育出版社，2003
[30] 禹华谦主编. 工程流体力学. 北京：高等教育出版社，2004
[31] 禹华谦编著. 工程流体力学新型习题集. 天津：天津大学出版社，2005
[32] 许维德. 流体力学（修订本）. 北京：国防工业出版社，1989
[33] 江宏俊. 流体力学（上、下册）. 北京：高等教育出版社，1990
[34] 吴望一. 流体力学（上、下册）. 北京：北京大学出版社，2004
[35] 钱汝鼎. 流体力学. 北京：北京航空航天大学出版社，1989
[36] 景思睿. 流体力学. 西安：西安交通大学出版社，2006
[37] 张相庭. 高层建筑抗震设计计算. 上海：同济大学出版社，1997

尊敬的读者：

感谢您选购我社图书！建工版图书按图书销售分类在卖场上架，共设22个一级分类及43个二级分类，根据图书销售分类选购建筑类图书会节省您的大量时间。现将建工版图书销售分类及与我社联系方式介绍给您，欢迎随时与我们联系。

★ 建工版图书销售分类表（详见下表）。

★ 欢迎登陆中国建筑工业出版社网站www.cabp.com.cn，本网站为您提供建工版图书信息查询，网上留言、购书服务，并邀请您加入网上读者俱乐部。

★ 中国建筑工业出版社总编室　电　话：010—58337016
　　　　　　　　　　　　　　　传　真：010—68321361

★ 中国建筑工业出版社发行部　电　话：010—58337346
　　　　　　　　　　　　　　　传　真：010—68325420
　　　　　　　　　　　　　　　E-mail：hbw@cabp.com.cn

建工版图书销售分类表

一级分类名称（代码）	二级分类名称（代码）	一级分类名称（代码）	二级分类名称（代码）
建筑学（A）	建筑历史与理论（A10）	园林景观（G）	园林史与园林景观理论（G10）
	建筑设计（A20）		园林景观规划与设计（G20）
	建筑技术（A30）		环境艺术设计（G30）
	建筑表现·建筑制图（A40）		园林景观施工（G40）
	建筑艺术（A50）		园林植物与应用（G50）
建筑设备·建筑材料（F）	暖通空调（F10）	城乡建设·市政工程·环境工程（B）	城镇与乡（村）建设（B10）
	建筑给水排水（F20）		道路桥梁工程（B20）
	建筑电气与建筑智能化技术（F30）		市政给水排水工程（B30）
	建筑节能·建筑防火（F40）		市政供热、供燃气工程（B40）
	建筑材料（F50）		环境工程（B50）
城市规划·城市设计（P）	城市史与城市规划理论（P10）	建筑结构与岩土工程（S）	建筑结构（S10）
	城市规划与城市设计（P20）		岩土工程（S20）
室内设计·装饰装修（D）	室内设计与表现（D10）	建筑施工·设备安装技术（C）	施工技术（C10）
	家具与装饰（D20）		设备安装技术（C20）
	装修材料与施工（D30）		工程质量与安全（C30）
建筑工程经济与管理（M）	施工管理（M10）	房地产开发管理（E）	房地产开发与经营（E10）
	工程管理（M20）		物业管理（E20）
	工程监理（M30）	辞典·连续出版物（Z）	辞典（Z10）
	工程经济与造价（M40）		连续出版物（Z20）
艺术·设计（K）	艺术（K10）	旅游·其他（Q）	旅游（Q10）
	工业设计（K20）		其他（Q20）
	平面设计（K30）	土木建筑计算机应用系列（J）	
执业资格考试用书（R）		法律法规与标准规范单行本（T）	
高校教材（V）		法律法规与标准规范汇编/大全（U）	
高职高专教材（X）		培训教材（Y）	
中职中专教材（W）		电子出版物（H）	

注：建工版图书销售分类已标注于图书封底。